策略行銷管理

Strategic Marketing Management

願景・使命・目標

許長田　教授　著

弘智文化事業有限公司

給教師、學生與讀者的一封電子郵件E-Mail

際此21世紀知識經濟的e化新世代，行銷活動已邁向策略行銷（Strategic Marketing）的劃時代，其中最主要的行銷策略動力（Marketing Strategies Driving Forces）與關鍵成功因素（Key Success Factors/KSF）有下列五大重要核心議題（Critical Core Agendas）：

1. 永久競爭優勢（Sustainable Competitive Advantages）
2. 核心競爭力（Core Competences）
3. 高營收高獲利之行銷業績（Outcome Marketing Turnover）
4. 掌控市場之利基與卡位作戰（Market Niche & Rollout Marketing）
5. 擊垮競爭者市場優勢與行銷通路（Collaping Competitor's Market Advantages & Marketing Channels）

因此，策略行銷的內涵管理（Content Management）與績效管理（Performance Management）可分為下述十大策略行銷焦點管理（Strategic Marketing Focus Management/SMFM）：

1. 策略行銷願景（Strategic Marketing Vision）
2. 策略行銷使命與策略意圖（Strategic Marketing Mission & Strategic Intent）
3. 策略行銷目標與方針（Strategic Marketing Goals & Objectives）
4. 行銷戰略與戰術（Marketing Strategies & Tactics）
5. 策略行銷執行方案（專案計劃）（Marketing Implementation Program）
6. 策略行銷績效評估與控制（Marketing Performances Evaluation & Control）
7. 行銷策略修訂與調整（Marketing Strategies Modification &

Adjustment）

8.市場佔有率與行銷業績（Market Share & Marketing Turnover）

9.策略品牌管理與整合行銷傳播（Strategic Brand Management & Integrated Marketing Communications）

10.行銷通路與物流管理（Marketing Channels & Logistics Management）

由以上所述觀之，策略行銷管理（Strategic Marketing Management）係以戰略決策觀點（Strategic Decision Perspectives）切入而以引爆市場爭霸戰（Accelerating Market Warfare）與創造顧客價值（Creating Customer's Value）爲策略行銷主軸；進而達致行銷成效管理（Marketing Results Management）的終極目標。

作者：許長田 教授
Mobile :0910043948
E-Mail:hmaxwell@ms22.hinet.net
http://www.marketingstrategy.bigstep.com

行銷學、行銷管理與策略行銷管理三者之比較

行銷學 Marketing	行銷管理 Marketing Management	策略行銷管理 Strategic Marketing Management
●Basic Marketing行銷	●Marketing+ Management行銷學＋管理學	●Strategy + Marketing +Management策略管理+行銷學+管理學
●初級（入門）行銷課程行銷入門（基礎）	●中級行銷課程	●高級行銷戰略課程
●市場利基與優勢	●行銷組織	●願景、使命、目標、策略、戰術、執行方案、專案計劃
●目標市場	●行銷企劃	●ＳＴＰ策略整合
●市場區隔	●行銷策略	●行銷策略思惟
●定位策略	●行銷執行	●行銷策略規劃
●行銷研究（市場研究）	●行銷稽核	●願景行銷
●消費者分析	●行銷控制與追蹤	●行銷戰略與戰術
●市場分析	●行銷資訊系統	●新產品開發決策
●競爭者分析	●顧客滿意行銷	●產品上市時效（Time to Market）
●產品策略	●行銷團隊（任務小組）	●品牌經理制度（產品管理PM）
●訂價策略		●策略品牌管理
●通路策略		●產品決策
●推廣策略		●訂價決策
		●整合行銷傳播
		●行銷資源整合
		●客戶關係管理
		●電子行銷（網路行銷電子商務）

資料來源：許長田 教授之實戰經驗與研究心得
許長田 教授之教學講義與PowerPoint Slide投影片
1.文化大學
2.英國萊斯特大學MBA Programme University of Leicester(UK)
3.澳洲梅鐸大學MBA Programme Murdoch University
http://www.marketingstrategy.bigstep.com

作者自序

際此跨世紀知識管理（Knowledge Management）暨企業優勢競爭的勁爆新世代，企業行銷的特戰秘訣即是企業市場行銷策略（Marketing Strategies）與戰略性市場作戰戰力（Strategic Market Forces）的全方位整合行銷（Overall & Integrated Marketing）。因此，一流的市場行銷戰略高手必須具備行銷戰略與市場攻略的決戰本領，方能掌握『贏的策略』，進而開創永續經營企業的行銷業績與強化市場核心競爭力。

茲以戰略性行銷學的專業策略而言，『行銷超限戰』的優勢與利基即是卡位戰略（Rollout Strategies）。無論在產品品質、品牌形象、價格定位、行銷通路、廣告企劃、促銷活動、業務戰力、電子商務、網路行銷、資訊科技（Information Technology）以及市場作戰等各方面，『行銷超限戰』確實是一門『行銷戰將必修的商戰課程』。因此，爲了替各種市場的行銷問題把脈與打造一流的行銷高手，本書內容即以引爆『超限戰目標市場』（Realcombat Target Market）的競爭彈性與市場應變力爲寫作的雙主軸；主要宗旨在闡述行銷定位與市場戰略，以加速強化企業戰略性行銷商戰的實戰謀略與技能。

茲以全球市場行銷大戰略的角度切入，台灣眞是有幸位居全球經貿領域中亞太地區的唯一穿梭市場。因此，全球市場的競爭策略必須以市場優勢（Market Advantages）與市場利基（Market Niche）爲行銷實戰的核心競爭力（The Core Competences of Marketing Combat）。另方面，以全球商戰的策略而言，台灣市場多國籍企業在全球行銷策略方面必須在每個行銷據點都具備獨當一面行銷作戰的獨立實戰團隊，以促使全球市場各行銷組織都擁有獨立行銷策略企劃與市場競爭的決戰能力。

沒有行銷策略企劃，就沒有企業行銷利潤與市場生存空間，因此，成功的企業在市場行銷之決勝關鍵即是綜合市場作戰謀略的統合行銷戰略（Integrated Marketing Strategies）。因此，行銷管理應用在行銷企劃的策略思惟模式中，實應強化市場視野（Market Vision）的『偉大創意』（Big Idea），並以敏銳的目標市場分析做正確的判斷，以擬訂市場爭霸戰的作戰策略，方能達成運籌帷幄，決勝千里的行銷勝戰。

關於本書全部精彩的內容，筆者完全以行銷商戰的專業領域再加上筆者個人多年來之市場行銷實戰經驗毫無保留地轉化並注入市場特有的行銷商戰所必備之各種行銷策略。另方面，以『行銷就是市場爭霸戰』的角度切入，筆者盡力以理論與實戰雙管齊下，並以成功而有效的個案敘述行銷定位與市場戰略，以利工商企業界與各界參考。

行銷學	行銷管理	策略行銷管理
●Marketing初級課程 ●Basic Market 行銷入門基礎	●Marketing + Management 行銷學＋管理學 ●中級行銷課程	●Strategic Thinking + Marketing Mission Vision Objectives Tactics ●策略管理＋行銷學＋管理學 ●高級行銷戰略課程

正當二十一世紀全球企業經營均以市場行銷為決勝的主軸之際，台灣已經進入世界貿易組織（WTO），全球跨國企業大多以台灣為核心行銷市場。正因為如此，筆者更有志趣撰寫並出版有關市場行銷商戰的書籍，因此，本書訂名為策略行銷管理（Strategic Marketing Management）。全書主要精髓為企業商戰的企業應變力、

策略管理力、行銷力、創新力、人力資源力、財務力、研發力、生產力與策略企劃力都必須整合為行銷與市場戰略，內容有許多均為新資料與新創見。

本書的策略思惟來自哈佛大學麥可．波特教授（Michael E. Porter）西北大學菲利浦，柯特勒教授（Philip Kotler）、芝加哥大學麥卡錫教授（John Macathy）、加州大學柏克萊分校大衛．艾克教授（David Aakes）以及紐約大學彼得杜拉克教授（Peter F. Drucker）在此特表感謝之意！

筆者在大學、研究所MBA Program、企業界與企管顧問公司教授『行銷學』（Marketing）與『行銷管理』（Marketing Management）並在企業界擔任總經理與CEO歷時多年，深知行銷策略的特殊實戰必須著重『策略企劃』與『實戰個案』。因此，本書整合作者多年來之教學講義、演講稿、教學投影片、電腦磁碟片、CD-ROM光碟、自身經營公司的市場行銷戰略以及指導國內外企業界之新行銷策略與市場作戰個案，以饗各界讀者！

本書之定位為『策略行銷管理』因此，在行銷4P組合中都以策略願景與策略執行力之決策稱之。例如產品決策、訂價決策、通路決策、推廣決策做全方位實戰之解讀。

本書承　弘智文化事業有限公司　李茂興　兄，編輯部同仁以及公司所有同仁鼎力協助，終能付梓倍感欣慰，在此特致萬分謝忱！

許長田 教授謹識於文化大學 Chinese Culture University
英國萊斯特大學MBA Programme University of Leicester(UK)
美國布蘭德科技大學Executive MBA International Program
二十一世紀　公元2004 **年**3**月**1**日**

目　錄

第一章　策略行銷管理總論　1
第二章　策略行銷願景、使命與目標　11
第三章　策略市場經營與市場掠奪策略　23
第四章　行銷戰略、戰術與作戰方案　43
第五章　策略品牌管理與產品管理　63
第六章　策略產品決策　81
第七章　策略訂價決策　103
第八章　策略通路決策　121
第九章　策略物流管理　201
第十章　整合行銷傳播　221
第十一章　策略行銷規劃　273
第十二章　策略服務行銷　325
第十三章　策略電子化行銷　343
第十四章　高科技產業策略行銷　367
第十五章　全球化策略行銷　387
附錄　403

第1章 策略行銷管理總論

本章學習目標 e-Learning Objective

◆瞭解策略行銷管理之架構與內涵

◆瞭解策略行銷的意義

◆瞭解策略行銷即是市場爭霸戰

◆瞭解策略行銷係以市場經營為主軸

◆瞭解策略行銷管理係Marketing的高級課程

◆瞭解策略行銷管理＝策略行銷＋行銷管理

◆瞭解策略行銷管理的功能與實戰運作

第一節　策略行銷管理之意義與內涵

以策略決策（Strategic Decision）的觀點而言，策略行銷管理係策略行銷（Strategic Marketing）爲經，；而以行銷管理（Marketing Management）爲緯，統合而成之策略願景與策略執行力爲主要核心議題。茲再將策略行銷＋行銷管理＝策略行銷管理的意涵詳細敘述如下：

策略行銷

1.策略行銷願景
2.策略行銷使命與策略意圖
3.策略行銷目標與方針
4.行銷戰略與戰術
5.策略行銷執行方案（專案計劃）
6.策略行銷績效評估與控制

行銷管理

1.組織
2.計劃
3.執行
4.稽核
5.控制

由上述觀之，策略行銷管理的內涵係以下述六大關鍵成功要素爲策略焦點：

1.高階經營管理團隊

2.策略行銷通路與物流管理

3.策略品牌管理

4.策略行銷資源整合

5.整合行銷傳播

6.行銷核心競爭力與行銷戰力

茲將策略行銷管理架構以圖再詳細敘述如下：

策略行銷管理架構圖

(The Framework of Strategic Marketing Management)

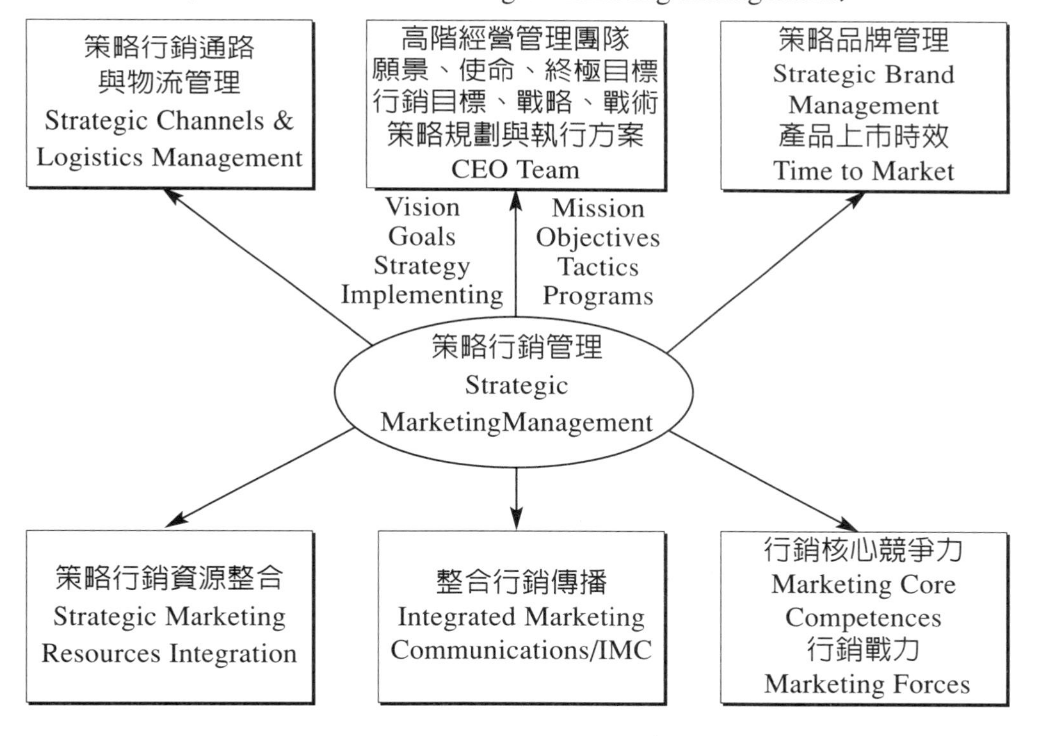

資料來源：許長田 教授對策略行銷管理之研究心得與實戰經驗
許長田 教授教學講義與PowerPoint Slide投影片
1.文化大學
2.美國布蘭德科技大學Executive MBA International Program
3.英國萊斯特大學MBA Programme University of Leicester(UK)
4.澳洲梅鐸大學MBA Programme Murdoch University
http://www.marketingstrategy.bigstep.com.tw

第二節　策略行銷即是「市場爭霸戰」(Strategic Marketing is Market Warfare)

身處跨世紀網路行銷的驚爆新時代，市場行銷（Marketing）的特戰本質即是「市場爭霸戰」。換句話說，身爲一位成功市場實戰的專業行銷高手必須具備行銷策略（Marketing Strategies）與市場實戰（Market Realcombat）的統合戰力，因此，一流的行銷高手必須具備行銷戰略與市場爭霸戰的決勝本領，方能掌握『贏的策略』，進而開創永續經營企業的行銷業績（Marketing Turnover）。行銷的本質就是『市場佔有率爭霸戰』。『行銷』就是『走動式銷售策略與市場競爭策略的大戰略』，也是『動態的市場活動』（Dynamic Market Activities）。行銷高手一方面要走動市場（市場研究與市場調查），另一方面要銷售產品與服務。因此，際此跨世紀企業電子化的時代，創新行銷理念必須以下列三大課題爲經營主軸：

一、商品出現於市場以前，應該具備行銷研究（Marketing Research），亦即要執行市場調查（Market Survey）實戰。

二、商品上市時，應該具備行銷策略（Marketing Strategy），亦即要執行市場推廣（Market Promotion）活動。

三、商品行銷以後，應該具備競爭策略（Competitive Strategy），亦即要執行市場爭霸戰之市場卡位策略（Market Rollout Strategies）。

以策略行銷的觀點而言，企業行銷商戰必須引爆『目標市場』（Target Market）的競爭利基；而在目標市場區隔下的客層與消費群都是因爲行銷賣點具有商品定位與訴求，因此，一流的行銷主管必須建構一支能獨當一面作戰的獨立行銷實戰團隊，以便促使在目標市場作戰的每位行銷高手都擁有獨立行銷策略企劃與市場競爭的決戰能力。

沒有行銷策略企劃，就沒有企業行銷利潤與市場生存空間，因此，成功的企業在市場行銷之決勝關鍵即是綜合市場作戰謀略的行銷戰略（Marketing Strategies）。在行銷企劃的策略思考模式中，實應強化『大創意』（Big Idea），並以敏銳的市場分析做正確的判斷，以擬訂市場爭霸戰的作戰策略，方能達成運籌帷幄，決勝千里的行銷勝戰。

正當二十一世紀全球企業經營均以市場行銷為決勝的主軸之際，本人認為：企業經營策略70％均決勝於市場行銷戰；而策略行銷戰即以下列各項重要策略焦點為核心議題（Core Agenda）：

一、策略行銷願景與使命（Strategic Marketing Vision & Mission）
二、行銷目標（Marketing Goals & Objectives）
三、市場競爭態勢（Market Competitive Situation）
四、市場區隔、目標市場與定位策略的整合（STP 策略整合）
五、市場規模（Market Scale）
六、市場佔有率（Market Share）
七、創造顧客價值（Customer's Value Creation）
八、行銷戰略與戰術（Marketing Strategies & Tactics）
九、行銷策略執行專案計劃（Marketing Strategies Implementing Programs ）
十、行銷預算（Marketing Budget）
十一、行銷策略控制與修正（調整控管）（Marketing Strategies Control and Modification）
十二、行銷業績（Marketing Turnover）

第三節　策略行銷管理的角色與內涵

以策略管理或策略規劃的角度而言，策略行銷管理（Strategic Marketing Management）係由「策略行銷」（Strategic Marketing）與「行銷管理」（Marketing Management）組合而成。其在企業策略規劃中的角色可分為下列五大議題：

一、落實行銷理念

行銷理念由三大方針組成(一)產品出現前須做行銷研究(二)產品上市時須做行銷策略 (三)產品上市後須做競爭策略。

二、市場分析

市場分析必須執行下列關鍵成功因素(一)產業分析(二)競爭者分析(三)顧客分析(四)公司自我分析(五)市場競爭態勢分析。

三、行銷策略決策

行銷策略決策應涵蓋(一)產品決策(二)訂價決策(三)通路決策(四)推廣決策（行銷傳播決策）。

四、產品開發行銷企劃

行銷企劃應涵蓋(一)目標市場(二)市場區隔(三)市場定位(四)產品定位(五)行銷問題點與機會點(六)行銷4P組合(七)行銷預算(八)行銷策略執行方案。

五、執行產品行銷必須具備完整行動計劃

執行產品行銷計劃應涵蓋(一)品牌定位(二)品牌形象(三)產品策略(四)新產品開發流程管理（Process Management）(五)品牌管理（產品經理制度）(六)產品上市時效（產品從研發到上市行銷之時間）（Time to Market）(七)執行行銷計劃之預算編列(八)評估行銷成果。

茲再將策略行銷管理在企業策略規劃中的角色與內涵以圖敘述如下：

策略行銷管理在企業策略規劃中的角色

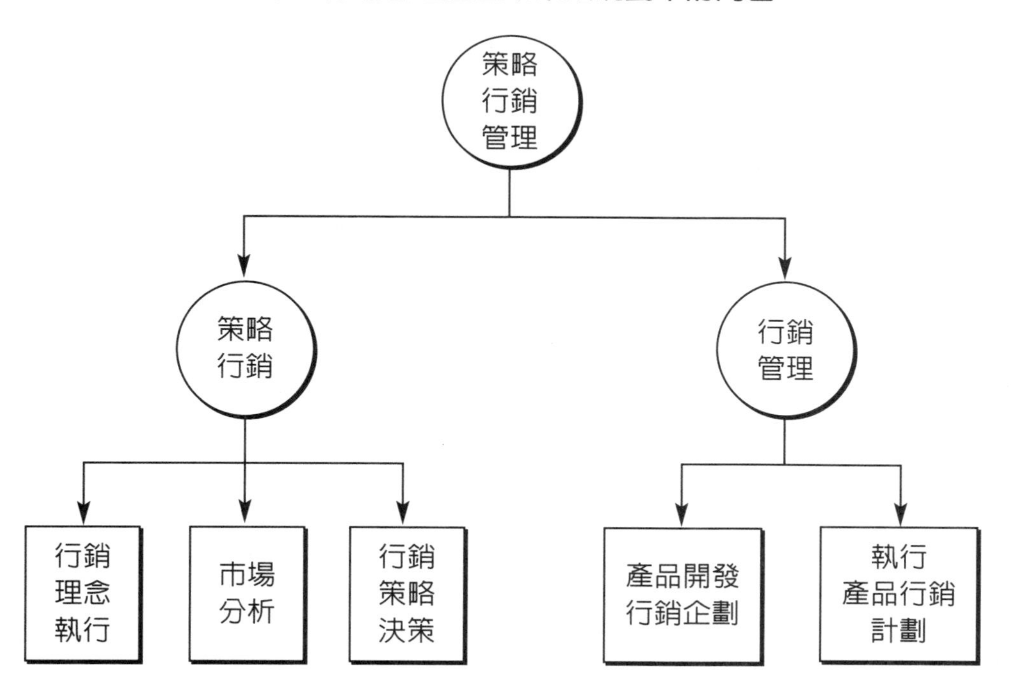

資料來源：許長田 教授教學講義與PowerPoint Slide投影片
1.文化大學
2.英國萊斯特大學MBA Programme University of Leicester(UK)
3.美國布蘭德科技大學「策略行銷管理」課程“Strategic Marketing Management"
http://www.marketingstrategy.bigstep.com.tw

茲將影響策略行銷管理的關鍵成功要素——策略行銷驅動以圖敘述如下：

策略行銷驅動力（Strategic Marketing Driving Forces）

步驟 1

- 達致全方位企業終極目標與公司行銷目標
- 以策略願景與公司使命落實行銷策略執行力
- 策略品牌管理
- 整合策略行銷資源

步驟 2

- 以市場區隔、目標市場利基滲透新市場與擴張市場規模，並以定位策略掠奪市場（STP策略整合）
- 席捲市場之卡位策略（Rollout Strategies）

步驟 3

- 整合行銷組合決策
- 產品決策
- 價格決策
- 通路決策
- 推廣決策

步驟 4

- 整合行銷資源
- 變革行銷組織

步驟 5

- 行銷績效管理
- 提高市場佔有率
- 提高產品認知率
- 倍增行銷業績與行銷利潤
- 創造顧客價值與企業價值
- 打敗競爭者

資料來源：許長田 教授（整合行銷傳播IMC）
教學講義與PowerPoint Slide投影片
英國萊斯特大學MBA Programme University of Leicester(UK)
http://www.marketingstrategy.bigstep.com.tw

策略行銷管理之組織策略規劃系統圖

組織層級	策略規劃類型	關鍵策略決策
總公司（企業總部） （企業集團）	企業集團（總公司） 策略規劃	●企業願景與使命 ●企業目標與方針 ●企業資源整合 ●企業成長策略 ●策略事業單位（SBU）
事業部 （策略事業單位）	事業部（事業群） 策略規劃	●市場範疇 ●競爭優勢 ●核心競爭力
行銷部	行銷策略規劃 產品行銷規劃 （行銷企劃）	●目標市場 ●行銷組合 ●特定行銷策略選擇 ●行銷策略執行計劃

資料來源：許長田 教授教學講義與PowerPoint Slide投影片
1.文化大學
2.英國萊斯特大學MBA Programme University of Leicester(UK)
3.美國布蘭德科技大學「策略行銷管理」課程“Strategic Marketing Management"
http://www.marketingstrategy.bigstep.com.tw

本章個案問題研究（Group Discussion）

全球策略大師　麥可．波特　教授Michael E. Porter曾蒞臨台灣指導台灣的生存策略為“Focusing Strategy"試分組研討其策略思惟（Strategic Thinking）與競爭利基（Competitive Niche）為何？

第2章 策略行銷願景使命與目標

本章學習目標
e-Learning Objective

- ◆瞭解策略願景管理的意義與內涵
- ◆瞭解策略行銷的意義與內涵
- ◆瞭解策略行銷組合在行銷策略中的定位
- ◆瞭解策略行銷決策的意義與內涵
- ◆瞭解策略整合行銷傳播的意義與內涵
- ◆學會擬訂策略行銷願景使命與目標
- ◆學會企劃策略行銷的戰略與戰術

第一節　策略行銷的創新理念與內涵

在學過行銷學之後，所有行銷學原理與定義都瞭解仍須強化以「策略範疇」爲主軸的「策略行銷」（Strategic Marketing）。換言之，行銷學（Marketing）是初級課程「行銷管理」（Marketing Management）是中級課程；而「策略行銷管理」（Strategic Marketing Management）是高級課程。在許多大學商學院與管理學院的課程中，都將「策略行銷管理」列入大學部論文與MBA、EMBA必修課程與企管碩士論文中加以研究與探討。因此，策略行銷的創新理念與定義，可由下列各項核心議題完全解讀：

一、行銷願景（Marketing Vision）

二、行銷使命（Marketing Mission）

三、行銷總目標（Marketing Goals）

四、行銷方針目標（Marketing Objectives）

五、行銷策略企劃（Marketing Strategies & Planning）

六、行銷戰術（Marketing Tactics）

七、行銷執行專案計劃（Marketing Implementation Projects & Programs）

八、行銷預算（Marketing Budget）

九、行銷執行成果評估與控制（Marketing Results Evaluation and Control）

十、行銷績效（Marketing Performances）

由以上觀之，筆者特將「策略行銷」的定義與內涵敘述如下：

所謂「策略行銷」（Strategic Marketing）係企業為了達成組織行銷願景與目標，由策略規劃、策略意圖、策略領導、策略制定、策略執行並配合戰術與執行計劃專案推展產品決策，訂價決策、通路

決策、推廣決策（整合行銷傳播）的系列活動。而達致創造行銷業績、市場佔有率與市場永久競爭優勢的終極目標。

茲將策略行銷之內涵與流程管理（Process Management）以圖敘述如下：

策略行銷內涵管理（Content Management for Strategic Marketing）

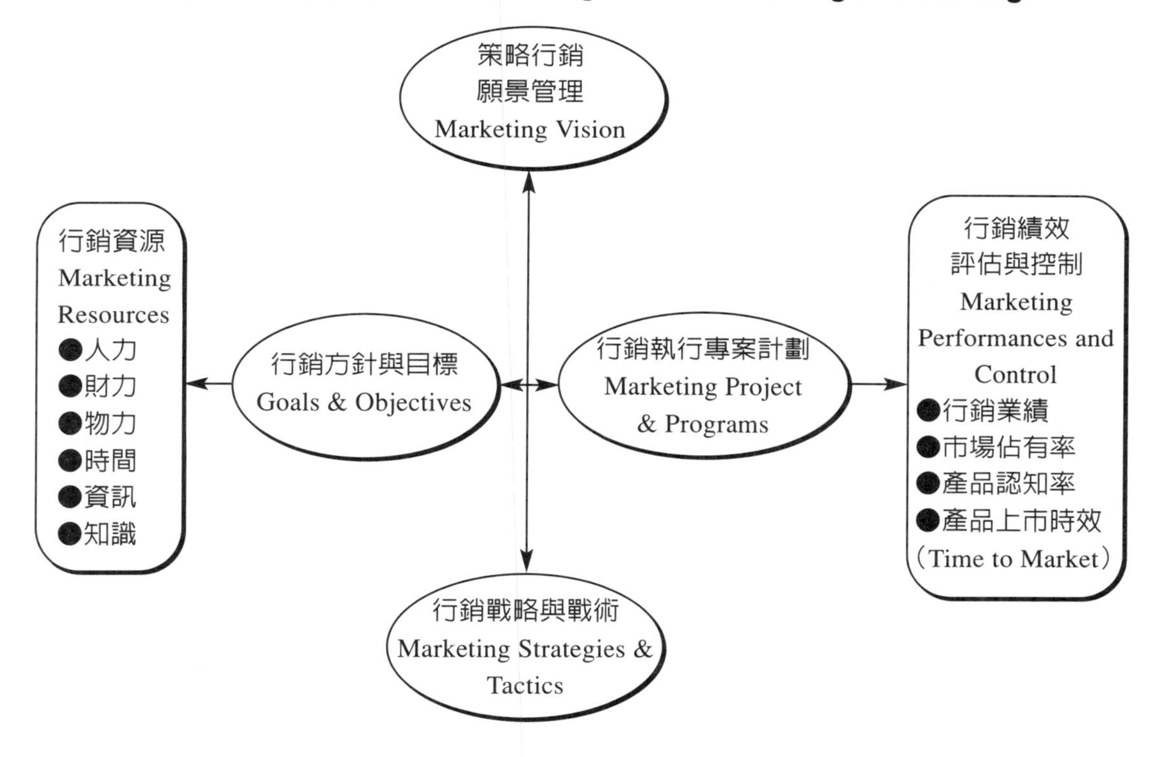

資料來源：許長田教授教學講義與PowerPoint Slide投影片
1.文化大學
2.英國萊斯特大學MBA Programme University of Leicester(UK)
3.美國布蘭德科技大學「策略行銷管理」課程“Strategic Marketing Management"
http://www.marketingstrategy.bigstep.com.tw

第二節　全方位行銷戰略之意義與內涵

在這知識管理e化新世代企業的經營管理必須走出只重生產，不問市場的生產導向（Production-Oriented）的象牙塔，邁入以市場爲首，顧客是王的行銷導向（Marketing-Oriented ）的領域；在行銷掛帥的時代，企業管理首重企業行銷 （Business Marketing）。企業的經營必須以市場爲依歸，企業商戰的規劃須先瞭解、判斷及掌控市場情報，然後開發既可滿足市場需要，又有利可圖的產品，再配合強有力的行銷策略，才能確保市場、蠶食市場，進而鯨吞市場。企業競爭如果只根據本身的生產設備、技術和原料，就盲目地生產，將會導致產品行銷無門、市場萎縮，退出市場的窘境。

因此，企業商戰的看家本領就是「市場競爭」，也就是具有「市場佔有率爭奪戰」的行銷特性。所以，在一個完整的企業商戰系統中，用以掠奪市場的戰略並不是將做好的商品銷售給市場顧客的推銷行爲與技術而已，它所涵蓋的領域，還包括「商品製造之前」（Before Manufacturing）、「商品完成之後」（After Finished Goods）以及「商品銷售之後」（After Sales）的總體行銷戰。一個企業如果想在市場競爭中獲勝，就必須有整套的市場行銷策略。

在行銷戰略中，商品開發戰略、價格戰略、通路戰略及廣告戰略所連成的行銷組合，須爲企業在市場所行銷的商品確定其市場定位（Market Positioning）：即行銷組合（Marketing Mix）必須建立在市場定位及企業形象定位（Business Image Positioning）的基礎上，才能強化目標市場的戰力（Target Market Force），這也就是說，企業進行市場行銷開拓活動時，無法只靠推銷戰術（Selling Tactics），而必須依賴行銷戰略（Marketing Strategy）的運作，才能竟其功。茲將整體行銷戰略之作戰系統詳述如下：

策略行銷組合在行銷策略中的定位圖

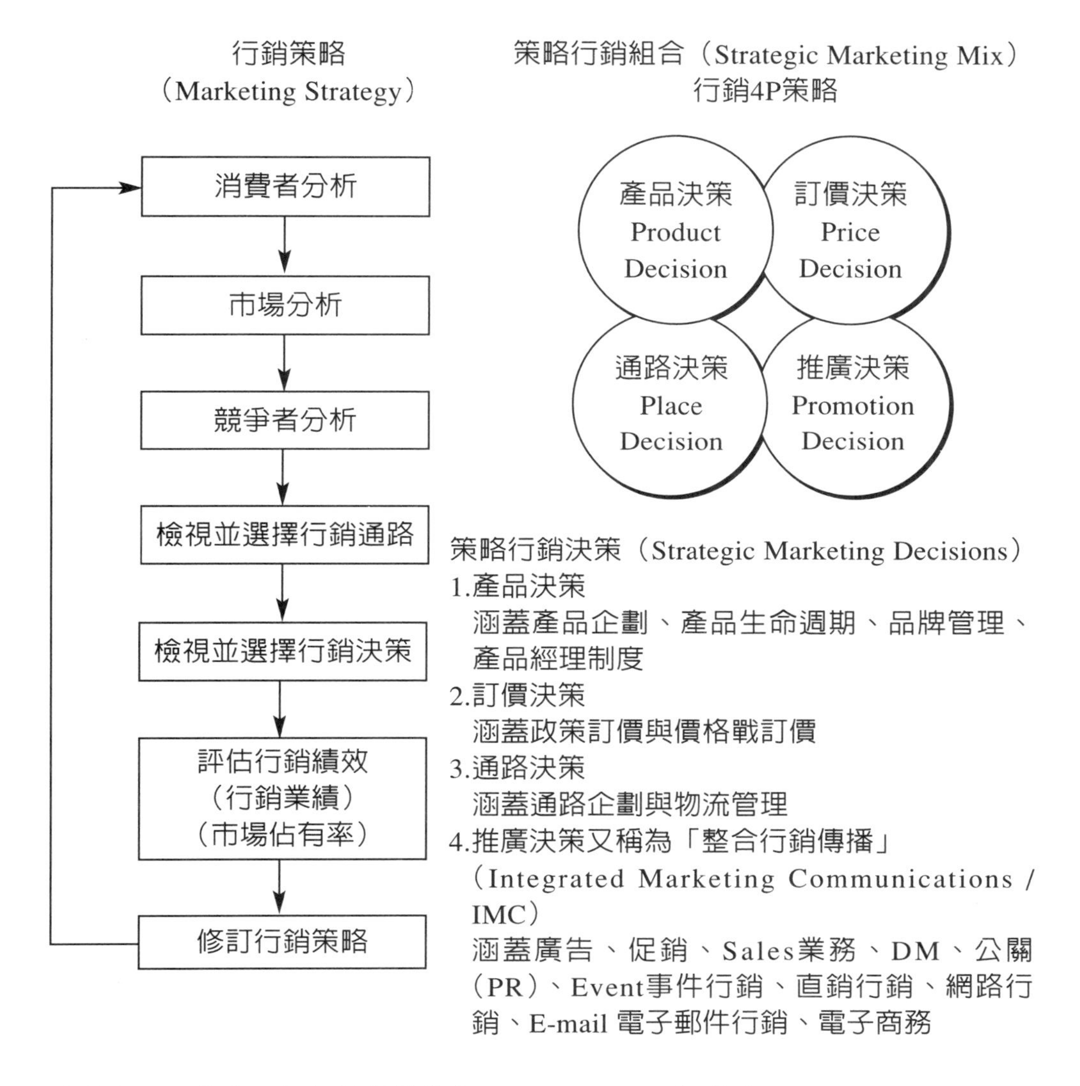

資料來源：許長田教授教學講義與PowerPoint Slide投影片
1.文化大學
2.英國萊斯特大學MBA Programme University of Leicester(UK)
3.美國布蘭德科技大學「策略行銷管理」課程“Strategic Marketing Management"
http://www.marketingstrategy.bigstep.com.tw

茲將市場掠奪策略的四大類型以圖詳細敘述如下：

策略行銷大戰市場掠奪策略的四種類型

防禦性行銷戰	攻擊性行銷戰
市場領導者的行銷策略 ●以創意行銷攻擊目標市場 ●掠奪市場競爭者的佔有率 ●封死市場競爭者的通路	市場挑戰者與追隨者的行銷策略 ●避開市場領導者的優勢定位 ●攻擊市場領導者的劣勢
奇擊式行銷戰	**游擊式行銷戰**
新進入市場者的行銷策略 ●進攻不具競爭的市場 ●採取奇擊行銷戰術	市場利基者的行銷策略 ●尋找小市場利基 ●Hit-and-Run打了就跑的市場策略

資料來源：許長田 教授教學講義與PowerPoint Slide投影片
1.文化大學
2.英國萊斯特大學MBA Programme University of Leicester(UK)
3.美國布蘭德科技大學「策略行銷管理」課程“Strategic Marketing Management"
http://www.marketingstrategy.bigstep.com.tw

第三節　市場滲透策略

在行銷商戰中，市場滲透策略往往能立即佔有市場，控制市場與席捲市場。因此，市場滲透策略的內涵可由下述定義完全解讀：

所謂「市場滲透策略」（Market Penetrating Strategy）係以滲透訂價策略（Penetrating Price Strategy）滲透目標市場，立即佔有市場利基與優勢（Market Niche and Market Advantages）再輔以卡位策略（Rollout Strategy）強攻市場佔有率（Market Share）與行銷業績（Marketing Turnover）。

由上述定義觀之，市場滲透策略係以優勢定位爲策略焦點要素（Strategic Focus Factors/SFF）與關鍵成功要素（Key Success Factors/KSF）。因此，市場滲透策略必須以下述三種爲之：

一、超低價領導策略（Lowest Price Leadership Strategy）

二、降低成本策略（Costdown Strategy）

三、差異化策略（Differential Strategy）

另方面，採用滲透訂價策略亦必須思惟下述五大重要關鍵因素（Critical Key Factors/CKF）

一、市場競爭態勢

係指目標市場之競爭態勢。

二、行銷資源與行銷戰力

包括定位戰、廣告戰、媒體戰、通路戰、卡位戰、企劃力、人力資源、財務戰力。

三、市場區隔與利基

係指市場是否以低價爲購買之考量因素，技術、產能以及執行力、交貨期（Leadtime）與產品上市時效（Time to Market）。

四、目標市場競爭者的行銷策略

必須瞭解競爭者的行銷策略是否亦以低價策略搶攻市場。

五、行銷通路戰必須擊垮競爭者

係指必須封死競爭者之行銷通路，再配合低價策略阻撓競爭者無法進入相同的目標市場，才能掌控市場與領導市場。

換言之，爲了達致成功的低價策略成果，行銷策略必須調整爲超競爭行銷策略（Super Competitive Marketing Strategy），以SWOT戰略分析擬訂市場攻略作戰計劃，必定能以市場滲透策略打敗競爭者，因爲行銷的本質即是「市場爭霸戰」（Marketing is Market Warfare）。正因爲如此，行銷策略必須達致下列五大績效：

一、提高行銷業績

二、提高市場佔有率

三、提高產品認知率與曝光率（打響產品知名度與品牌印象）

四、控制行銷通路（通路戰）

五、打敗競爭者（價格戰、定位戰、廣告戰、媒體戰）

第四節 超競爭行銷策略

以「策略行銷學」或稱「戰略行銷學」(Strategic Marketing)的角度切入，行銷的本質就是「市場爭霸戰」(Marketing is Market Warfare)。即然是市場爭霸戰，就必須講求戰略或謀略或策略。這是「策略行銷」能在全球企業界與學術界流傳的主要原因。

換言之，策略行銷涵蓋下列七大關鍵內涵：

一、行銷就是如何將產品或服務很成功地切入目標市場(Targeting)

二、行銷就是動態的市場活動(Positioning)

三、行銷就是在創造市場永久競爭優勢與顧客價值，進而做整體策略規定與執行行銷策略(Creating Customer's Value/Value Creation)(Planning & Implementing)

四、行銷就是在打造企業核心競爭力(Creating Core Competences)

五、行銷就是在建構強而有力的行銷通路與物流體系(Building Powerful Marketing Channels & Logistics System)

六、行銷就是要擊垮競爭者(Rollout Marketing)

七、行銷就是要創造豐厚的行銷業績與超高市場佔有率(Creating Marketing Turnover & Market Share)

茲將策略行銷管理(Strategic Marketing Management)之實戰內涵以架構流程圖再詳細敘述如下：

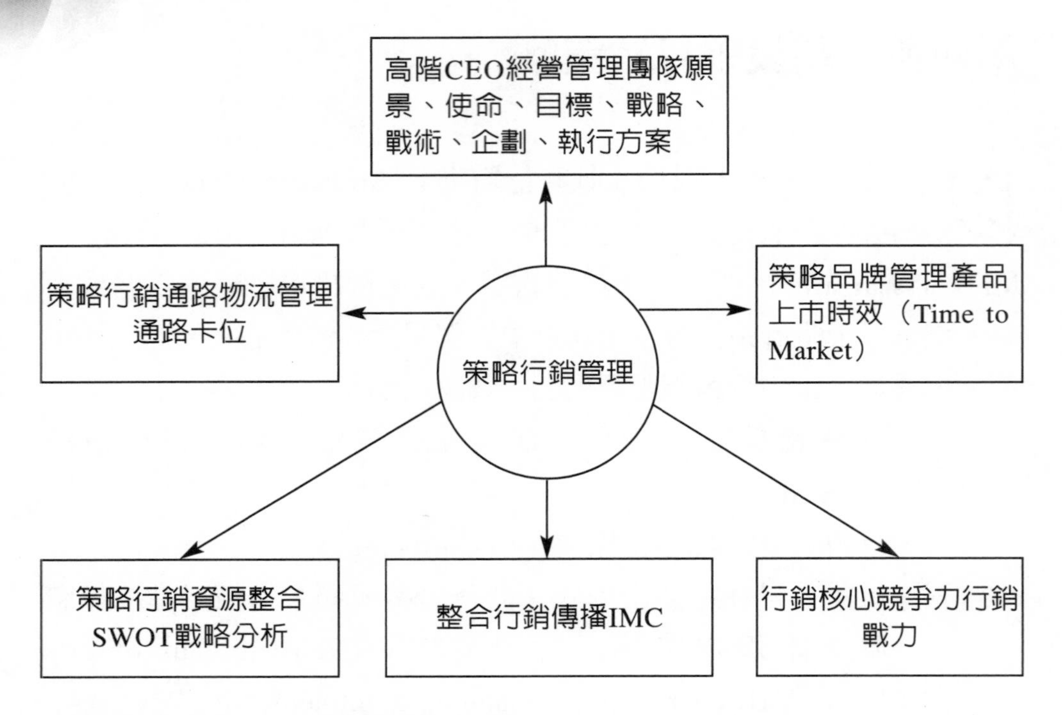

資料來源：許長田 教授教學講義與Power Point Slide投影片
1.許長田 教授以此SWOT戰略分析表指導中華電信轉型企業化經營之行銷策略與競爭而能很成功穩居台灣電信業與網路的龍頭老大
2.文化大學
3.台灣大學推廣教育中心(1992)
http://www.marketingstrategy.bigstep.com

另方面，策略行銷管理之超競爭行銷係以SWOT戰略分析表思考行銷策略與市場攻略的核心能力以及核心專長，一舉殺掉競爭對手在目標市場的切入機會與競爭優勢。因爲，超競爭行銷唯一的目的即是打垮競行者與創造行銷業績。

茲將超競爭行銷策略之SWOT戰略分析表敘述如下：

超競爭行銷策略SWOT戰略分析表

競爭品牌	優勢 S	劣勢 W	機會 O	威脅 T	市場佔有率（%）	市場定位	市場作戰策略
A							
B							
C							
D							
E							
F							

作者註：●此表之空格必須由行銷策略企劃人員填入所規劃的競爭策略與市場攻略作戰計劃才能成功地打敗競爭對手。

●此表格係作者自創，凡會使用者必定有上過我教授的行銷課。

資料來源：許長田 教授教學講義與Power Point Slide 投影片

1.許長田 教授以此SWOT戰略分析表指導中華電信轉型企業化經營之行銷策略與競爭策略而能很成功地穩居台灣電信業與網路業的龍頭老大

2.文化大學

3.台灣大學推廣教育中心(1992)

http://www.marketingstrategy.bigstep.com

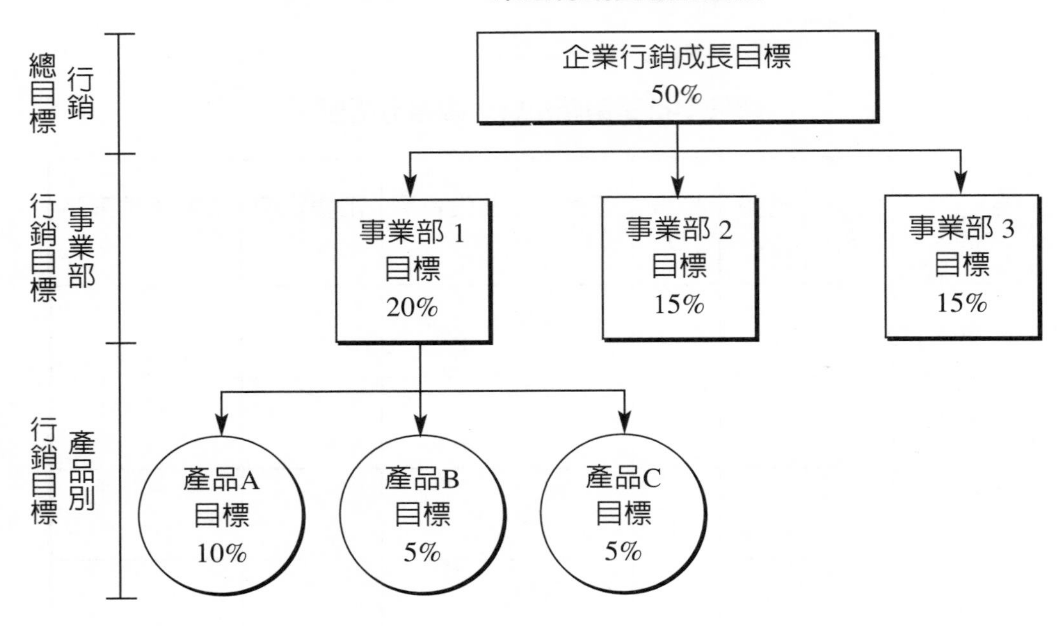

資料來源：許長田 教授教學講義與PowerPoint Slide投影片

1.文化大學

2.英國萊斯特大學MBA Programme University of Leicester(UK)

3.美國布蘭德科技大學「策略行銷管理」課程 "Strategic Marketing Management"

http://www.marketingstrategy.bigstep.com

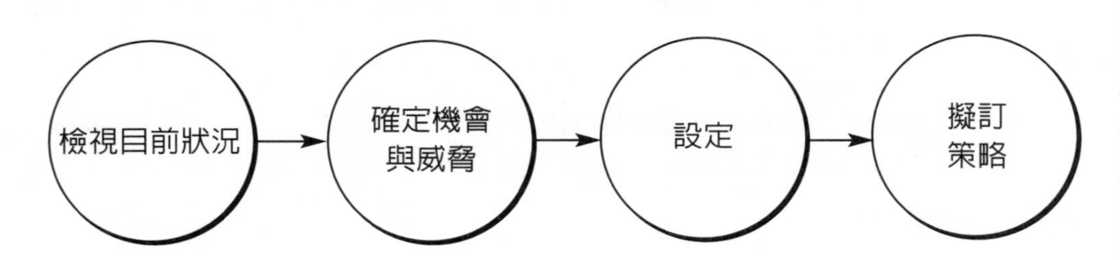

第3章 策略市場經營與市場掠奪策略

本章學習目標
e-Learning Objective

◆學會策略性市場經營之內涵及其操作策略

◆學會策略市場競爭決策方案

◆瞭解市場SWOT競爭態勢與市場作戰專案計劃

◆瞭解市場攻略策略之意義及績效

◆學會開創行銷業績之市場開發策略

◆學會掠奪市場的有效策略

◆瞭解市場攻略的關鍵成功因素

◆瞭解市場經營的策略焦點

第一節　策略市場經營的意義與內涵

全球行銷學泰斗菲利浦．柯特勒博士（Dr. Philip Kotler）在他所著的「行銷管理」（Marketing Management）一書中談到二十一世紀的行銷必須強調「市場導向策略規劃」（Market Oriented Strategic Planning）的策略願景（Strategic Vision）與創造顧客價值（Customer's Value Creation）。

正因為如此，以策略行銷管理的觀點而言，策略市場經營必須以下列六大策略焦點要素（Strategic Focus Factors/SFF）為主要課題(Critical Issues)：

一、策略行銷願景（Strategic Marketing Vision）

二、策略行銷使命與意圖（Strategic Marketing Mission and Intent）

三、策略行銷目標（Strategic Marketing Goals and Objectives）

四、策略行銷規劃（Strategic Marketing Planning）

五、策略行銷執行專案計劃（Strategic Marketing Implementation Program）

六、策略行銷績效評估與控制（Strategic Marketing Performances Evaluation and Control）

茲將策略市場經營的策略焦點要素以圖再詳細敘述如下：

策略市場經營的策略焦點要素圖
（Strategic Focus Factors/SFF）

三大策略焦點成效（Strategic Focus Results）：
1.永久的競爭優勢（Sustainable Competitive Advantages）
2.核心競爭力（Core Competences）
3.高營收，高獲利的行銷業績（Outcome Marketing Turnover）

作者註：此圖係許多大學企研所商學院與管理學院企管碩士論文MBA、EMBA Dissertation必須參考之寶貴資料

資料來源：許長田 教授教學講義與PowerPoint Slide投影片
1.文化大學
2.英國萊斯特大學MBA Programme University of Leicester(UK)
3.美國布蘭德科技大學「策略行銷管理」課程“Strategic Marketing Management"
http://www.marketingstrategy.bigstep.com

第二節　SWOT 策略分析與市場爭霸戰

在行銷策略的領域中，市場與行銷是一體之兩面，市場是靜態的，而行銷則是動態的。因此，行銷即是「動態的市場活動」。換言之，行銷的本質即是「市場爭霸戰」。因此，市場＋人＝行銷。此蓋因爲人有策略，加上對市場的熟悉與專業才能從事行銷活動與行銷策略企劃

另方面，在競爭策略中的優勢（Strengths）劣勢（Weakness）機會（Opportunities）威脅（Threats）已衍生出市場爭霸戰的競爭態勢與市場利基。從行銷策略的角度而言，在市場作戰不僅要創造業績，另方面，亦必須擊垮競爭者。

茲以圖再詳細敘述 SWOT 戰略分析與市場爭霸戰之關係。

競爭品牌	優勢 S	劣勢 W	機會 O	威脅 T	市場佔有率（%）	市場定位	市場作戰策略
A							
B							
C							
D							
E							
F							

資料來源：許長田 教授教學講義與PowerPoint Slide投影片
英國萊斯特大學MBA Programme University of Leicester(UK)
http://www.marketingstrategy.bigstep.com

第三節　分析市場機會

行銷與策略規劃之間可由圖3-1詳加瞭解。行銷乃提供必要的市場資訊與策略建議，給策略規劃人員，以利其進行分析與評估。然後策略規劃人員設立目標並討論資源的配置，接著行銷人員根據這些目標擬訂行銷計劃'並加以實施。最後一個步驟即由策略規劃人員評估執行的結果，而前述的各項步驟又重新開始另一新的循環過程。茲將行銷與策略規劃的關係以下圖3-1再詳述研討之。

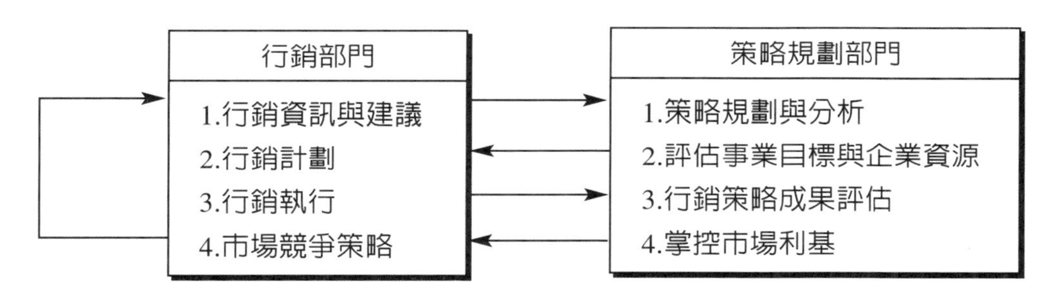

圖3-1　行銷與策略規劃之關係圖

由圖3-1可知，事業規劃的首要步驟即爲行銷，依此可界定市場與產品定位策略，並建立銷售目標與當時達成這些目標所需之企業資源（Business Resources ），企業資源包括人力、財力、物力、時間、經營理念、企業文化、經營秘訣（knowhow）。至於財務、採購、製造、實體分配（Physica1 Distribution ）與人事部門（應提昇爲人力資源部門／Human Resources Department）的角色，乃在於確保所提出之行銷計劃能有足夠金錢財力、物料、機器與人員等的支援，這些都稱爲行銷後勤支援（Marketing Back-up Supports ）。

爲了實現上述的任務，行銷經理（Marketing Manager ）必須透過所謂'的行銷程序來履行其責任。茲將行銷程序定義如下：

行銷程序（Marketing Process）包括行銷機會的分析、目標市場的研究與選擇、行銷策略的擬訂，行銷計劃方案的規劃以及組織、執行與控制之全方位行銷戰力（Overall Marketing Forces）。

行銷管理程序所包括的各個步驟以圖3-2說明之。

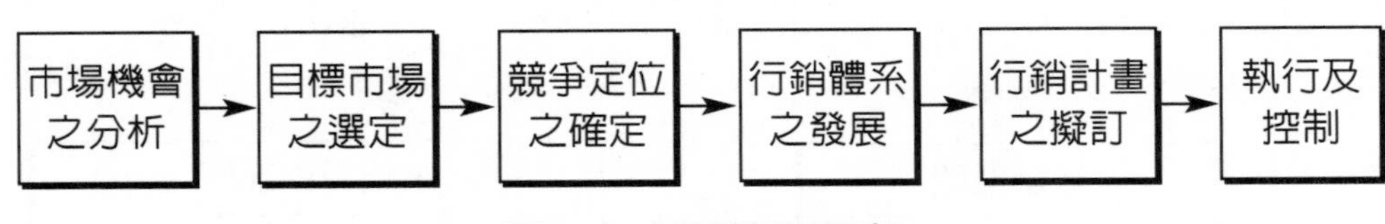

圖3-2　行銷管理程序

行銷人才所面對的第一個任務即爲分析市場的長期機會，以改善事業部績效並提高其在企業體中的地位。

爲了確認與評估市場機會，行銷人才必須建立一套可靠的行銷資訊系統（Marketing Information System/MIS）。因爲行銷研究（Marketing Research ）是現代行銷概念中不可或缺的要素；公司唯有透過研究顧客的需要與慾望、區域地理、位置分佈與購買習慣等，才能提供顧客最佳的服務。因此，行銷經理必須不斷地蒐集有關顧客、競爭者及經銷商等等的市場情報，以掌握市場的脈動。行銷人才尙應再更進一步地從事正式研究，諸如查閱次級資料，進行深度集體面談（Group Interview）以及實行電話、E-mail電子郵件、郵寄與人員調查工作。如果公司能同時運用高等的統計方法與模式來分析所蒐集到的資料，則將能更進一步瞭解各項行銷工具（Marketing Tools）並努力執行對行銷通路的影響。

第四節　行銷研究與選擇目標市場

當企業在開始進行研究與選擇目標市場時，此時它必須瞭解如何衡量與預測某特定市場的吸引力。此種工作需要預估市場大小，市場規模、市場成長率與市場獲利率。行銷人才必須學會衡量市場潛力（Market Potential ）與預測未來市場需求量（Market Demand ）的各種重要技術：每一技術都有其優點與限制，行銷人才必須深入瞭解以避免誤用，造成行銷失敗。

這些市場衡量與預測的結果將成爲決定集中力量在那一市場或那一新產品的重要投入因素。現代行銷實務必須將市場設定主要的市場區隔（Market Segmentation），然後加以評估，選擇其中之一爲目標市場，最後則鎖定公司可提供最佳服務的市場區隔（Market Segmentation）、競爭優勢（Competitive Advantages）與市場不基（Market Niche）。

目標市場（Target Market）乃較大方向之目標顧客群（Target Customer Groups）又可稱爲目標客層（Target Customer Level）。例如上班族、銀髮族、單身貴族、學生族、雅痞族、頂客族（又稱丁克族，Double Income/ DINC雙薪家庭）、新新人類等等。市場區隔（Market Segmentation）的任務是將整個市場（市場太大而無法提供週全的服務）分解成具有共同特徵的區隔（Segment），好比切生日蛋糕一樣，將一塊圓形的生日大蛋糕切成好幾片小蛋糕的做法，就是從目標市場切成市場區隔的技巧。因此，市場區隔即是目標市場抽絲剝繭出來的細分化市場。這可以用許多方法來進行。例如，行銷人才可依顧客規模（大、中、小），顧客購買依據準則（品質、價格、服務、包裝、品牌）或購買者行業別（銀行、製造公司、零售業、服務業、批發業）等方式，將市場加以詳細區隔。

表3-1 電腦的產品／市場矩陣圖表

市場（目標客層）

	小顧客群	中顧客群	大顧客群
視窗功能 Window 電腦			
多媒體電腦			
光碟功能 CD電腦			

市場區隔亦可採用兩個或更多的變數來區隔，如表3-1所示，爲電腦市場以兩個較廣泛的變數來區隔市場，此即顧客群與顧客需要。此一特殊的架構稱爲產品/市場矩陣（Product/Market Grid）。行銷管理人才可評估在九個方格中，每一方格的市場區隔之吸引力的程度以及公司的專業優勢程度。表3-1即是電腦產品／市場矩陣圖表：

假定公司之最具吸引力的區隔爲斜線部份「小顧客群、多媒體功能電腦的市場」。如果此市場區隔超出公司能有效提供服務的範圈，則公司再進行次區隔化（Subsegmentation），一直尋找到最終的使用者（End-Users）或眞正的顧客爲止。

此外，茲再舉一個美國通用（GM）汽車的實際個案爲例，以說明市場區隔的另一高明技巧：（見圖3-3）

以上述之個案而言，美國通用汽車（General Motor.GM）之凱迪拉克與龐帝克之市場區隔與顧客「買爽」的購買行爲及購買動機是絕對有差異的。喜歡豪華凱迪拉克的顧客是不會喜歡開龐帝克的跑車：相反的，喜愛酷勁龐帝克的顧客是不會開豪華型凱迪拉克車，

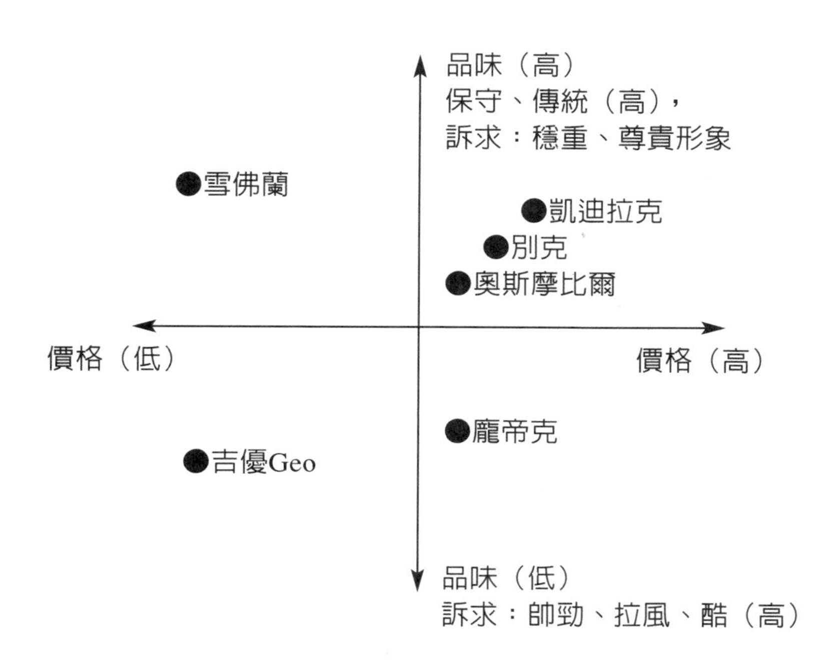

圖3-3　市場區隔圖（美國通用汽車GM實例）

此兩種產品消費習性與滿足感完全不同。

市場區隔最主要的理念即是「鑽洞與填滿」，亦即鑽進市場利基的完全不同空隙中，並填滿佔有市場優勢。

茲將市場區隔的實戰技巧詳細分述如下：

1.依產品大或小（產品較大或較小）區隔。
2.依價格高或低（高價格或低價格）區隔。
3.依顧客性別區隔。
4.依顧客年齡區隔。
5.依包裝不同區隔。
6.依品牌不同區隔。
7.依顏色不同區隔。
8.依口味不同區隔。

9.依服務不同區隔。
10.依顧客所得收入不同區隔。
11.依顧客分佈區域區隔。
12.依行銷通路區隔。
13.依顧客之生活型態區隔。
14.依顧客之消費習性區隔。
15.依市場再定位區隔。
16.依產品用途的不同區隔。
17.依產品效用的不同區隔。
18.依獨特的市場空隙區隔。
19.依產品定位區隔。
20.依市場競爭態勢區隔。
21.依顧客之教育程度區隔。
22.依顧客對商品之偏好區隔。
23.依品牌忠誠度與商品認知率區隔。

市場區隔細分法，乃是將原來目標市場中的顧客，由異質市場中，找出同質的市場，再加以分析以滿足市場顧客群（目標市場客層）之最佳需要。

第五節　擬訂行銷組合策略

如果前述之電腦產品，行銷人才欲追求「小顧客群，多媒體功能之電腦市場」則必須為此目標市場發展出另一套差異化與定位策略（Differentiating and Positioning Strategy）。行銷策略規劃人才必須將此市場區隔界定出與此市場的重要競爭者之間的差異，以及如何接觸目標市場的顧客群。

再者，大多數的購買並不相信中等價格的產品能與高價格產品一樣好，因此公司必須投入大量的費用來促銷與廣告，以提高產品在顧客心目中的認知率。此處行銷重點工作在於公司不僅要審慎地選擇目標顧客時亦不可忽略目標競爭何向。而在市場低成長的時期，針對競爭者來規劃與針對顧客來規劃是同等重要的市場行銷活動。

企業的行銷規劃人才不僅在擴訂廣泛的事業策略以協助公司達成行銷自目標外，亦須針對特定的產品擬訂行銷策略與戰術。茲將行銷策略定義如下：

行銷策略（Marketing Strategy）係指行銷管理人才預期在目標市場達成其事業與行銷目標之廣泛的指導原則；其通常包括行銷支出、行銷組合與行銷資源配置等的基本決策。

行銷管理人才必須決定爲達成行銷目標所需的行銷支出/行銷費用（Marketing Expenditure）水準。一般企業的行銷預算通常爲行銷目標的百分十二至廿五。因此企業在進入市場時，都會設法瞭解競爭的行銷預算對銷售額比例（Marketing Budget-to-Sales Ratio）。綜合言之，公司藉由分析要達成特定行銷量與市場佔有率所需的行銷工作，再計算這些行銷工作的成本，其結果即是所需的行銷預算。

同時，企業行銷活動也必須決定如何分配全部的行銷預算於整體的行銷組合（Marketing Mix）當中的各個策略上。因此，行銷組合亦是現代行銷理論的重要概念。茲將行銷組合定義如下：

行銷組合（Marketing Mix）乃是企業爲求達成行銷目標所使用的組合行銷策略法寶。亦即產品（Product）、價格（Price）、通路（Place）、與推廣（Promotion）。

此即麥肯錫教授（McCarthy）所提出的所謂4P，因爲每一個英文字都由P字母開頭。圖3-4即爲行銷組合的4P關係圖，此圖說明了圖

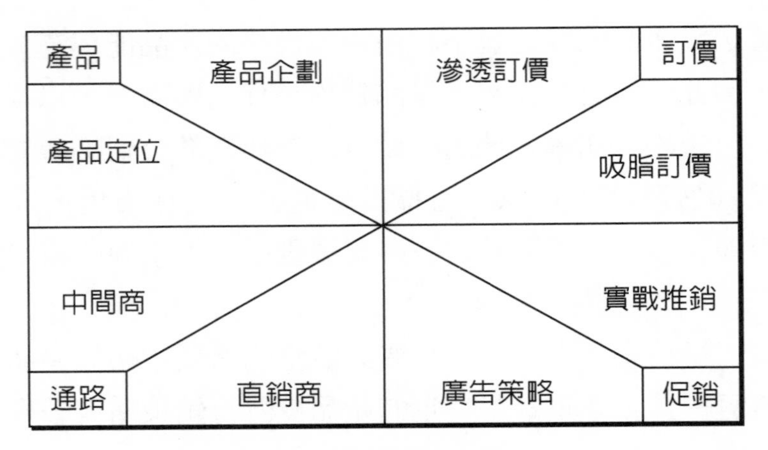

圖3-4　行銷組合4P圖

中每一個策略組合都各自具備許多能在市場上作戰的戰術或法實。

只要有企業，就會有競爭：只要有競爭，就必須要定位。因此，企業必須講求定位策略（Positioning Strategy），以爭取競爭定位優勢（Competitive Positioning Advantages）與掌握市場利基（Market Niche）。

因此，想要決定企業定位，就必須先擬訂行銷組合策略（Marketing Mix Strategies）。所以，行銷組合即成為現代行銷的突破性理念，進而發展出行銷組合的創新定義，亦即行銷組合是企業在目標市場上開發產品與市場的策略性行銷組合。

茲再將4P之行銷組合所衍生出的內涵與策略詳細分述如下：

一、產品組合策略（Product Mix Strategy）

1.產品定位
2.產品品牌
3.產品生命週期

4.產品開發
5.產品企劃
6.新產品策略

二、訂價組給策略（Price Mix Strategy）

1.滲透訂價（Penetrating Price）
2吸脂訂價（Skimming Price）
3.加成訂價（Markup Price）
4.折衷訂價（Breakdown Price）
5.開發訂價（Promoting Price）
6.游擊訂價（Hit-And-Run/HAR Price）

三、通路組合策略（Place Mix Strategy）

1.批發商（Wholesaling Business）
2.零售商（Retailing Business）
3.物流戰略（Channel Strategies）
4.實體分配（Physical Distribution）
5.直效行銷（Direct Marketing）
6.直接銷售（Direct Sales）

四、推廣組合策略（Promotion Mix Strategy）

1.推銷人實戰推銷（Top Sales）
2.軟性推銷（Soft Push Selling）
3.顧問拉銷（Consulting Pull Se1ling）
4.廣告策略（Advertising）

5.促銷活動（Sales Promotion/SP）
6.事件行銷/活動行銷（Event Marketing）
7.電話行銷（Telemarketing）
8.文宣行銷（DM Marketing）
9.媒體行銷（Media Marketing）
10.整合傳播行銷（Integrated Communication Marketing）

茲將全方位行銷組合策略（Overall Marketing Mix Strategies）以架構圖再詳細敘述如下：（見圖3-5、3-6）

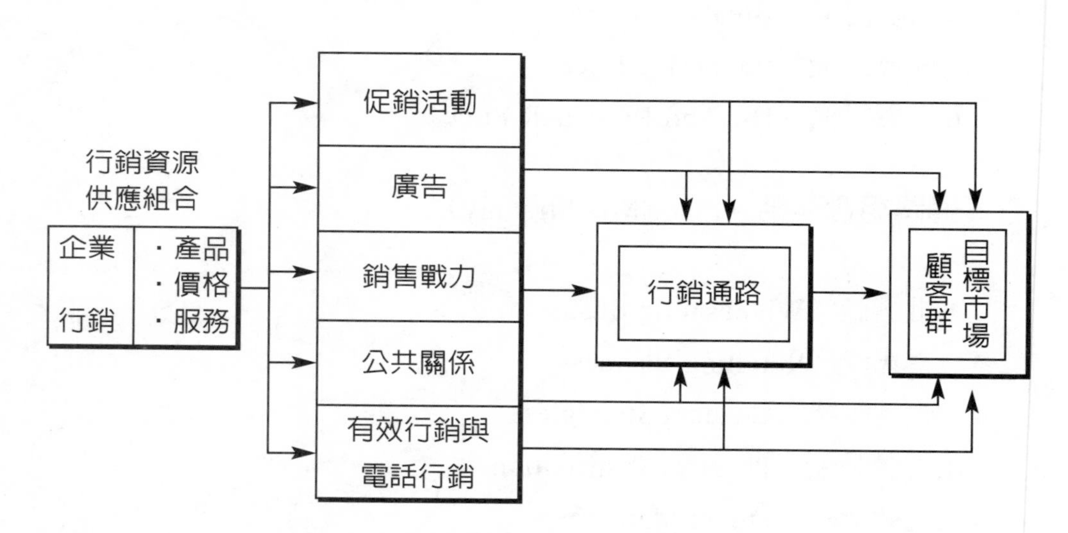

圖3-5　全方位行銷組合策略架構圖

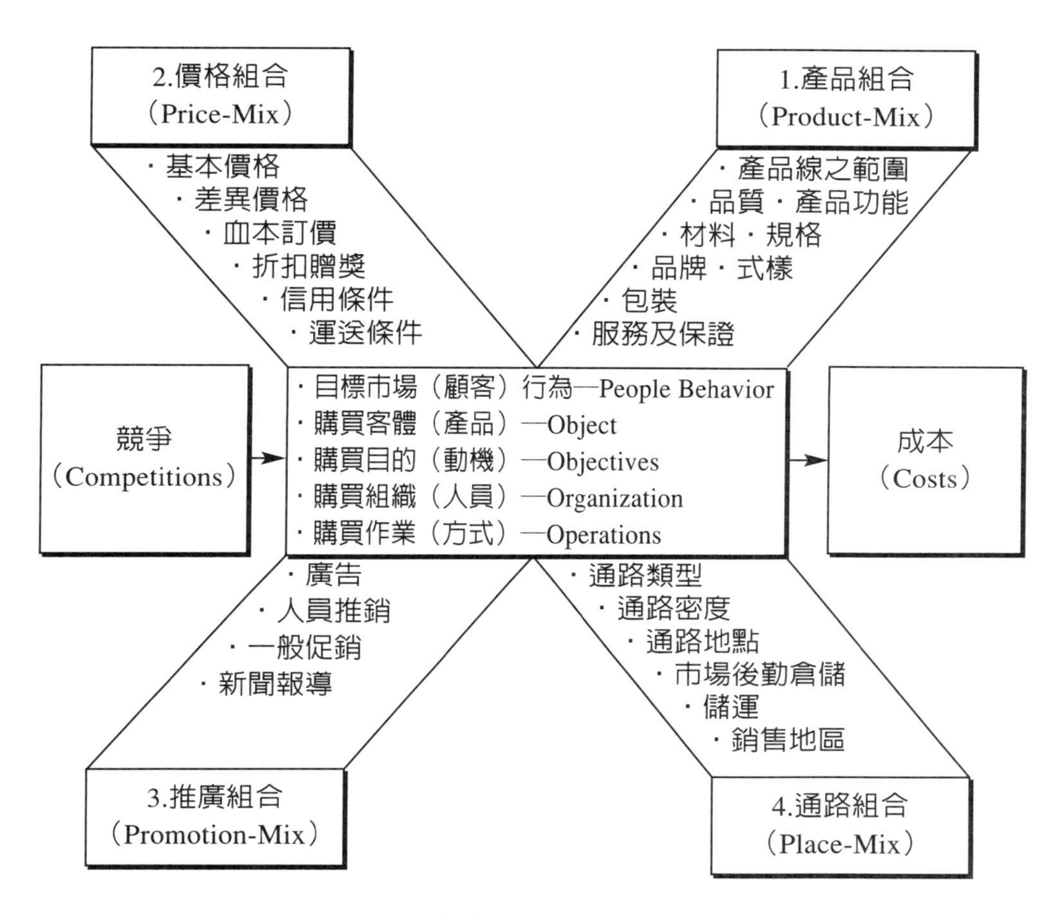

圖3-6　全方位行銷組合策略企劃圖

第六節　行銷活動之組織、執行與控制

行銷管理程序的最後一個步驟是組織行銷資源（Marketing Resources）以及執行與控制行銷計劃。企業必須建立一個能夠充分執行行銷計劃的行圖銷組織。在小企業中，可能由一個人包辦所有的行銷工作，包括：行銷研究、銷售、廣告、顧客服務、市場競爭、促銷活動以及經銷網之建立等等。而在大型企業中，則需要有一些行銷專家（Marketing Specialist）或行銷，顧問（Marketing

Consultant)。因此，大公司必須聘請業務銷售員、銷售經理、行銷研究人員、廣告人員、產品與品牌經理、市場區隔經理以及顧，客服務人員等。

最典型的行銷組織通常由行銷副總裁（Marketing Vice President）負自責，他負責執行兩項任務：第一項任務即應協調所有行銷人員的工作。例自如行銷副總裁必須確保廣告經理（Advertising Manager）與銷售經理（Sales Manager）能夠密切配合、使銷售人員能立即處理因廣告部門從事的廣告而，引發的顧客諮詢。

行銷副總裁的第二項任務就是與財務、製造、研究發展、採購、人事等部門副總裁密切配合，以協調公司之力量貫注於滿足顧客之活動上。

行銷部門的效能不僅決定於其組織結構為何，同時也與其在人事上的甄選、訓練、指導、激勵與評估等實戰作業有關。當行銷組織執行行銷計劃時往往會有許多意外發生，即為超出原計劃之外，此公司必須藉由回饋與控制程序來確保行銷目標之達成。各部門經理除了負責分析、規劃與執行外，還要負起控制的責任。一般而言，行銷控制可分為下列三種：

1.年度計劃控制
2.獲利力控制
3.策略性控制

茲再將此三種類型分述如下：

一、年度計劃控制

所謂年度計劃控制（Annual-plan Control）其任務即在確保企業能達成年度計劃中所預定的銷售額、利潤與其他目標。此項任務可分為以下四個步驟：

第一、管理當局必須在年度計劃中明訂每月、每季或一年中其他期間所要達成的行銷目標。

第二、管理當局必須訂出適當的衡量方法以評估其在市場上的現行績效。

第三、管理當局必須查出導致績效有嚴重差距的原因。

第四、管理當局必須決定採取最佳的更正行動以縮短績效與目標間的差距，這可能需要改善計劃實施的方式或者改變計劃、策略或甚至改變目標。

二、獲利力控制

所謂獲利力控制（Profitability Contro1）即是企業必須定期分析不同產品、顧客群、行銷通路及計單大小等的實質利益（Profits）。行銷獲利力分析（Marketing Profitability Analysis）即是一種用來衡量不同行銷活動之獲利力的工具，而行銷效率研究（Marketing Efficiency Studies）則是可以用來研究各種行銷活動如何更有效率地實施。公司亦必須不時地嚴格檢討其整體行銷競爭計劃，並決定它是否仍具有很好的策略性意義。因爲在行銷的領域中，行銷目標（Marketing Objectives）、行銷政策（Marketing Policy）、行銷策略（Marketing Strategy）以及行銷計畫（Marketing plan）是很容易過時而失去效用的。因此，正由於行銷環境的迅速變動，每一公司必須定期地經由行銷稽核（Marketing Audit）的控制工具，來重新評估其行銷績效（Marketing Performance）。

三、策略性控制

所謂策略性控制（Strategic Control）即是企業發展出一套能爲

公司所控制與掌握的行銷組合，亦即4P組合。爲了達成行銷組合的決策、公司必須管理下列四個系統：

1.行銷資訊系（Marketing Information System）
2.行銷規劃系統（Marketing Planning System）
3.行銷組織系統（Marketing Organization System）
4.行銷控制系統（Marketing Control System）

以上四種系統之間存有下列的關係：行銷資訊爲發展行銷計劃所必須的基礎，而後者又由行銷組織予以執行，最後所執行的結果則由行銷控制系統加以評估與控制。

透過這些系統的運作，公司才能監視並適應行銷環境。公司必須適應其個體環境，包括行銷中間機構、供應商、競爭者及社會大衆等。此外，公司還須適應其總體環境，包括人口／經濟力量，政治／法律力量、科技／物質力量及社會／文化力量等，企業在擬訂行銷策略以有效提供目標市場的產品與服務時，必須將這些行銷環境的週邊因素及其影響力量一併加以考量。

茲將影響企業整體行銷戰略的重要因素以圖3-7表示如下：

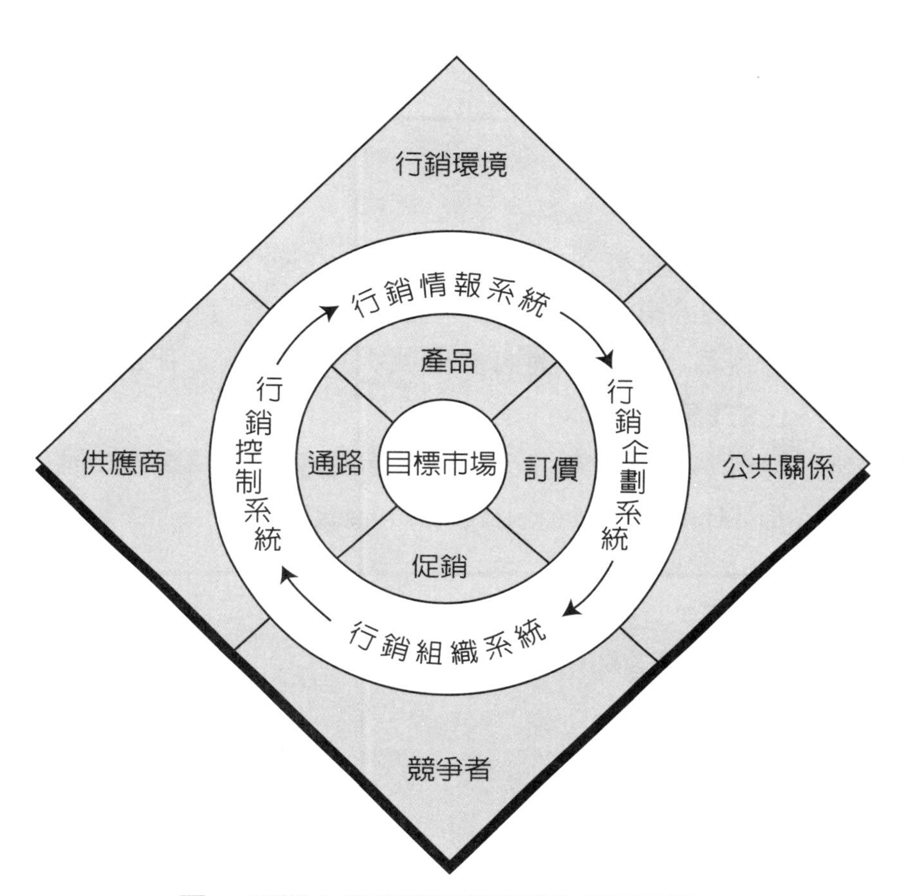

圖3-7影響企業整體行銷戰略的重要因素

討論課題

1.行銷管理流程分為哪些步驟？認研討之！
2.認研討市場區隔之方法與尋找市場機會之技巧。
3.請研討行銷組合4P如何協助行銷企劃人才擬訂行銷策略？
4.試舉一產品為例，研討如何實際執行市場區隔、目標市場與定位策略（STP策略）？
5.試研討如何執行行銷策略？又執行行銷策略必須配合哪些企業行銷資源（Business Marketing Resources）？

第4章 行銷戰略 戰術與作戰方案

本章學習目標
e-Learning Objective

- ◆瞭解競爭行銷之意義與特質
- ◆瞭解市場領導者、市場挑戰者、市場追隨者、與市場利基者之特性與策略
- ◆瞭解「大魚吃小魚」的市場戰略與「小魚吃大魚」的市場戰略
- ◆瞭解行銷戰力之特質與實戰應用
- ◆瞭解整合行銷策略之實戰應用

第一節　行銷戰略與戰術

企業的市場行銷（Business Marketing）主要在爭取市場佔有率的擴大，市場行銷量的提昇及行銷戰略的靈活有效運用。企業在追求勝利時所運用的戰略與戰術即是「努力不懈」的市場行銷活動，這就是企業經營成敗的」主要關鍵，也即是「企業商戰」的本質。

換言之，企業商戰的本質必須達致下列五大行銷商戰績效（Marketing Performances）：

1.打造市場永久絕對競爭優勢（Accelerating Sustainable Competitive Advantages）

2.打造市場核心競爭力（Accelerating Core Competence）

3.打敗市場競爭者（Phasing out Competitors）

4.打造市營收與高獲利之行銷業績（Outcoming Marketing Turnover）

5.打造高市場佔有率（Launching High Market Share）

另方面，企業商戰應組合「實戰推銷」、「滲透促銷」與「戰略行銷」作整體設計與企劃方能克敵致勝。一流的行銷人（Top Marketer）應具備行銷企劃與行銷策略的決戰本領，方能掌握企業商戰「贏的策略」決勝千里。

企業商戰實錄在國際行銷的競爭中已到水火不容、生死存亡的地步。例如執國際嬰兒用品市場牛耳的美國嬌生公司用補貼價格銷售傳統式的紙尿布時，其最大競爭對手寶鹼公司適時推出有「鬆緊褲管」的幫寶適嬰兒紙尿褲上市，消費者不願再以低價格購買傳統的嬌生紙尿布，而都改用幫寶適（Pampers）紙尿褲。頓時，嬌生公司因缺乏產品定位及市場定位的優勢，市場佔有率從第一位而節節敗退，最後撤出兩場。

行銷是企業競爭，生存與發展的主要關鍵，唯有靈活應用行銷戰略才能使小企業在與大企業競爭時有恃無恐，不但能與大企業一較長短，並可能擊垮大企業的市場競爭優勢。

茲將企業商戰分爲「小魚吃大魚市場戰略」與「大魚吃小魚兩場戰略」兩大類，詳細分述如下：

一、小魚吃大魚市場戰略

又稱爲「弱者戰略」或「劣勢翻身戰略」，主要的作戰最高指導原則即是「定位戰略」（Positioning Strategy）。茲分下列各項詳述：

（一）差異化戰略

產品的差異化，靠的是技術，而商品的差異化，則取決於企劃力。產品的差異化是指產品品質，性能等的差異，也就是對廠商而言最基本的差異化。此種產品本身的差異化是因技術而形成，現令各勵商在技術水準都已提昇，不易找出太大的差異。

商品的差異化是指商品名稱、包裝等銷售：力法的差異化，主要是依賴商品企劃力（Merchandising）則創意力（Big Ideas）。企劃力與創意叮取之不竭，用之不盡，只要拋開先入爲主與守陳不變的觀念，新點子將會源源不絕。

（二）地城區隔戰略

所謂「地域區隔戰」就是在特定的區域市場中作行行銷戰。劣勢翻身戰略必須找出致勝的主力戰場。或者製造出足以獲勝有利戰況。

所謂製造有利戰況，就是將市場區隔化，在限度範團的市場上作戰。對於商品則以種類區分，在限定的商品行銷上作戰。其次，就是將顧客層予以區分，在特定的顧客層下功夫。如此，弱者將有充分反敗為勝的機會。

（三）單挑作戰戰略

單挑作戰就是「一對一（One and One）」的戰略。在行銷戰場上，弱者可以利用單挑作戰的利基有下列各點：

1.新加入競爭的企業必須看準同業僅有一家營業的市場。

2新加入競爭持企業必須看準同業一家公司的顧客。

3.與同業形成「一對一」局面的市場或顧客予以重點攻擊。弱者之所以必須採用上項戰術的原因如下：

（1）因為競爭對手只有一個，所以容易突顯差異化。

（2）容易掌握並挖走大量競爭對手的顧客。

（四）接近遭遇戰略

所謂接近遭遇戰，就是近距離作戰。企業商戰的競爭，顧客是最重要的決勝關鍵。行銷競爭取決於顧客，愈接近顧客愈有利。因此，在行銷戰略上的接近遭遇戰就是拉近顧客距離之作戰。茲將最重要的戰術分述如下：

1.直銷法（Direct Marketing）：

弱者利用帥一戶接觸可以拉近與客戶間的距離目取較高的行銷利潤。此種戰術必須對區域市場、商品、顧客層加以定位。

2.下游作戰：

對於在行銷通路的末端客戶進行下游作戰。此種戰術必須找出重點地區、重點客戶進行作戰。

3.鞏固根據地作戰：

所謂根據地就是總公司、分公司、營業處、工廠等的週邊區域。必須先強化並鞏固根據地才是有利的作戰武器。

4.親和力決勝千里：

弱者必須設法建立與客戶間的人際關係及公關，加深顧客的好印象。切記：人際關係是最大的行銷武器。

（五）集中一點作戰戰略

所謂集中一點作戰就是集中行銷戰力單點攻擊戰略。集中一點作戰的最大課題是如何重點化攻擊，其決定的因素有下列三點：

1.市場規模。
2.市場成長性（包括市場將來性，市場獲利性）。
3.市場競爭態勢。

集中一點作戰的目的即在塑造「第一」的局面，與「唯一」的行銷態勢。所謂善戰者求之於「勢」，「造勢者」可轉敗爲勝。因此，弱者應將重點放在市場競爭態勢，並列爲扭轉乾坤的重點化目標。

（六）聲東擊西戰略

顧名思義，聲東擊西戰略就是打游擊（Hit-And-Run）戰術或擾亂戰術。

在行銷戰場上的聲東擊西作戰法是：

1.挫敗競爭者的銷售士氣
2.分散競爭者的銷售戰力
3.打擊競爭者的市場利基
4.襲擊競爭者的行銷通路
5.否定競爭者的廣告策略

二、大魚吃小魚市場戰略

又稱爲「強者戰略」或「優勢攻擊戰略」，主要的作戰最高指導原則即是「目標戰略」（Targeting Strategy）。茲分下列各項詳述：

（一）乘勝追擊戰略

追擊戰略就是「跟進戰略」弱者實施差異化，強者也跟進，則弱者差異化戰略的效果及戰力隨即消失。

下列即為乘勝追擊戰略的有效戰術：

1.追擊產品差異化。
2.追擊商品差異化。
3.追擊價格差異化。
4.追擊市場差異化。
5.追擊服務差異化。
6.追擊通路差異化。
7.追擊廣告差異化。
8.追擊促銷差異化。
9.追擊定位差異化。
10.追擊包裝差異化。

（二）廣域戰略

又稱擴大行銷戰場之作戰。此種作戰法則即在擴大區域市場的範圍，使弱者無法施展地域區隔戰。

下列即為廣域戰略的有效戰術：

1.擴大行銷網。
2.擴大市場範圍。
3.控制三不管市場。
4.爭取游離顧客與被動顧客。
5.擴大試用品促銷活動。
6.密集轟炸式之廣告策略。

（三）機率戰略

此種戰略即是以企業競爭之優勝法則為作戰優勢。大企業以高業績、知名度、大規模給予顧客安全感與信心。因此，讓顧客選中的機率一定高。下列即爲機率戰略的有效戰術：

1.擴大產品線。
2.強化商品組合。
3.設法使代理商或經銷商互相競爭，坐收漁翁之利。
4.設法使直銷商或直營門市互相競爭，控制整個市場行銷通路。

（四）遠隔孤立戰略

此種戰略即在孤立競爭對手，並隔開競爭對手與顧客間的距離。具體的做法是以供應廠商對付敵方大盤批發商；以大盤批發商對付中盤批發商；以中盤批發商對付小盤批發商；若爲零售業或服務業，則以賣場實施遠隔戰。

下列即爲遠隔戰略的有效戰術：

1.全面活用批發商的銷售戰力。
2.強化廣告表現與促銷活動。
3.強化物流策略。
4.擴大行銷通路。

（五）綜合掃蕩戰略

此種戰略即爲綜合動員總掃蕩，亦即投入總體行銷戰力。下列即爲綜合掃蕩戰略的有效戰術：

1.攻擊戰：以絕對優勢的行銷戰力，總體掃蕩競爭對手的既有市場與新市場。
2.守備戰：如弱者針對重點地區市場集中一點攻擊時，強者應以壓倒性的數量對抗，並應在其他商品和顧客層實施攻擊。

（六）誘導作戰戰略，又稱「狐狸作戰」

此種戰略即在誘導競爭者步入我方之陷阱中再一舉消滅。如想展開誘導作戰，就須先瞭解競爭者手中的王牌。瞭解對方意圖後再先下手爲強。如此，即能克敵致勝。

下列即爲誘導作戰戰略的有效戰術：

1.提供競爭對手假市場情報。
2.採用混合式的行銷通路。
3.運用多媒體的廣告策略。
4.掌握競爭對手的行銷策略。
5.切斷並封死競爭對手的行銷通路。

第二節　拉銷戰略之理念與作戰方案

一、拉銷戰略（Pull Selling Strategy）

拉銷戰略在行銷作戰中往往能捨盡先機，佔盡優勢而贏得行銷勝利的果實。

由於顧客對推銷有心理及表面的排斥感，並對於銷售實戰懷有防衛心理，因此，拉銷戰略可藉以將顧客的眼光及心態拉至產品或服務上，完全由顧客之意願購買產品或服務。

所謂拉銷戰略（Pull Selling Strategy）就是由供應商直接對顧客發動，廣告及促銷攻勢而引起購買意願，然後顧客再對零售商指定購買該廠商的產品（即指名購買），零售商再向批發商指名運銷該產品，最後再由批發商向廠商要求運銷該產品。

在運用拉銷戰略時所師是廣告促銷以及對顧客（消費者）的教育活動。亦即主要強調在行銷通路中如何使用廣告與各種促銷活動，以教育顧客（消費者）的需求並激發顧客（消費者）的購買行

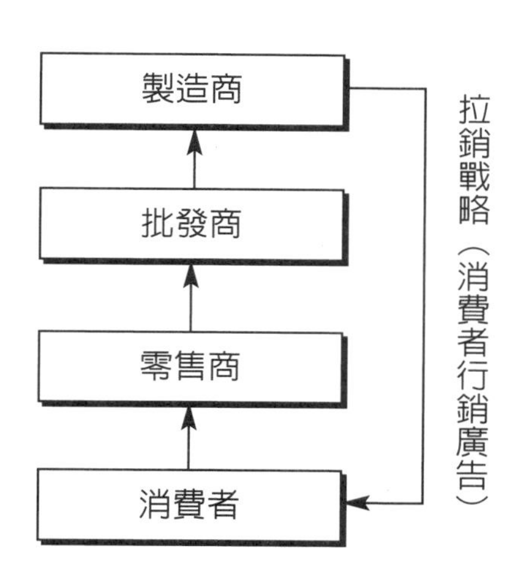

圖　即是拉銷戰略之流程。

動。製造商統一運用廣告與整體促銷活動，以刺激顧客（消費者）的需求。因此，顧客將會向零售店購買指定產品，零售店轉向批發商批貨，批發商最後再向生產製造商大量進貨，以供市場需求。

由於拉銷戰師勢在整體師告活動與促銷策略將使銷售人員直接成爲訂單接受者（被動接受訂貨），而不是推銷促成者（主動促成購買）。

二、拉銷戰略所運用的行銷滲透作戰法

產品在行銷通路中，因爲受到密集式的廣告而產生顧客（消費者）需求業已建立的顧客（消費者）需求，中間商不必花太多時間或努力，即可將產品銷售出去。

因此，中間商都願意接受較低的毛利，零售價格也因此而相對降低。但是這種現象只有在產品週轉率高的時候才能成立。小規模企業很少只採用拉銷戰略，因爲對顧客（消費者）廣告的支出非常可觀，需要有很大的財力投資。故中小型企業最佳的行銷策略均運

用拉銷戰略的推銷戰略的組合，稱爲混合戰略（Combination Strategy）。只是拉銷與推銷所佔的比例不同而已。

三、拉銷戰略的實戰個案研究

曾有一則電視廣告（TV Commercia1），某牌磁磚以一美腿模特兒作廣告明星，CF約爲10秒，觀衆（消費者）看到美腿女郎砰然心動，但最後該廠牌，產品突然出現在CF銀幕畫面上，顧客（消費者）的眼光無法瞬間轉移，即順眼照面了該項產品，在心中產生永不磨滅的產品認知與記憶，進而產生指名購買該項產品的積極行動。

第三節　戰略行銷管理的意義

戰略行銷管理（Strategic Marketing Management）之定義如下：

戰略行銷管理爲以策略決策之思惟（Strategic Decision Thinking）並經由組織、分析、企劃、執行、控制之機能，從事顧客調查、分析、預測、產品發展、產品企劃、訂價、推廣、交易、實體配銷等活動，以發掘、擴大及滿足社會各階層慾望 ，並謀取彼此利益。

換言之，「行銷管理」是指把「管理」(組織、分析、企劃、執行、控制）技術應用到「行銷」活動上之現象。正與上面界說「行銷」之定義一樣，我們對這個定義也應注意幾點：

1.行銷管理已很清楚的定明爲一種包括組織、分析、企劃、執行、和控制的管理過程，它是企業機構中經理人的使命。
2.行銷管理的目的在於使期望的交易（所有權之交換）順利達成。典型的交易原包含貨品和勞務，但也可能包含有關組織、個人、地點、和構想等心理上的交易。所以有「機構行銷」、

「地點行銷」、「個性行銷」、及「思想或政策行銷」等新行爲。

3.行銷管理可由買方或賣方實施，只要是想推動交易的人便可行。

4.行銷管理在道德上是中性的，因爲它可能是爲一方或是爲彼此互相的利益而實施。有些專家把專爲一方之交易行爲稱爲「銷售」（Selling），把雙方利益之交易行爲稱爲「行銷」（Marketing）。

5.行銷管理著重下列四大重要組合因素：即產品（Product）、價格（Price）、推廣（Promotion）和配銷通路（Place）之間的相互協調和適應，以達成有效的暢銷反應。換言之，行銷管理的使命，一方面在使產品與訊息適應既有顧客的態度與行爲：在另一方面亦設法調整顧客的態度與行爲，去適應新產品與新構想。

行銷管理有一最主要的假設，即是期望中的交易不會自動地經由任何自然過程而完成，而是需要花費許多時間、精力、技術和監督方能完成。

在一般公司而言，正式的行銷工作是由銷售經理（Sales Managers），推銷員或業務代表（Salesmen or Sales Representatives），廣告經理（Advertising Managers），行銷研究經理（Marketing Research Managers），顧客服務經理（Customer Service Managers），產品經理（Product Managers），地區市場經理（Regional Market Managers），及行銷副總經理（Marketing Vice President/Marketing Director）等來擔當。而這些人的職位都應有界定清楚的目標及責任。當然有很多類似此等職位是依特定行銷機能別（Marketing Functions）來設定，就像廣告、推銷、行銷研究等。在另一方面，也有依「產品」方案別及「市場」方案別來設定的。不過，不管這些職位的分組標準爲何，其主管人員的工作總是組織分析、企劃、執行及控制方案，以與目標市場（Target Market）的顧客作成期望業務量的交易。行銷管理機能圖，表示行銷管理整體活動相關系統，茲將以圖4-1表示如下：

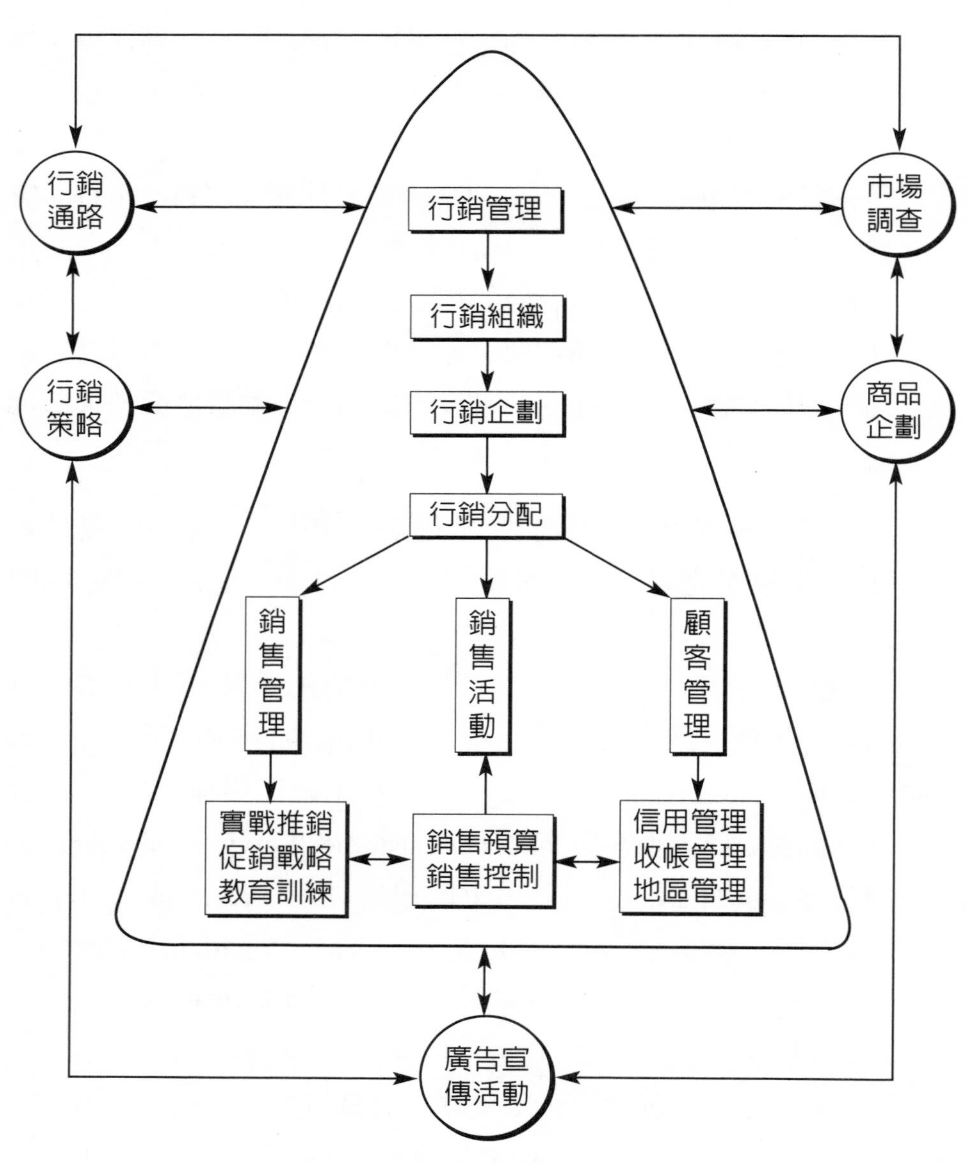

圖4-1 行銷管理機能圖

第四節　策略行銷管理的新議題

行銷管理新思惟

自一九九○年代（1990~1999）以來，行銷管理之運作乃著重於市場策略（Market Strategy）與競爭大未來（Competition for The Future）的理念新思惟。然而，由於市場爭霸戰乃得自行銷理念與策略的新突破；因此，企業行銷隨即展開價格戰、通路戰、定位戰、廣告戰與EVENT活動事件行銷戰的綜合行銷戰力（Integrated Marketing Forces）。

綜觀上述，傳統式的行銷組合，必須再整合在行銷作戰新思惟下所衍生的行銷4C組合，方能立企業行銷於不敗之地。因此，行銷4C的應用實爲企業行銷文化的一大突破與創新。茲將行銷4C的內涵及其在行銷管理中之運作以架構圖再詳細敘述如下：

所謂行銷4C（Marketing 4Cs）乃由於市場作戰，必須強化顧客滿意（Customer Satisfaction）與商品物流體系（Commodity Logistics Distributing System）之綜合實戰，因而衍生新行銷管理之競爭模式。以下即爲行銷4C之實戰內涵：

一、顧客（Customer）

顧客滿意CS爲行銷戰決勝之最關鍵因素與策略。

二、商品（Commodity）

商品企劃（Merchandising）爲行銷商戰的命脈與市場指標

（Market Benchmarking）。

三、行銷溝通（Communication）又稱行銷傳播

行銷溝通必須以Top Sales 、廣告、促銷活動與顧客溝通意見。

四、行銷通路（Channel）

行銷通路戰為二〇〇二年以來行銷最特殊的實戰法則。

批發商往往為控制行銷通路之通路領袖（Channel Leader）與通路分配的要角（Channel Distributor）。

綜觀以上所述，行銷4C確實能為行銷管理帶來莫大的突破。基於「不創新，即滅亡」的理念，行銷4C的誕生與應用確實能在服務行銷（Service Marketing）的領域中再創行銷業績。茲再將行銷4C的架構圖詳細說明如圖4-1：

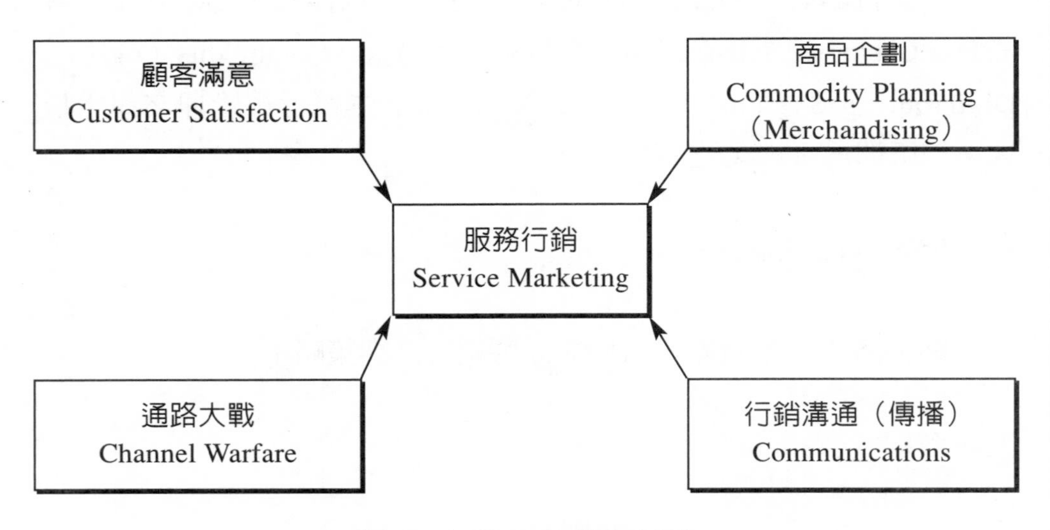

圖4-1 行銷4C架構流程圖

第五節　行銷近視病與行銷遠視病之內涵

行銷近視病為美國行銷學大師李維特（T.Levitt）教授在1960年於哈佛商業評論（Harvard Business Review）所提出之行銷觀念。茲將行銷近視病之涵義再詳細敘述如下：

所謂「行銷近視病」（Marketing Myopia）係指一個過份狹窄的產品觀念：亦即行銷人員只一昧地執著與強調產品之特點與效益，而忽略了市場的需求性與顧客滿意程度，因而終將造成行銷業績的不振。

因此，行銷近視病就是在指出行銷活動不能只專注產品本身，而必須看市場的變動來從事行銷活動。例如：有一家專門賣玻璃絲襪的廠商，一再地告訴他公司的員工要牢牢記住：「我們不是賣玻璃絲襪，而是賣美麗的一雙玉腿。因為玻璃絲襪是產品，我們不能只賣產品，我們是賣滿足人們（顧客）需要的東西。」

另外，還有一家賣口紅的公司也一再地告訴他公司的員工：「我們不是賣口紅，而是在賣青春與美麗。」因為人對青春、美麗的需求始終存在，但是口紅這產品，是滿足顧客需求的東西，這產品是會變化的。今天為什麼賣口紅呢？因為口紅能滿足女性顧客青春與美麗的需要。假如未來哪一天有新的產品不叫「口紅」，而叫「紅口」，更能滿足女性顧客的需要，公司就不做口紅，而改做紅口。總而言之，只要產品能滿足顧客青春與美麗的需要即可。因此，行銷近視病就是在提醒行銷人員不要過份專注產品而忽視了市場的變化：畢竟行銷是市場的整體活動，而不是只做產品而已。

在市場導向的時代，行銷人員應該隨時注意市場的變化，不要只是埋頭苦幹。苦幹是需要的，但不應該埋頭，而應該抬頭苦幹，蓋因「抬頭看市場，苦幹做行銷。」，多注意外在市場環境的變動趨向與市場競爭態勢。

綜合上述各項資訊，本書作者許長田 教授在一九九五年十一月十四日於桃園大溪鴻禧山莊所舉行的「廿一世紀國際行銷論譠會議」（21 Century International Marketing Forum）中特別提出「行銷遠視病」（Marketing Setup）之行銷突破觀念，以避免傳統行銷人員又再度掉入只著重市場業績掛帥的陷阱中而無法自拔。茲將行銷遠視病之涵義詳細敘述如下：

所謂「行銷遠視病」（Marketing Setup）為行銷人員常執著市場行銷業績，而忽略並遺忘了產品生命週期之行銷策略，因而造成產品再定位的模糊形象，導致後市不被看好的市場衰退與市場萎縮等不良現象。

由以上觀之，行銷活動絕不可以只注重產品與市場業績 ，必須多元化著重市場變動層面、產品在生命週期各階段之行銷策略與全方位市場作戰之統合戰力（Integrated Forces），方能成功地推展整體行銷活動。畢竟全方位行銷活動並不是只靠行銷人員（Top Sales）或廣告而能奏妓的單一活動。

管理大師彼得・杜拉克說：「未來五十年内 ，有百分之八十的企業經營者是由懂行銷、做行銷的人所擔任。」因此 ，顧客均由懂行銷做行銷的經營者所掌握。當然，他所經營的企業一定會成功，終而能有利潤。

因此，行銷人才要達到成功行銷的境界 ，唯有熟練有效的行銷技術。茲將有效的行銷技術分述如下：

行銷技術（Marketing Skills）就是“MAKE MONEY，與AIDAS行銷絕招之綜合行銷戰力（Integrated Marketing Forces）。因此，行銷技術（Marketing Ski11s）就是“MAKE MONEY”。

表2-1

Money	（資金）
Afford	（購買力）
Key	（關鍵問題的解決方案）
Easy	（簡易、方便）
Modern	（時髦）
Outstanding	（傑出的產品效益）
New	（新穎的創意）
Extra	（額外的獲得）
You	（顧客至上）

另方面，AIDAS是行銷賺錢的法寶可不是什麼病。茲將AIDAS行銷技術分述如下：

整合行銷戰力（Integrated Marketing Forces）

Attention（吸引注意）目的在使顧客注意商品或服務

Interest（喚起興趣）目的在使顧客對商品或服務有興趣

Desire（激發購買）目的在使顧客購買商品或服務

Action（採取行動）目的在使顧客採取行動購買商品及服務

Satisfaction（感覺滿意）目的在使顧客對商品或服務覺得滿意。

茲以創意運用（IBM）與（APPLE）電腦大對決（IBM VS APPLE）的英文字母分述如下之行銷戰術十訣：

第1訣　**Idea**（創意力）

第2訣　**Brand**（品牌）

第3訣　**Merchandising**（商品企劃）

第4訣　**Value**（價值感）

第5訣　Service（服務力）

第6訣　Appeal 吸引力、魅力

第7訣　Positioning（定位）

第8訣　Promotion（促銷）

第9訣　Learning（充電）

第10訣　Execution（執行力）

由全方位行銷體系觀之，今日的企業行銷已到了組合策略、企劃、定位、市場競爭、行銷研究、廣告戰、通路戰以及EVENT行銷（事件行銷或活動行銷）之整合行銷戰。因此，在這狹隘與劇烈競爭的市場中，企業如何找出一條行銷生路與市場生存空間，唯有突破行銷通路方能終竟其功。亦即必須仰賴整合定位戰、策略戰、企劃戰、及通路戰的多元化行銷機器人，才能決勝市場，贏得行銷大戰。茲將整合行銷戰力（Integrated Marketing Forces）的組合再詳細介紹如下：

整合行銷戰力
- 策略行銷戰略與戰術（Strategies & Tactics）
- 定位策略（Positioning Strategy）與卡位策略（Rollout Strategy）
- 市場（Market Targeting）：指目標市場與市場區隔下之市場利基與優勢
- 產品決策（Product Decision）
- 訂價決策（Price Decision）
- 通路決策（Place Decision）
- 推廣決策（Promotion Decision）：推廣決策在二十一世紀又稱為「整合行銷傳播」（Integrated Marketing Communications/IMC）

策略為行銷決勝的最高領導指標與作戰方針，定位為競爭優勢之利基，市場為目標客層。

產品決策、訂價決策、通路決策與推廣決策為策略行銷的關鍵成功要素（Key Success Factors/KSF）。

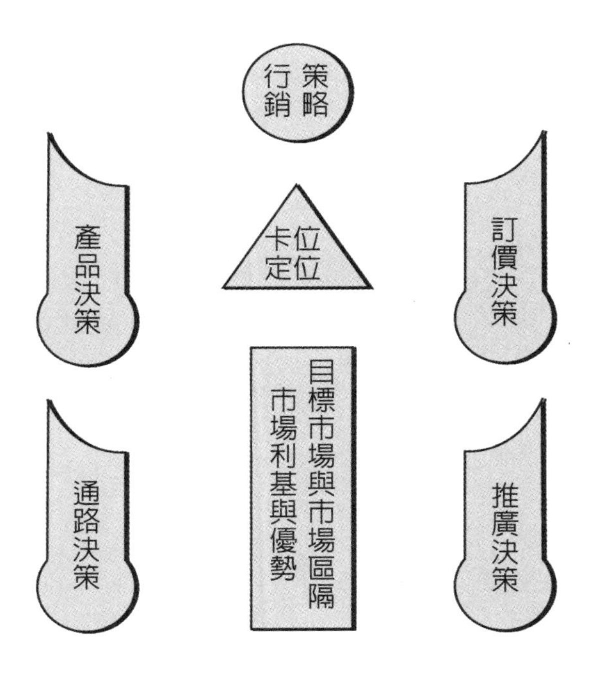

整合行銷傳播（Integrated Marketing Communications/IMC）

討論課題

1.企業如何將行銷切入目標市場，以使市場出現利基？

2.行銷管理應使用那些分析市場之技巧，以徹底瞭解市場態勢？

3.企業如何將企業文化與行銷管理之功能搭配完整，而能因市場性採取有效之管理策略？

4.企業導向的演進，可分為那幾個階段？試以個案研討每一個階段之演進。

第5章 策略品牌管理與產品管理

本章學習目標
e-Learning Objective

- ◆瞭解策略品牌管理的意義與內涵
- ◆策略品牌管理與產品管理
- ◆瞭解品牌權益的意義與內涵
- ◆瞭解策略品牌角色與內涵之流程架構
- ◆瞭解品牌權益對顧客的重要性
- ◆瞭解生產者與消費者對策略品牌之不同認知與需求
- ◆瞭解策略品牌管理的實戰應用
- ◆瞭解產品管理(經理)制度之意義
- ◆瞭解產品管理(Product Management/PM)之內涵

第一節　品牌的定義

依照美國行銷學會（American Marketing Association/AMA）認爲品牌的定義如下：

品牌係一個「名稱」、「術語」、「符號」、「象徵」或「設計」或是整合以上各項的總稱，由此項稱呼掛在產品或服務上，以利與競爭者區別與辨識。以專業技術的觀點而言，無論行銷人員爲產品或服務創造新的名稱、標誌、或符號都可稱爲「品牌」。

第二節　策略品牌管理的意義與內涵

以策略管理的角度而言，策略品牌管理涉及行銷執行方案與行銷活動企劃力與執行力，以利建構並管理品牌資產。換言之，此種品牌管理的創新理念與品牌企劃，將增進品牌策略的長期獲利力。因此，品牌管理企業以往商譽的口碑以及企業未來的經營方針。

茲將策略品牌管理的意義與內涵敘述如下：

所謂「策略品牌管理」（Strategic Brand Management）係由策略品牌行銷（Strategic Brand Marketing）的角度切入。因此，策略品牌管理涵蓋下列幾項內涵：

一、何種驅動力能促使品牌響噹噹？

二、如何建構強而有力的品牌？

三、如何維持品牌歷久彌新？

四、如何從品牌強化行銷戰力與提昇行銷業績？

五、如何在行銷通路與顧客心中建立品牌印象（Brand Image）？

茲將策略品牌的角色與內涵以架構流程圖詳細敘述如下：

策略品牌的角色與內涵之架構流程圖

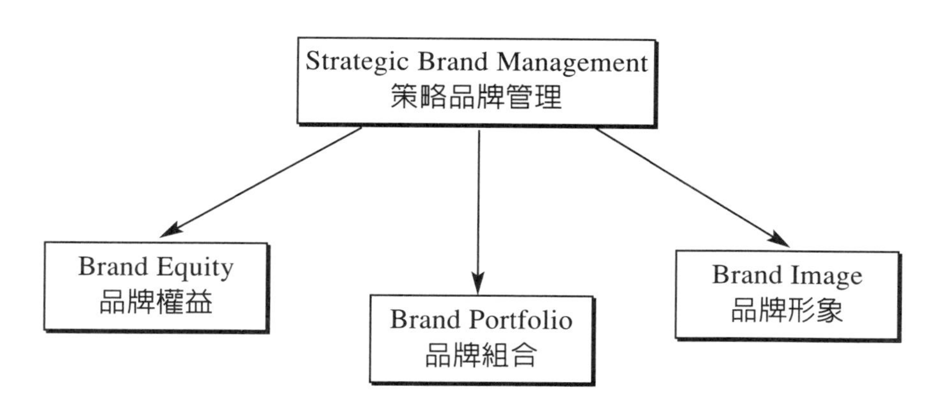

茲將從生產與消費者的角度而言，策略品牌的角色與內涵之流程架構以圖再詳細敘述如下：

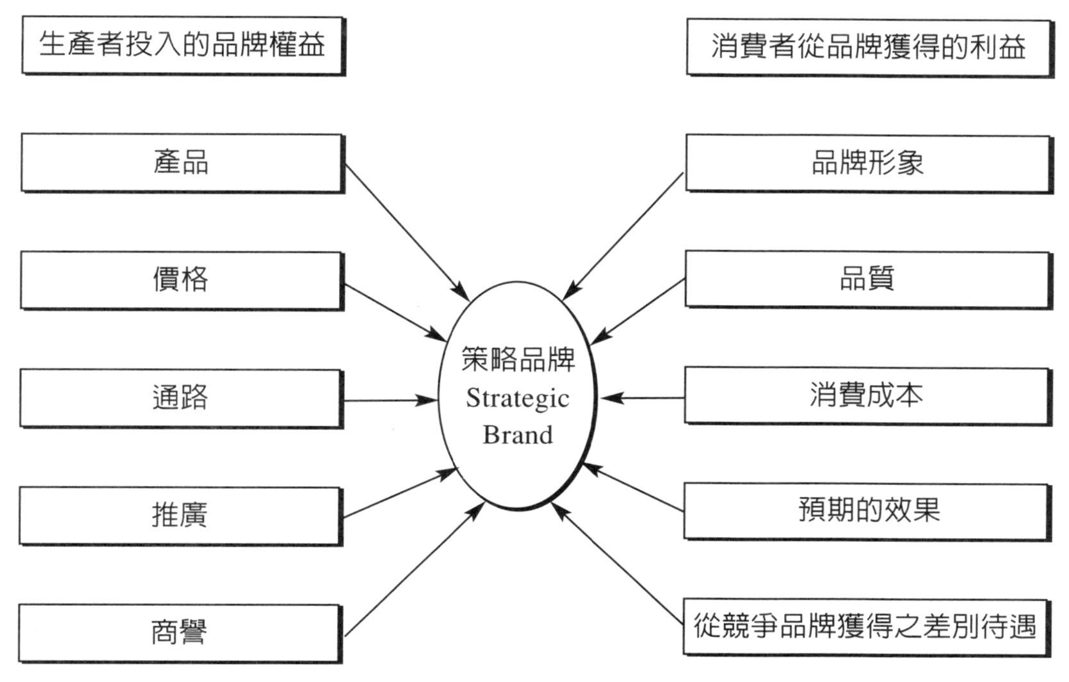

策略品牌的供需架構圖

由上圖觀之，策略品牌最重要的關鍵角色，即是策略品牌權益（Brand Equity）註１，因為品牌權益可涵蓋行銷4P組合與企業形象。因為品牌形象是企業形象最佳的意涵與策略焦點。

資料來源："Brand Management and Product Management" by Henry T. Schuller P.126 2004
http://www.brandstory .com.tw

作者註１："Brand Equity"有些人譯為「品牌資產」不盡妥當，應譯為「品牌權益」，因為品牌權益有正面的影響力，亦具負面的打擊力，如企業的商譽與品牌形象良好，則朝正面的方向發展，否則只會拖垮企業形象。

第三節　行銷定位的創新理念

行銷定位（Market Positioning）的理念，來自消費者心理的定位。廣告大師歐吉沛（David Ogilvy）認為，任何一個廣告作品都是一項品牌印象的長期投資。由於一個廣告作品都是一項品牌印象的長期投資。在加上每家公司都試圖建立他自己的特殊商譽，而導致「一窩峰」的做法，最後反倒沒有幾家公司能成功地行銷商品。

以往的行銷、廣告策略，過分強調發掘商品本身的特點與建立企業的形象；而今日的行銷定位，則是要找出競爭者的優點與缺點，或市場上任何有利之切入機會，而善加利用，方能擴張市場，爭取市場佔有率，進而控制市場並鞏固舊有的市場利基。

行銷定位就是要第一個抓住，「在疲勞轟炸的廣告訊息與市場情報中被注意到」的行銷技術，它著重商品觀念與行銷技術的突破，重視涉及影響他人心智的策略，簡單明瞭。因此，行銷定位可歸納以下幾種思考模式：

■ 目前市場上，本公司商品的定位

由市場實際狀況尋求在目標市場的角色與功能，以利開拓市場利基。

■ 行銷人員想要怎樣定位

行銷定位的市場扮演角色，可分爲市場領導者（Market Leader）、市場挑戰者（Market Challenger）、市場追隨者（Market Follower）與市場利基者（Market Nicher）。

第四節　行銷定位的實戰步驟

行銷定位策略的活化術，主要在尋求市場空隙，然後鑽進去填滿，亦即找出市場切入的「別有洞天」與滲透策略。茲將行銷定位的實戰步驟分述如下：

步驟一：消費者如何定位本公司產品或服務

分析市場競爭態勢，並透過行銷研究與市場調查，以研判市場中的顧客到底在想什麼？需要什麼？有一支很流行的歌曲：「我很醜，可是我很溫柔。」其在消費者心目中的定位，是趙傳唱紅的流行歌曲，而不是其他歌者所演唱的，這就是行銷定位的妙招。

步驟二：本公司希望產品或服務有什麼特殊的定位

在瞭解目前所處的競爭態勢中，可依據行銷研究所蒐集到的資訊加以研判，並依照目標市場的顧客層或目標消費者、產品差異點以競爭者的市場定位等三大要素，擬訂出最適合自己，並能長期從事作戰的有利位置。

步驟三：如何成功地掌握最適合自己的市場利基

其主要的定位心法是：

■別人不做的，我做。

■ 別人沒有的，我有。

■別人做不到的，我做得到。

步驟四：是否有相當的財力，攻佔並控制所定位的優勢

制定行銷定位策略最大的錯誤，即是去嘗試根本無法達到的目標。所謂「有多少錢，做多少事」就是這個道理。

步驟五：對於所定位的市場位子，能長久落實嗎？

定位是消費者對產品印象與認知的長期累積。因此，一旦定位確立了，除非市場發生極大的變化，定位必須隨之改變，否則，便應持續不斷地全力以赴。不然，定位便無法徹底落實，顧客也會產生混淆與搖擺不定。

步驟六：廣告誠意是否與定位相吻合

廣告是行銷策略的具體表現，定位則是廣告訴求背後的意識型態。例如白領階級的定位與藝術家的定位即截然不同。因此，廣告創意與定位策略必須相結合，方能發揮行銷定位眞正的效果。

第五節　行銷定位策略之內涵

行銷定位策略，可涵蓋產品定位策略與市場定位策略兩大實戰策略。茲將產品定位策略與市場定位策略分別詳述如下：

產品定位策略

公司在從事市場區隔時，必須爲其發展訂定一套產品定位策略。要使一種競爭性產品在市場區隔中，都佔有一定的地位，則每種產品定位的消費者知覺皆非常重要。所謂產品定位，係指公司爲建立適合消費者心目中特定地位的產品，所採行產品企劃及行銷組合之活動。產品定位的創新理念可歸納爲以下三項：

- 產品在目標市場上的利基如何？
- 產品在行銷策略中的利潤如何？
- 產品在競爭策略中的優勢如何？

「產品定位」這個字眼是1972年由Al Ries 與Jack Trout 兩人的鼓吹下日漸普及，在廣告年代（Advertising Age）雜誌之一系列的文章中，稱爲《The Positioning New Era》（定位新紀元）。後來，他們又合寫一本著名行銷學著作《Positioning The Battle for your Mind》。Ries 與Trout 視產品定位爲現存產品的一種創造性活動。以下即是其定義：

定位首創於產品。一件商品、一項服務、一家公司、一家機構，甚至是個人……皆可加以定位。然而，定位並不是指產品本身，而是指產品在潛在消費者心目中的印象，亦即產品在消費者心目中的地位。

產品定位可能利用產品品牌、價格與包裝上的改變，這些都是外表的改變，目的乃在鞏固該產品在消費者心目中有價值的地位。因此，消費者對於心理的定位（Psychological Positioning）與現有產品的再定位，比對潛在產品定位更感興趣。對於再定位而言，一開始行銷人員就必須發展出行銷組合策略（Marketing Mix 4ps Strategies），以使該產品特性能確實吸引既定的目標市場。產品定位人員對於產品本身及產品印象同樣興趣。

Ries 與Trout在心理定位方面，提供一些明智的建言。首先由觀察哪些包含似產品，但卻無法在消費者心中得到任何別的市場著手。然而，在一個「訊息充斥」的社會中，行銷人員的工作是在建立產品的個性。其主要的論點是：消費者根據心目中一個或多個層面來評估產品。因此，當消費者考慮哪家汽車出租商提供最多的汽車與服務時，其所評價的優先順序為Hertz、Avis和National。因此，行銷人員的任務是依據某些顯著的購買層面，使產品在消費者的心目中列為第一優先。此乃因為消費者總是記得最好的哪一個。例如，每個人都知道林白（Lindbergh）是第一個飛越大西洋的人，哥倫布是第一個發現美洲的人，幾乎無人知道誰第二個。而且，消費者也較喜歡購買最好的那一個。

產品定位第一要素就是馬上填滿消費者的心，使消費者因心中已有所屬而不再接受其他的產品。

若市場已存有一個強而有力的品牌時，則可採用市場挑戰者策略（Market Challenger Strategies），其主要的市場作戰策略為以下二種：

■劣勢策略（Weakness Strategy）

即自稱：「我們的產品與市場領導者一好或將會比它更好。」例如租車業艾維斯Avis在其卓越的商戰中，謙稱「我們是第二者，雖然屈居第二位，但將試圖更加努力，以迎頭趕上。」（We are No.2 but will be No.1 someday）

■滲透策略（Digging Strategy）

亦即找尋市場空隙並去發現另一個市場層面，據此可與市場領導者的品牌區分清楚，不需要做正面競爭。亦即行銷研究人員在消費者的心目中，尋找一個未被其他品牌所佔據的市場空間（Market Space）或市場空隙（Market Gap）。

因此，在可樂市場的競爭態勢中，七喜汽水（Seven-Up）的廣告訴求定位爲「非可樂（The Uncola）」，意思是它是汽水的碳酸飲料，而不是可樂飲料，避開與可樂市場的大哥大——可口可樂與百事可樂做正面競爭「定想到七喜汽水。這是產品定位最佳的策略。

行銷定位的活動，並不是在產品本身，而是在顧客心裏，亦即產品定位要「定」在顧客心裏。因此，「產品定位」並不意味著「固定」於一種位置而不會改變。

然而，改變是表現在產品的名稱、價格與包裝上，而不是在產品本身。基本上這是一種表面的有形改變，目的是希望在顧客的心目中，佔據有利的「情有獨鍾」之地位。

因此，行銷定位的法則可歸納爲下列各項：

■在行銷廣告中一再強調產品是「最好的」或「第一的」，並不能改變人們心中根深蒂固的印象，非得有出奇致勝的突破策略方能奏效。

■定位的法則乃強調「產品在顧客心中是什麼」，而不是「產品是什麼」。也就是從顧客的眼光與需要來看待產品，而不是從生產與行銷者的角度來判斷。

■最好的定位策略就是搶先攻下顧客心中的深處，穩坐第一品牌，追隨者通常都是無法後來居上的。

■要找到市場上的「利基」（Niche）與生存空間。有時候產品「不是什麼」反而比產品「是什麼」更為重要。產品「不怎麼第一」反而比「多麼好，多麼第一」來得有效。前面提到的七喜汽水（Seven Up）就完全否定了在市場上「標榜可樂產品」的可口可樂及百事可樂之優勢，搶盡軟性碳酸飲料的市場風采。

以下即是產品定位必須思考的三項大事：

■哪種顧客會來買這個產品？
其目的在確定目標消費者或目標顧客層。
■這些顧客為什麼要來買這個產品？
其目的在確定產品的差異性。
■目標消費者會以這個產品替代何種產品？
其目的在確定誰是市場競爭者。

市場定位策略

所謂市場定位即是在目標市場上找出市場空隙，然後鑽進去填滿，並尋出有利的市場優勢，以籃球卡位的方式，預先搶佔自己有利的位置及卡死競爭者在市場上的位置，使得競爭者在市場競爭中因無法發揮優勢爭面，只能屈於劣勢。

市場定位的創新理念可歸納為以下三項：

■消費者如何看市場上的產品？
■競爭者如何看市場上的產品？
■目標市場如何感覺產品？

綜觀以上所述，在市場定位的演練中，必須要具備有效的定位策略，方能運籌帷幄，決勝千里。因此，市場定位的有效策略可針對目標市場的滲透，作一整體的思考。

茲將市場定位的有效策略分述如下：

■產品大小的市場空間。
■高價格的市場空間。
■低價格的市場空間。
■性別的市場空間
■產品功能的市場空間
■包裝的的市場空間
■顏色的市場空間
■品牌的市場空間
■服務的市場空間
■通路的市場空間
■產品生命週期的市場空間（借地重生、借時重生、產品的第二春或撤退市場）。
■產品口味的市場空間
■產品用途的市場空間
■顧客生活型態的市場空間
■產品效用的市場空間
■產品獨特利基的市場空間
■再定位的市場空間
■否定市場競爭態勢的市場空間
■創造新市場競爭態勢的市場空間
■產品差異化的市場空間

在市場定位中，由市場對新產品產生的反應，行銷人員便能發現該公司的產品定位是否有效。早日獲得市場的認可是成功的關鍵，一旦佳評如潮，產品就能在市場上取得衝力與作戰力，造成良性循環，成功便隨之而來，而產品便擁有積極的正面形象。相反地，假如產品被市場冠上一項「失敗者」的帽子標誌時，要想復元就倍加吃力了。

市場定位是由顧客對市場的認知而決定的。顧客一旦對產品有了先入爲主的印象，任何人也無法改變他們的決定。然而，行銷人員卻可以去影響市場定位的過程。只要瞭解市場的運作，行銷人員便可以設法影響顧客對產品的認知，創造更強烈的產品形象，採取適當的步驟使公司與產品在顧客心目中更加值得信賴。

顧客信任的程度是整個市場定位的關鍵。市場上充滿這麼多的新產品與新科技，顧客不但不知道哪家廠商值得相信與信賴，甚至對於這些新產品所牽涉的種種科技也不瞭解。因此，顧客會感到疑慮與恐懼。在變化迅速的市場中，行銷人必須找出平息顧客疑懼與對抗競爭者的策略，才能建立市場定位。以「安心」沖淡「恐懼」，以「穩定」對抗「不確定」以「不確定」，以「信心」抵銷「疑慮」，並建立可信度、領先地位和品質的服務形象。除了第一流的產品之外，還要爲顧客提供一帖「安心靈藥」，使顧客對公司的產品與市場定位安心。

建立信賴度是一項緩慢而艱難的工作，不過只要努力不懈，一定能成功。以下即爲行銷人員如何建立信賴度，藉以建立產品的市場定位。這個策略可分爲以下五要素：

■利用口碑與耳語運動（Whisper Campaign）。
■發展產品的人際關係與品牌知名度。
■企劃策略性公共關係，並積極推動。
■找對名人推薦與行銷策略顧問協助。
■與媒體、新聞界來往。

第六節　如何擬訂行銷策略

行銷策略（Marketing Strategy）係一整體市場經營的know-how運用，其中涵蓋著適當的產品以適當的訂價透過適當的通路以作適當的推廣。行銷活動（Marketing Activity）的定義，乃公司以可滿足顧客慾望的產品或服務提供給消費者；而消費者必須具有花錢的意願，有錢可花及一些尚待滿足的慾望。因此，消費者的購買決定行銷活動的本質。

良好的行銷（Good Marketing）可以導致市場行銷量及市場佔有率的提高，亦可爲企業賺取較高倍數的行銷利潤。因此，行銷活動包含了五個主要範圍：

■如何決定目標市場？
■如何企劃產品？
■如何爲產品訂價？
■如何分銷產品？
■如何推廣產品？

對於上述的五個範圍所採取的正確解決方法，都可產生預期效果，而爲企業帶來極大的行銷利潤。

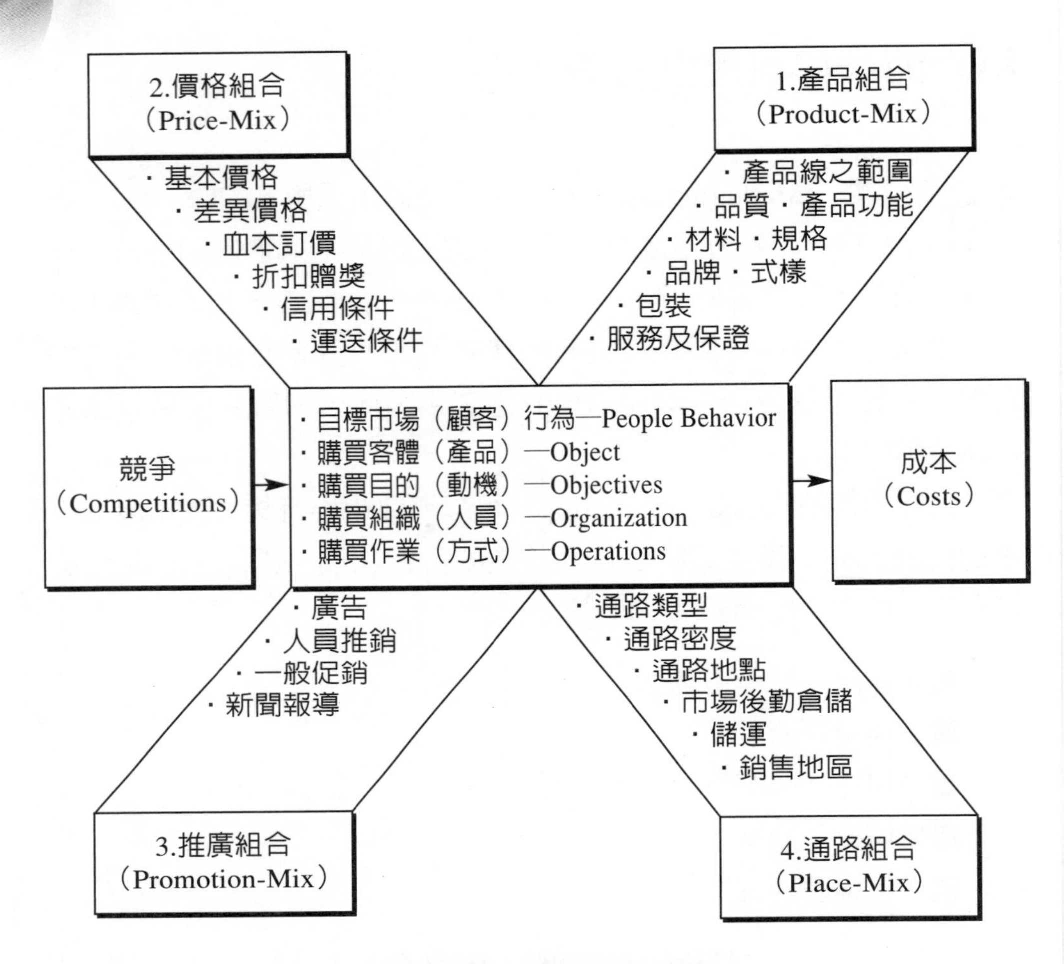

圖　行銷4P整體作戰架構

第七節　行銷組合4P策略（Marketing Mix Strategy）

行銷組合包括產品（Product）、訂價（Price）、通路（Place）與促銷（Promotion）。

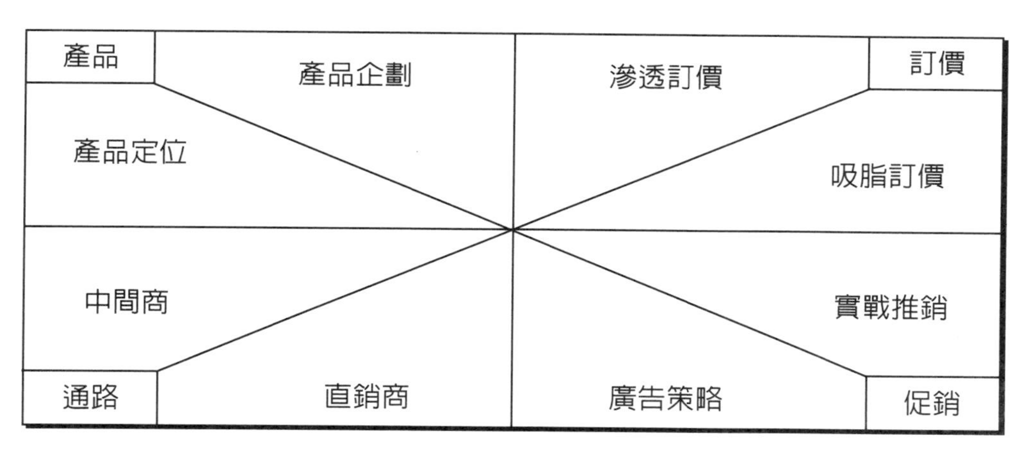

圖 行銷組合4P圖

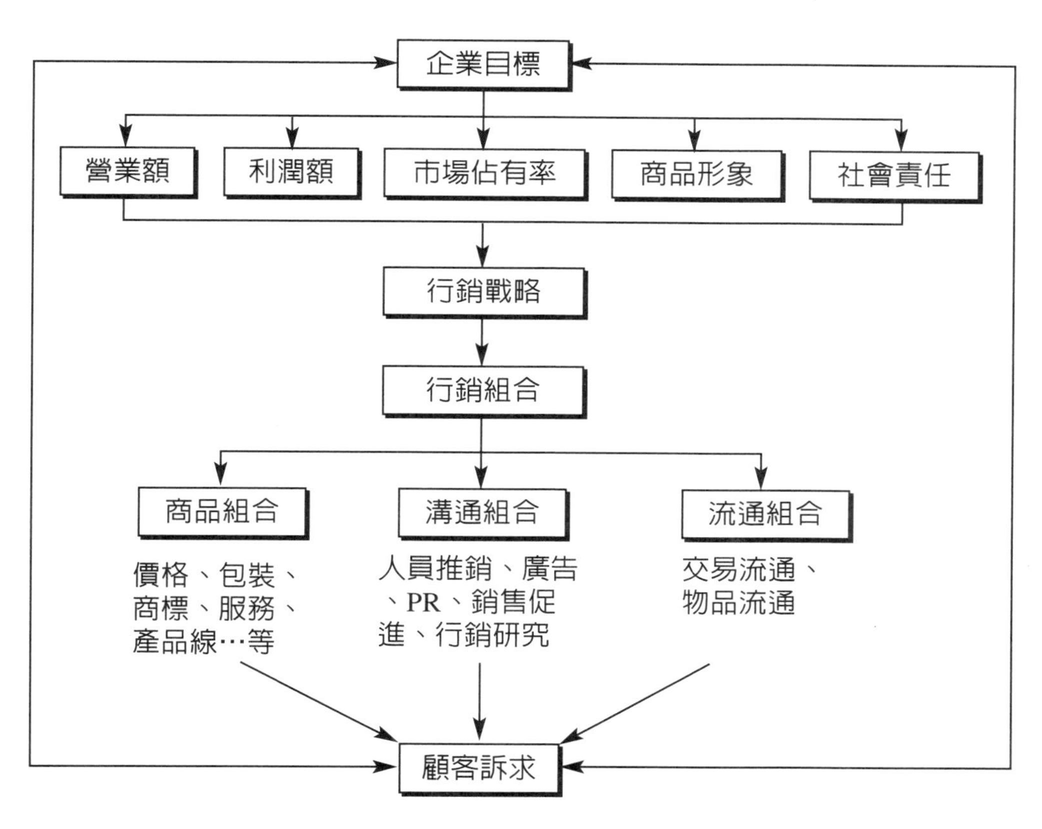

圖 行銷戰略之作戰系統圖

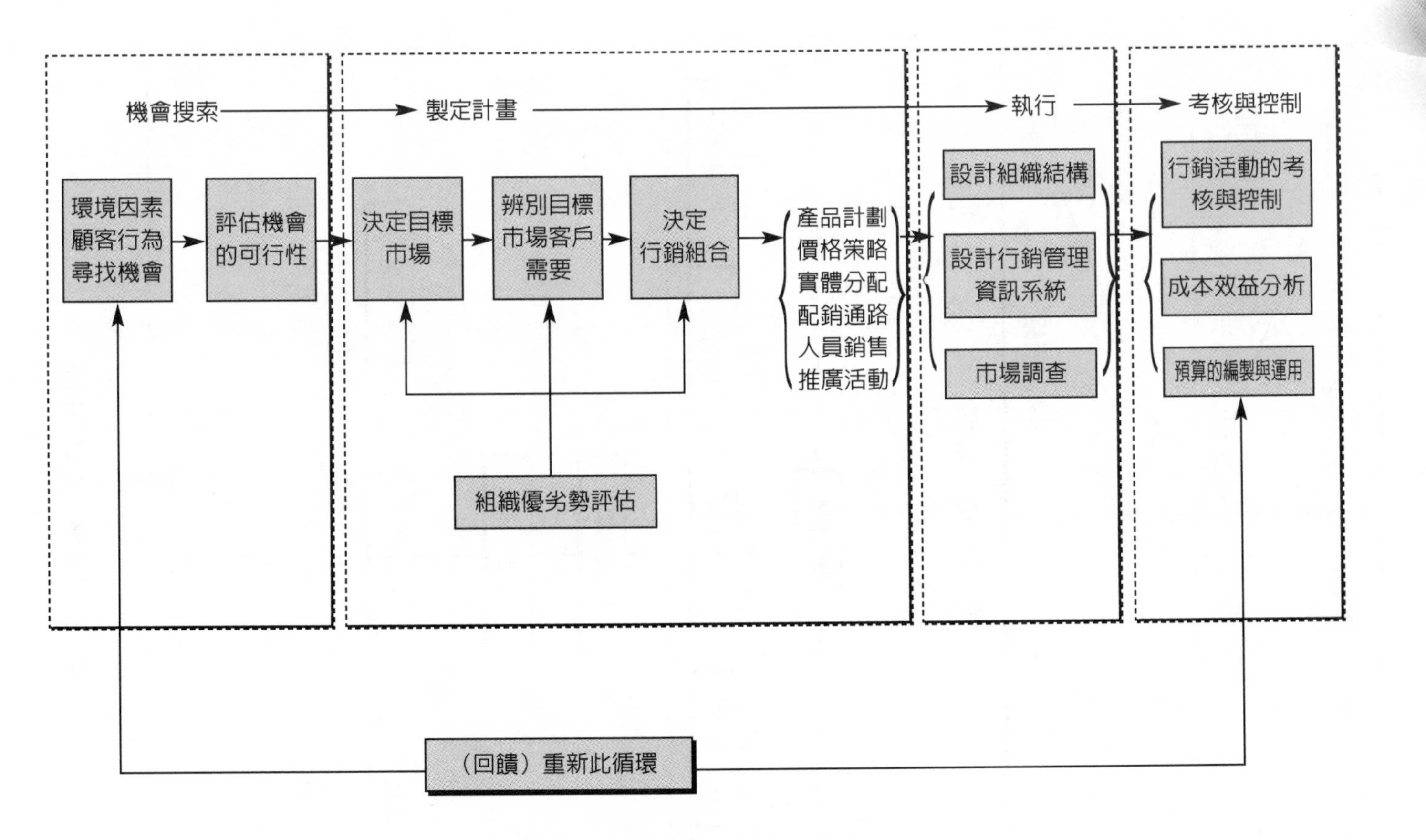

圖　整體行銷策略作戰系統

產品生命週期（Product Life Cycle/PLC）與行銷策略

產品生命週亦稱品壽命週期，為產品由誕生到滅亡的一連串過程，其中分為上市期、成長期、成熟期、飽和期及衰退期。茲將產品在各階段的期間所採行的行銷策略列述於後：

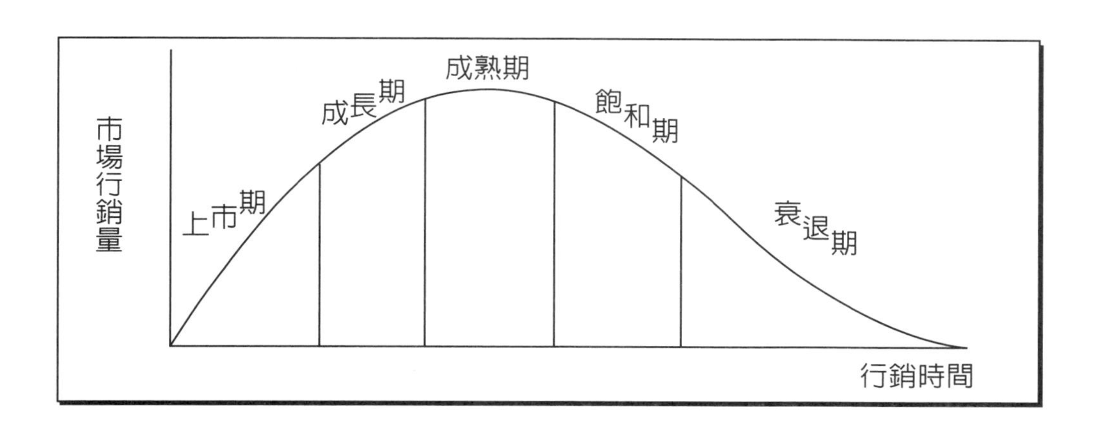

行銷策略	市場佔有 市場滲透 品質 品牌 附加價值 包裝設計 功能顏色 售後服務	市場區隔 市場定位 競爭優勢	產品 差異化 市場擴大	市場空隙 市場再定位 產品第二春	市場活化： 借時重生 市場撤退： 借地重生

圖　產品生命週期中的行銷策略

第6章 策略產品決策

本章學習目標
e-Learning Objective

- ◆瞭解新產品之意義。
- ◆瞭解產品設計與品牌決策之技巧。
- ◆瞭解品牌命名之原則與商品定位之關係。
- ◆瞭解新產品創意的過程。
- ◆獲得創意能力的激發與思考模式的訓練。

第一節　新產品開發的迷思與產品的定義

露華濃（Revollon）每年銷售給全世界消費者的化粧晶香水，超過10億美元，由於該公司擁有許多成功的香水產品，使其在極不穩定且高度分裂的香水市場中，勇奪平價香水市場的冠軍。露華濃成功的主要是他們清楚地了解，銷售香水不僅是賣具有香味的液體，而且是賣香味所能帶給使用者的一切利益。在瞬息萬變的香水市場裡，露華濃有如此卓越的成就，實乃歸功於它有創新的觀念，如推出男性化晶牌「查理」之女性香水，以針對獨立自主現代女性之需求。由此可知，規劃行銷組合最重要的就是建立產品觀念。

因此，新產品開發的過程始於創意的尋求，而創意的尋求並非是偶然的或無止境的。茲將產品的定義，進一步敘述如下：

產品（Product），即是市場上任何可供注意、購買、使用或消費，以滿足顧客慾望或需求的東西。

如圖6-1所示，以裕隆汽車公司爲例說明如下：

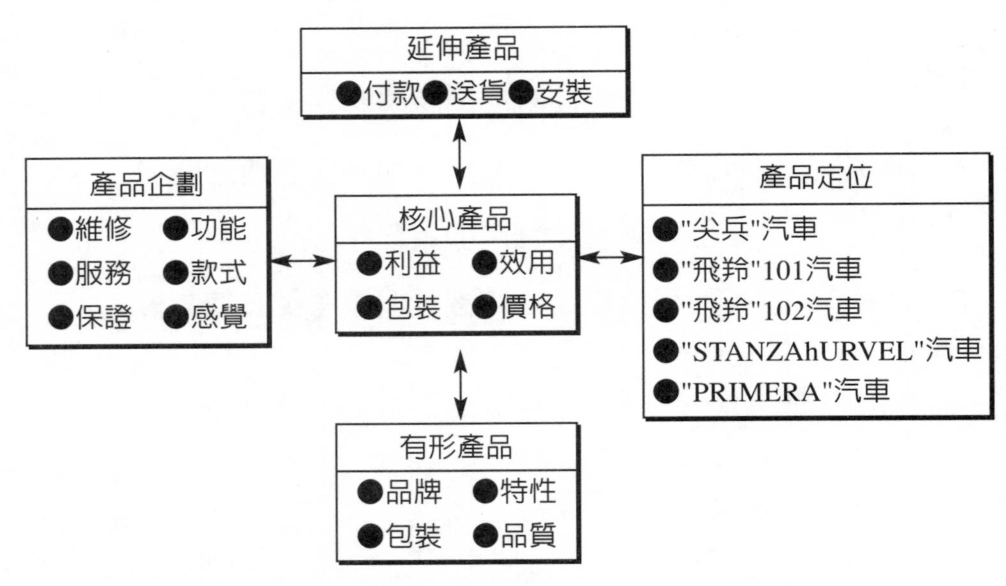

圖6-1　產品三層次與產品企劃、產品定位之整合關係

（一）核心產品層

一般人們會購買國產汽車不外乎幾項原因，如:用以代步的交通工具，較機車安全且舒適等。裕隆推出的PRIMERA雖以中型性能的家庭房車為訴求，但其優異的性能及駕駛快感，亦足以滿足追求衝刺感的飆車族們的要求。

（二）有形產品層

1.結構材料

PRIMERA是一部日裔英製歐規車。乃日產（NISSAN）公司在英國建廠（NMUK）所製造，配備參考歐洲規格。其車廂空間寬敞，以針對駕車者為設計中心的儀表板及中央控台均傾向駕駛座，各項操作自然且極順手。

2.品質水準

由於PRIMERA會榮獲歐洲及英、德、美、義、挪（二項）可葡、芬、丹、日等國11項大獎，可想見其品質必屬上乘。此外，不論是在引擎運轉聲響、速度及車速流暢感上都有超水準的表現。

3.特色形式

在特色方面，PRIMERA是以所謂未來車的概念實驗車凝聚設計理念，故在體質上異於其他車種，而在造型風格上，很明顯地受到德國車強調均衡

（三）延伸產品層

在保證方面，PRIMERA有二年或五萬公里的保證期限，任一項先到期即視為保證期滿。售後服務是影響顧客滿意度的一項重要因素，而顧客滿意度為現代汽車行銷理念下，各廠商致力追求的服務理念目標，因為顧客滿意與否，不僅攸關銷售問題，更對商譽產生重大影響，故不能等閒視之。裕隆自從與國產分開後，重建服務體系，希望能夠急起直追。售後服務要做得好，有幾項必備條件，亦即增設服務據點，做好特種工具的購買，並給予維修人員電腦維修

檢測訓練課程。這幾項裡面，裕隆由於尚是售後服務體系裡的新手，不能顧及全部保修廠的服務品質，但其努力也是不遺餘力的，諸如制訂「顧客滿意調查」考核標準'主動關懷客戶項目、改善接待服務、提升維修品質的需求，「保修合一」的保養廠制度以及完全以服務車主爲前提的營業時間等的貼切規劃'在在都可看出裕陸在「最大顧客滿意度（MAX-CS/MAX-Customer Satisfaction）上的努力。

第二節　產品設計與品牌決策之重要性

產品的設計是企業成長的火車頭，沒有獨特的產品設計，企業就會失去成長的動力；同時，亦找不到衝刺的方向。產品的設計是步步爲營，環環相扣的：先找出機會點，經過設計，內部試用，命名，廣告，包裝及促銷，然後才正式上市。一項產品的問世，可能會在市場競爭中存活下來，爲公司奠下業績成長的基礎；然而有些可能會因產品的失敗而導至財務損失，使整個企業面臨被市場淘汰的命運。產品的設計固然重要，品牌的決策亦不可掉以輕心，許多成功實例證賞，好的命名對產品助益良多。許多大型企業皆發展出一套選擇品牌的正式程序，但要找出最佳的品牌名稱究非易事。首先須審愼研究產品利益、目標市場和擬採行的行銷策略。畢竟良好的品牌決策不但可增加產品的價値，也是決定產品是否成功的重要一環。

對競爭日愈激烈的市場而言，好的產品設計不但能提高產品之功用、吸引市場注意力，更可在目標市場中取得競爭優勢。茲將產品之創意構想（Big Idea）的產生過程詳細敘述如下：

（一）產品之設計必須先有其構忠來源，產品之構思可來自於

1.公司內部

例如研發（R&D）部內、生產部內、行銷部內，或是基本員工的創意及靈感，譬如如「維他露公司」的產品之一「維他露P」即是在一個很偶發的機會中誕生的。

2.消費者意見

例如「嬌生嬰兒爽身粉」，當年即因消費者寫信給「嬌生公司」，表自示使用滑石粉令人感到乾爽。經過「嬌生公司」研究，證實其效果的確不錯，於是在經過處理的的滑石粉中加入香料，成為迄今人人愛用的爽身粉。

3.銷售人員的建議

公司銷售人員是與消費者最直接的接觸者，因此，比較了解消費者和市場的需求。

4.競爭者

跟隨競爭者的產品潮流，再加以模仿或改良，往往可獲得意想不到的，成果。

5.國外市場

以台灣的飲料界而言，大致都追隨日本的腳步。

6.產品殼計公司

產品的構想來源，有時也可能由設計公司提供資訊。例如:日本「三愛設計公司」最近在台灣成立分公司，他們提供服務包括:新產品的市調、企劃、內外設計、打樣等一系列服務。

（二）產品設計可包括以下部分

1.預算分配

預算分配包括市場調查、測試、研發、廣告、促銷費用等。

2.內部測試

在公司內部先由員工針對產品提出各項可能建議，然後由研發

人員針對其建議對產加以改善。

3.市場調查

主要乃欲了解產品的可接受性。

4.命名

產品命名的品質高低，有四個衡量標準：

（1）是否易讀、易懂、易記——有限公司通常不超過三個字的命名，較符合此原則。許多日本品牌命名，成功取得行銷優勢，如Sony、 Yamaha等，皆屬公認的事實。

（2）是否彰顯產品利益——產品的命名，最好能反映產品的主要利益訴求，讓消費者看到電視廣告或陳列架上之產品，就能聯想到產品的獨特優點及用途。譬如：

①「媽媽拍」軟片——拍攝寶寶成長的專用底片。

②「一匙靈」洗衣粉———小匙就能將衣服洗得乾淨。

③「伊佳伊」洗髮精——句月示此乃洗髮加潤髮雙效合。

（3）是否與衆不同——類似的品名，常會令消費者混淆不清，對產品品牌知名度與品牌形象的建立極爲不利。同樣是維他命飲料的「維他露P」及「維大力」每年投下鉅額廣告費，但仍有許多消費者依研清楚，時常張冠李戴!

（4）是否能註冊——商標能夠順利註冊才能擁有法律的保障，其重要性自毋庸置疑。此外，國際商標排名乃依英文字母順序，故許多公司亦針對點命名，如：宏碁以“Acer"打入國際市場、雅芳以“Avon"進入台灣市場與國際市場，即屬成功之實例個案。

5.包裝

有了足夠反映產品利益訴求的產品配方式設計，下一步就是要抓住消者的眼光——「包裝設計」。包裝對有些產品而言極爲重要，例如：高級香水瓶子本身就是一件藝術品。可口可樂的玻璃瓶與L'eggs褲襪的蛋形包裝，便早已在行銷史上留名。

包裝設計可由公司提出構想，委請廣告公司設計。譬如包裝大小、材質形狀、顏色、商標、質感、條碼等，都必須有明確的交代。包裝設計通常必須考慮到產品定價策略。質感愈佳之包裝，可使購買者願付較高價格。以飲料爲例，即有所謂的罐裝及鋁箔包裝。一般而言，採用鋁箔包裝顯然較鐵罐佔優勢，因爲紙盒能印的顏色較鐵罐多且成本較低。可是鋁箔包裝給人的感覺較低廉，通常鋁箔包飲料零售價每包十元左右；而鐵罐則十五元左右。因此，今日的包裝設計已不再只是考慮公司的生產設備及包材成本，而將包裝視爲整體行銷策略的一環，與產品定位、訂價都有密切的關聯，是故亦有包裝（Packing）爲第5P，定位（Positioning）爲第6P，行銷政策（Policy）爲第7P，顧客（People）爲第8P的說法。當然產品設計亦須有其他行銷組合加以搭配，而通常我們最重視的，不外乎下列幾種策略：

（1）廣告策略——好的產品廣告，應該做到引起注意，產生興趣，引發購買意願，最後，讓消費者「心動不如馬上行動」，趕快去購，買此項產品。廣告訊息的形成，是在一個創意的過程中會不斷有，新的資料加入，使得創意如同去蕪存菁般地越來越接近核心。例如：金車公司上市波爾茶的廣告「通緝犯篇」，則屬於幽默式的手法，經由對「嫌犯」的描述「鼻子尖尖的、鬍子翹翹的、拿著釣竿」，加強消費者對品牌商標的印象，企圖搶佔觀衆有限的品牌記憶空間，可以說是這支廣告的唯一使命。同時，這種創新的「幽默式」廣告，的確促使其產品的銷售量一鳴驚人。

（2）通路策略——誰掌握通路，誰就是大贏家。通路的設計與產品、廣告、促銷同等重要，對新產品上市成功是一個必要條件。一個定位正確的新產品，很可能因爲差勁的通路策略而失敗。消費者」是否能買到廣告中動人的產品，與通路系統的設計都息息相關。

(3) 定位策略——在產品設計與開發前，行銷人才就應事先將產品定位與再定位思考一番，必使產品品牌命名合乎定位策略的原則。因爲產品品牌命名，不但要合乎好聽、好記、好唸、好印象以外，可尙需搭配產品定位，才能在市場上行銷成功。

(4) 促銷策略——產品之促銷活動，應舉辦產品上市發表會、試吃會或進行有主題性的Event Marketing（事件行銷）之大型促銷活動，才能炒熱市場需求與顧客購買慾望。

第三節　品牌決策之架構

所謂品牌（Brand）係指一個名稱、標記、符號、設計或它們的聯合運用，其目地在使消費者能辨識廠商的產品或服務，並與競爭者的產品有所區別。品牌決策之架構如圖6-2所示：

茲將品牌決策之步驟與策略詳細敘述如下：

(一) 命名決策

命名除了前述的四個衡量標準外，尙有一項問題亦不容忽視，那便是——商標註冊問題。商標註冊處理不當，對公司產品而言，將產生致命性的影響，不僅造成財務上的損失，對業務人員之士氣更是巨大的打擊。就算匆促以其他商標上市，也失去原來蓄勢待發的爆炸力了。因此，企劃人員對商標登記與查詢，絕不可掉以輕心。

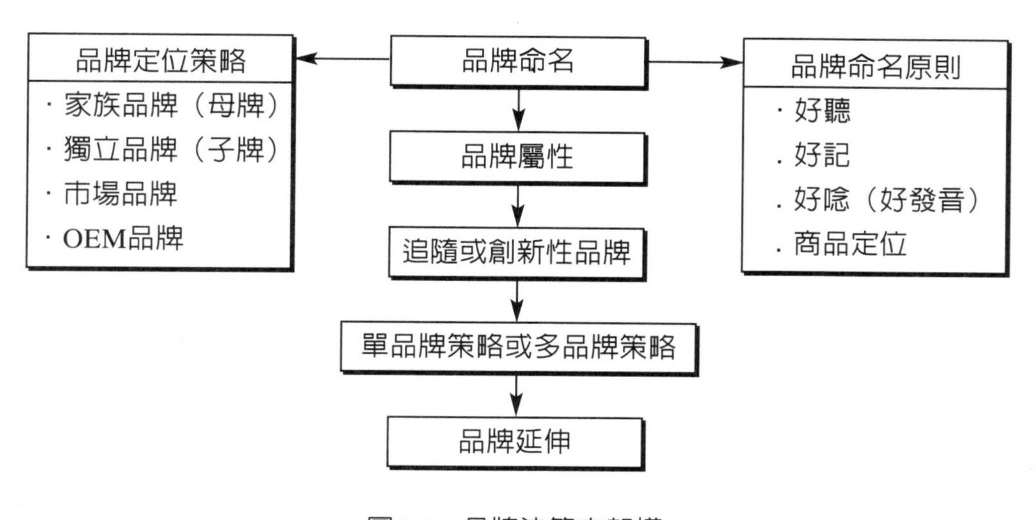

圖6-2 品牌決策之架構

（二）品牌歸屬

由所有權的歸屬來看，可將品牌歸爲三大類：

1.製造商品牌

有時亦稱爲「全國性品牌」是指將產品以製造商的品牌來銷售。譬如：統一、味全。

2.中間商品牌

是指將產品售給中間商，由中間商套上他們自己的品牌，此又稱「自創品牌」或「經銷商品牌」。譬如：萬客隆的「ARO」、惠康超市的「快省」和統一超商「大燒包」等。自創品牌之重要性可由表6-1趨勢圖明顯看出。

自創品牌對我國企業行銷而言，實在是最迫切推動的重要課題，此乃在市場爭霸戰中，品牌行銷（Brand Marketing）爲帶動行銷業績與市場佔有，率之最重要策略。另方面，顧客對產品的偏好度與對品牌的忠誠度之喜愛與執著，實在就是自創品牌所獲致之成果。茲將台灣企業自創品牌之產品品牌排行榜，以表6-2詳細敘述如下：

表6-1　自創品牌與市場經營角色之關係

自創品牌進入市場之前	自創品牌進入市場之後
領導者	領導者
追隨者	追隨者
邊際市場	邊際市場
	自創品牌（領導者）

資料來源：〈卓越雜誌〉'1994年2月號，P.38.

表6-2　臺灣企業自創品牌排行榜（1995）

品牌	商品種類	廠商	目標市場
Acer	電腦	宏碁電腦	美國、歐洲、台灣
Giant（捷安特）	自行車	巨大機械	日本、台灣、歐洲、美國
轟天雷（聽電視）	電視機	聲寶公司	台灣、美國 台灣、美國、歐洲
Kennes（肯尼士）	網球拍（體育用品）	光男企業	台灣、美國、歐洲、亞太地區
Nu Sin	直銷事業	如新企業	台灣、美國、歐洲、亞太地區
Panasonic（國際）	錄影機（家電）	台灣松下	台灣、美國、區洲、日本
7-ELEVEN	便利商店	統一企業	台灣、中國大陸
（統一超商）			

3.一部分就製造商品牌，一部分用中間商品牌

譬如：萬客隆所售產品，有的爲原廠家品牌，有的則冠以“ARO”品牌。

●製造商品牌與中間商品牌的比較：

對製造商而言，推出自己的品牌，可直接掌握市場，賺取較高的行銷利潤，但也必須負擔龐大的推廣費用與風險。若製造商

採中間商品牌策略，則一方面可以擴大產能運用，發揮規模經濟，以降低成本；另一方面亦可以坐享製造利潤，不用承擔市場風險。

（三）創新性與追隨性品牌策略之比較

如表6-3所示：

表6-3　創新性與追隨性品牌之比較

（創新生產品）	（追隨性產品）
主動性	被動性
研究發展	模仿
內部創業，購併或國外進口	應市場之需求

（四）多品牌策略（又稱爲單一品牌策略）

廠商對某一種產品，推出兩個或兩個以上相同等級產品的品牌，彼此競爭。採用多品牌策略之理由：

1.搶佔更大的陳列架位。

2.捕捉品牌轉換者。

3.刺激內部良性競爭。

4.進佔不同市場區隔。

例如：統一烏龍茶、桂香烏龍茶、高露潔牙膏、LUX香皂等等。

（五）品牌延伸策略

1.相同產品類別的品牌延伸，如：柯達軟片、柯達金軟片。

2.不同產品類別的品牌延伸，如：花王仙諾洗面乳、仙諾化粧水乳液。

3.相同產品品牌的延伸，如：包裝、容量的改變，例如250CC改成375CC或分大小包裝，配合各階層的消費群。其優點有下列二種：

（1）成本低，可節省大筆的廣告費用。

（2）品牌知名度培養不易，可利用其原有的知名度。

4.不同產品的品牌延伸：以國內一著名飲料公司為例，說明如下：

（1）飲料受季節的影響很大，為了維持一均衡的銷售利潤，必須將不同產品的品牌延伸。

（2）朝多元化經營。該公司目前從「飲料」跨向「食品」，例如推出可乾果、花生、瓜子等產品，然後試著做冷凍食品。其將來之目標為做「配送」，即所謂的物流中心——在飲料界做配銷和運輸工作。

（3）在不同產品品牌延伸作太大幅度之轉換時，須考慮到原品牌之品，牌形象及其消費者的接受度。譬如：波蜜要由飲料界跨到冷凍食，品，首先要考量因素計有：設備技術層面、市場接受性及投資預算。所以，波蜜公司先推出冰品「小波蜜冰棒」做為暖身。其他，成功例子如：聲寶電器轉換為聲寶電腦、富邦人壽轉換為富邦銀行。更轉變為「富邦全融控股」（富邦金控）。

第四節　新產品創意的產生過程

高階經營管理團隊（Top Management Team），應界定公司所要強調的產品與市場為何，亦即應該明確地陳述新產品的開發目標、想掌握多少市場佔有率、是否為高現金流量，亦或其他的目標等。此外，亦應說明要投入多少努力，於發展原始的產品、修正現有的產品、開發新產品以及模仿競爭者的產品等。

由於行銷及市場競爭與爭霸的具體策略，爲了在市場決戰中能立於不敗之地，則行銷管理的法寶都是全方位整合性的整合綜效。因此，產品開發亦應掌握競爭市場的脈動與顧客需求趨勢。

新產品創意可能來自下列幾種資訊：消費者、工程師、科學家、競爭者、經銷商、公司員工、行銷通路之批發商、零售商、業務代表以及高階管理之決策者（通常都爲總裁CEO、總經理、副總經理、行銷經理、產品經理、品牌經理、市場經理、廣告經理等等）。

依據行銷的觀念，消費者的需要與慾望，是尋求新產品創意的原點與出發點。因此，新產品創意還有其他的資訊來源，包括發明家、專利代理人、大學與商業實驗室、工業技術顧問、廣告代理商、行銷研究公司以及，產業出版刊物等。

產品創意雖然有許多來源，但它們被接受的機會，全賴是否有人在組織中扮演產品創新鬥士的角色。除非有人對該產品創意非常熱衷，並許下承諾要去完成，否則此產品創意很難被認眞地考慮與執行。

愈來愈多的企業已體認到，開發新產品與服務的必要性與優點，因其漸趨成熟與衰退的產品，最終必定爲更新的產品所取代。

然而，新產品可能遭遇失敗的命運，創新的風險與報酬是同樣大的。創新（Innovation）能否成功，其關鍵在於發展一較佳的行銷組織與創意小組（Creative Team），藉以有效處理產品創意，並在新產品開發過程中的每一階段，發展出一套優良的研究與決策程序。

新產品發展過程包含以下八個階段：

一、創意產生。

二、創意篩選。

三、觀念發展與測試。

四、行銷策略發展。

五、商業分析。

六、產品發展。

七、市場試銷。

八、商品化。

上述每一個階段的目的，皆在決定該創意是否要繼續發展下去，或者是放棄。公司必須避免讓不好的產品創意繼續發展下去，而卻讓良好的產品創意遭到摒棄。

茲將新產品開發的決策過程以圖6-3表示如下：

茲將創意小組（Creative Team）的創意功能與創意激發之技巧詳細敘述如下：

一、創意是行銷的原動力

（Big Idea）創意是新組合的原則，以及組成新組合的能力，是因其了解各種關係之間的能力而增強。銘記此二原則後，現在讓我

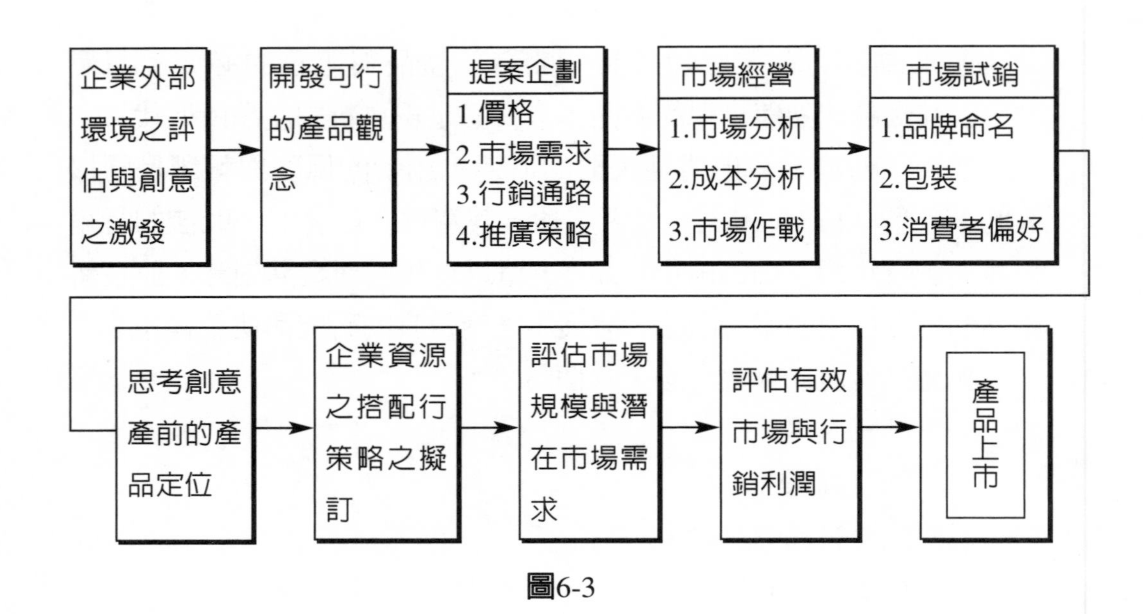

圖6-3

們看一下實際產生創意的方法或程序。

每逢產生一個創意，總是有意識地或無意識地在遵循此一方法，因而，此一方法可有意地加以培養。叉，其產生創意的心智能力也可因而增加。

此種心智上的方法，應遵循五項步驟。但要點在認識其相互間的關係，並絕對遵循此五項步驟之先後次序。如果想產生創意，絕不可在前一項步驟尚未完成時，即作次一步驟。且作事產生創意的第一步，是為心智收集原始資料。

在學習任何藝術時，最重要的事莫過於：

第一：是「原則」（Principles）

第二：是「方法」（Method）

這在產生創意的藝術中，也正是如此。

因此，在廣告上，我們可能知道字體的名稱、製作鋅版需要花費多少錢、上千種出版品的廣告費率及交稿日期：我們也可能知道足夠的文法及修辭，使學校的教師都會驚訝，以及足夠的電視演員姓名，使我們自己在廣播界所舉辦的雞尾酒會中應對自如。我們可能知道以上這一切，而仍然，不能作一個廣告人，因為我們不僅廣告籍以發生功效的原則與基本方法。

創意最主要的障礙，就是有關產品的情報收集不齊全。如果心理充滿了該狀況，及該產品所要解決問題的資料，通常都會產生解決方案，然後這些解決方案就可以發展為廣告表現或廣告作品，更具體的列出「如何」這對於缺乏經驗的人或許很有助益。首先，我們將介紹有關資料收集的些其體建議，然後參考廣告專家們對完整廣告構想所做的建議。

不管產生創意的一般基礎原則是什麼，其中只有兩項重要的原則。

第一項就是創意完全是把原來的許多舊要素作新的組合。這也許是關於產生創意最重要的事實眞相。

第二項重要原則，牽涉到把舊的要素予以新的組合之能力，此能力大部分在於對相互關係了解的本領。

這正是當其產生創意時，所發生心智上最大程度的不同處。對某些人而言，每一事實都是各自獨立的一點知識；對另外一些人，它卻會是許多知識連繫的環結。它有相互的關係，也有許多相似點。不過，它不只是事實而已，而是對一般法則的一種說明，而這種法則卻可以用於一系列的事實。

這類說明，可能從廣告與精神病學之間的關係看出來。最初一瞥，也許看不出其間有什麼關聯。

二、創意產生的心慮背景

創造的人才往往是最常發現問題的人才。但人類由於和環境的關連，在行動上各有其習性。不論多麼有創意的人才，如果環境上無法使其創造時，應該也是無法突破限制的吧!因爲創造需要非常的努力，所以有句話說：「創造需要百分之一的靈感和百分之九十九的努力。

另外，人類創意的背景存在三個「F」，那就是Food（食物）——經濟慾望、Family（家庭）——意指所屬慾及家族的和諧等、Famous（著名）——指名譽慾。

創意也許只有創造者本身能理解。過去我國企業一向缺少創意，雖目前正朝這方面努力發展，至於會有什麼成果產生仍是個疑問。

然而我們不能因存有疑問而撒手不管，這樣反而會毫無所得。最重要的應具備創造的環境，首先活動創造意志，然後使意志化爲創造的原助力。

（一）創造性人才的魅力

所謂的創造是求新，也可說向未知世界的一種挑戰。但這需要有相應的知識，因為具備這些知識才是知性魅力產生的基礎。而且時常思考新事物也能表現出年輕的一面。有創意的人才常抱著懷疑的態度，因此對事物會帶著科學精神去觀察。

其次，創造會伴隨著勞苦，從忍耐勞苦中可看到人類成長的一面，進而努力地向目的邁進，以尋找出人類的美感。所以創造的人才具有人類的優點，並且把它帶給別人。

換句話說：有創意的人才所具有的魅力要素是「V.S.O.P」。V.S.O.P的「V」是Vitality（活力）；「S」是Speciality（特長）；「O」是Orig-inuity（創意）：「P」是Professional（專業）。

有活力的人年輕、有創造力、活躍，全身洋溢著男性的魅力。有特長的人具有他人所沒有的專門知識和技能，在通才衆多的現代社會里，他以稀少價值存在著。

創意（Origina1ity），當然是指富新鮮味道、與衆不同。專業（ProfesSiona1）是指「職業的」以別於「業餘」的商人。

業務的商人不了解自己，也無法辨別自己的優缺點。同時會因「業餘」的心理，而在工作上顯得行動怠慢。相反地，職業商人則會不斷地建立起優秀的資質、毫不鬆懈地鑽研。所以，職業人才不會迷失自己。

（二）創造性人才的七個條件

具有「V.S.O.P」魅力要素的創造性人才，至少要滿是以下七個條件。

1.第一要件——能預測未來的能力

創造性的人才首先要有預測未來的能力。創造不是針對過去的事，而至是針對未來的事，所以這種能力是很重要的。

2.第二要件——把自己視爲客體的能力

第二個條件就是視自己爲客體的能力。人類具有放縱自己的傾向，但創造需要百分之九十九的努力。如果在努力中迷失自己或被失敗所擊倒那就無法產生創意了。所以把自己視爲客體的科學能力是必要的。

3.第三要件——感受環境變化等的能力

第三個條件是指能感受環境變化的能力。在企劃的過程裏發揮感受性、想像力，這樣才能捕捉住具體化、現代化。對於任何變化都能逆來順受地對應，這是具有感受性的表現。如果一開始就有優良的感受性，那我們將能發現出很多問題，當然創造的可能性也會提高。

4.第四要件——想像的能力

第四種能力是想像的能力，用這種能力來想像自己或公司未來的狀態，也許能創造出一些結果來。但這里的想像並非指單純的思考和突發性的念頭。

5.第五要件——假設的能力

第五個條件是指假設的能力。或許也能說爲思考自己未來的理想和提，出對策，使公司狀況良好的能力吧！假設在某種狀況下應提出何種對策，如何才能使該製晶暢銷等。

6.第六要件——不受既存觀念限制的心情

雖然既存的觀念是應該尊重的，但如果把思想限制在那種範圍內，將無法產生新事物。所以，我們要尊重既存觀念，同時配合既存觀念，以打破既存的範圍。

7.第七要件——要有恆心，不可輕易斷念

創造是解決問題的形式中最堅苦的，因爲它必須藉著證明和妥協比較問題的解決，以達到無意識思考的階段，最後提高問題意識。也許會因自己的能力不足而飽嘗挫折感，然而在這種痛苦中會發出創造力。所以，成功之前當然需要有堅強的毅力。換句話說：唯有恆心、毅力才能產生創意。

（三）邁向創造的心理引導

Psychology是指心理學，Cybernetics是指引導、指示方向的意思。因此，這兩個字合起來便是自己控制自己的意志，使自己邁向成功的方法。提倡心理引導的人是馬可士威爾・瑪魯滋。

依據馬可士威爾・瑪魯滋所寫的「自我畫像的心理學」一書，他認爲自我畫像偏向實證論或否定論，往往握著人類邁向成功的鑰匙。

關於這點，一九五二年諾曼・賓憲・皮爾在他所著的「積極思考的能力」一書中也有相同的敘說。否定論的人擔心再度失敗而陷入不安：實證論者則認爲即將成功，而滿懷希望地期待著。

安得烈・默洛所著的「初步行動」書中，曾載有愛迪生的故事。愛迪生在做第兩千次的白熱絲實驗失敗後，他並沒說「失敗了！」，而只認爲「到現在已經檢討了兩千個材料了！」這句話眞的含有快接近成功的期待感。

關於愛迪生這段軼事，描述愛迪生一生的馬遜・約瑟富森的文章中也有記載。約瑟富森敘述愛迪生是個毫不後悔花費時間做實驗，且易忘記失敗，並能以冷靜合理的勇氣處事的人，他評論愛迪生是個偉大的發明家。

人類往往會放縱自己、原諒自己，但也有對自己要求嚴格的人。不過，太嚴厲反而會逼自己走向滅亡的道路。所以，我們在嚴格要求自己的同時，也必須對自己寬厚些。換句話說：不能容忍失敗時，往會敗於自己的容忍中。

這個意思是要能描繪出自己理想的自畫像。而要達到理想的自畫像途中難免會遭遇失敗，最重要的是要努力往理想一步步接近。有這種心情的人會形成向前進的明顯意識，而這個明顯意識會引出潛在意識中和成功有關的情報。

這種把自己「導向成功」的控制策略就是「心理引導」。

(四) 引導自己步上成功

如有人看到大富翁會覺得很羨慕時，那這個人決成不了大富翁。以這個例子來思考邁向成功的心理引導法，看到富翁時腦海中便浮現出自己當富翁時的理想畫像，如果為了接近理想畫像而付諸行動，那麼他將能步上，心理引導上的成功之道。

企劃中的成功在這思想上，也可說具有相同的構造。筆者長期接觸新，製品開發及新技術開發。從這些經驗看來，有些人註定只會失敗，但感覺上有些人是必然成功的。做企劃案時，對於過去只經歷失敗的人仍然會害，怕失敗，因此無法完成嶄新、富創意的企劃案，他一心一心意只想模仿別人，這種過份追求安全感的結果只會遭致失敗。相反地，有成功經驗的人，自由於對成功的重點頗有心得，於是把那重點活用於企劃中，最後終於再度獲得成功。

我們的企劃必須邁向成功，但我們是否會成為一個創出成功企劃案的企劃人員，完全是自己本身的問題。我所要強調的是自己要了解理想企劃人員的條件，何謂成功的企劃？同時使它固定存在自己的明顯意識裏。

為了在企劃上獲得成功，我們必須時常運用實證論，描繪出理想企劃自人員的自我畫像，除了要極力實行成功的個案外，也必須探討出失敗的原，因唯有從這些努力中才能產生優秀的自己。

本來「自我」就是由下列三要素所形成的：

1.慾求（Desire）。　　4.創新（Innovation）
2.心理的精力（Mental）。　　5.積極（Aggression）
3.能力（Capabilities）。　　6.進步（Progress）

想成為理想企劃人員的慾求，隨著這種慾求的提高，我們必須付出某種行動。爲了滿足慾求，「精力」就是發出最大努力的原動力，那種心理的精力被做爲現實的能力。

因此，要成爲第一流的企劃人才光靠希望還是不夠的，儲存充分的能力也是必要的。我們必須巧妙地結合慾求、心理的精力和能力。第三個自我要素，便是努力地朝理想企劃員邁進。這種對形成的認識以及做爲理想企劃員自我畫像的形成等明顯意識，才能使企劃和成功組結合。

三、創意產生與激發的過程

產生創意（Big Idea）的步驟如下：

1.搜集原如資料，包括立即需解決的問題有關資料，以及儲存所經常搜集的一般知識資料。
2.心裏徹底檢查這些資料。
3.養成將已知的事情放在一邊，做綜合性之觀察研究。
4.產生實際的構想創意（哇！我產生創意了！

消費者對於新產品的反應之所以不同，乃是因爲消費者的特徵皆有所不同。製造廠商必須先試著將新產品導入而引起潛在的早期採用者之注意，尤其是那些具有意見領袖（Opinion Leader）或焦點團體（Focus Group）特徵的消費者對新產品的注意格外重要，這對於行銷人才在開發新產品時，是一項不可忽略的重要課題。

以下即是新產品開發流程（ New Product Development Process）

- Searching for New Product Ideas 尋找新產品創意
- Screening New Product Ideas 過濾新產品創意

- Evaluating Product Concepts 評估產品概念
- Marketing Strategy Development 擬訂行銷策略
- Product Development　產品開發
- Testing Market 市場測試
- Commercialization 商品化

資料來源：Sources:http://www.marketingnews.com

討論課題

1.試為行銷部門在開發部產品或服務之前設計一系列須回答的問題。

這些問題是以下列各要項為基礎：

（1）市場機會；（2）競爭態勢；（3）生產；（4）專利權；（5）配銷；（6）財務狀況。

2.試研討新產品開發的整體策略，請分組研討之！

3.試舉行一次腦力激盪（Brainstorming）會議，分組討論新產品開發、市場試銷及品牌命名等諸項問題！以訓練學生之創意力與企劃力。

4.試研討多品牌策略之優點與缺點，並舉三個實例個案研討之！

第7章 策略訂價決策

本章學習目標
e-Learning Objective

- ◆瞭解價格決策對企業與經濟的影響與重要性
- ◆能夠擬訂各種不同的訂價目標
- ◆銓釋在價格決策中的市場需求角色
- ◆描述成本導向的訂價策略
- ◆解釋產品生命週期、競爭、行銷通路、推廣策略以及品質對價格的影響力
- ◆學會擬訂策略性訂價與政策性訂價
- ◆學會擬訂訂價策略中的拼價策略
- ◆學會擬訂攻略市場佔有率的訂價策略
- ◆學會擬訂賺取豐厚行銷利潤的訂價策略
- ◆學會擬訂因應客戶殺價的訂價策略
- ◆學會擬訂對出貨與成本控管的訂價策略

第一節　價格的定義

就經濟學的觀點與角度而言，市場由供給與需求決定價格（Price is decided from Supply and Demand）。因此，價格彈性（Price Flexibility）與價格曲線（Price Curve）即成為訂價的考量依據。

然而，由於市場存在著競爭者、客戶、經銷商等市場之三大主要關鍵要素（Critical Key Factors/CKF）。因此，在市場決定價格時勢必產生激烈競爭（尤其經銷商、客戶、競爭者會以殺價、降價等之價格戰控制市場）。此即所謂的割喉戰（Cut-throat Competition）。

本書作者許長田博士認為：價格之決定與策略性訂價策略應由行銷學的專業觀點切入，才能適時適地擬訂價格策略。

換言之，訂價策略必須考慮到下列各項關鍵成功要素（Key Success Factors/KSF）：

1.進貨成本（Purchasing Costs）
2.行銷成本（Marketing Costs）
3.競爭者之報價（Competitor's Offering）
4.市場接受度（Market Acceptance）
5.經營成本（實務上亦稱為管銷費用）（Managing Costs）
6.企業之行銷利潤（Marketing Markups）
7.市場索賠因素（Market Claim）
8.材料成本（Materials Costs）或BOM（Bill of Materials）

綜觀以上所述，訂價策略可分為下列主要四種策略焦點管理（Strategic Focus Management/SFM）

1.滲透訂價（Penetrating Pricing）

目的：為了立即攻略市場佔有率、商品補貨率與銷售量以提高行銷業績（Marketing Turnover）。

2.吸脂訂價（Skimming Pricing）

目的：為了立即賺取豐厚之行銷利潤。

3.加成訂價（Markup Pricing）

目的：為了因應客戶殺價與競爭者降價。

4.分離訂價（Breakdown Pricing）

目的：為了對出貨與預估訂單（Forecasting）之控管。

茲將訂價策略之種類以圖再詳述如下：

訂價策略	訂價目的	成效管理
滲透訂價	●為了立即提高行銷業績與攻略市場佔有率	●立即有效
吸脂訂價	●為了立即賺取豐厚之行銷利潤	●立即有效
加成訂價	●為了因應顧客殺價與競爭者降價以提高成交比例	●立即有效
分離訂價	●為了控管出貨、存貨管理與預估訂單（Forecasting）	●立即有效

資料來源：許長田 教授教學講義與PowerPoint Slide投影片
1.文化大學
2.英國萊斯特大學MBA Programme University of Leicester(UK)
http://www.marketingstrategy.bigstep.com

第二節　因應價格戰的訂價策略

為了因應價格戰，行銷企劃人員必須規劃產品或服務爲下列三種類型：

一、爲了因應市場競爭價格戰之特殊商品

二、附屬商品可由政策性之策略方針與決策執行降價

三、主力商品不須降價，反而要提高價格掌控並打造產品再定位之優勢與利基

新產品開發流程
New Product Development Process

- Searching for New Product Ideas 尋找新產品創意
- Screening New Product Ideas 過濾新產品創意
- Evaluating Product Concepts 評估產品概念
- Marketing Strategy Development 擬訂行銷策略
- Product Development 產品開發
- Testing 測試
- Commercialization 商品化

資料來源Sources:http://www.marketingnews.com

第三節　訂價的方式與內涵

訂價策略（Price Strategy）

產品訂價的方法很多，在此介紹幾種比較常用的訂價法。

●總成本訂價法（Full Cost Pricing）

用這種方法訂價，管理人員得對每單位產品的各種生產和行銷成本能明確決定。銷售價格是按照這些成本加上一預定金額或百分比的利潤。如果成本數字容易計算，則這種方法不失爲一種最有效的方法。但如果產品種類很多或會計費很高，一般小型企業多不願增加麻煩，以這種方法來訂價。長期之下發現，花些錢在成本分析方面，有助於瞭解哪些產品可以獲利，哪些產品應該少生產，哪些產品應該根本廢棄。有些公司並不是用成本數字來做爲變動的基礎，以附加某一固定比例的利潤到這個成本基礎上去，而是用總成本做爲一個固定的基準，以加上某一變動數額的利潤上去。此處，成本數字是一個參考點（Reference Points），而要加多少的利潤到各種貨品上去，才是最值得關心的。

●需求訂價法（Demand Pricing）

與總成本訂價法剛好相反的是需求訂價法。需求訂價法很少注意到成本，其原因有二，或由於成本資料難以蒐集，或由於成本售價間的差額甚大，其波動不致於影響到公司的財務情況。園藝品是使用需求訂價法的一個好例子，這種產品的培養頗費時日，實際成本很難決定。因此，大多依賴需求情況來決定價格，特別是在需求可能受競爭策略影響時更是如此。

●邊際訂價法（Margin Pricing）

邊際訂價法是在產品成本之上，加一個固定百分比的「加額」（Mark-up）。通常考慮的因素只有產品的成本金額，加額的多少是決定於加額百分比的高低，加額一定要包括推銷費用和利潤。大部分的零售業多用這種方法。舉例來說，某一成本爲六元的產品，零售時，要加上40%的加額，則其零售價爲十元，其計算如下：

公式	已知數	計算
成本	$6.00	$6.00＝60%
＋加銷	＝40%	4.00＝40%
零售價	＝100%	$10.00＝100%

大致說來，這種訂價方法未免過於簡陋，因爲同一類商品中的每項產品，其營運費用未盡相同，因此，低營運成本產品的價格就要比高營運成本產品來得偏高。例如兩輛自行車同在一家店中出售，每一部成本爲30元，加上40%的加額，零售價訂爲50元。但是其中一輛，運到時是裝配好的成品，另外一輛則尚未裝配。第一家店還要負責把它裝配好。因此，購買這一家原就裝配好的自行車的顧客跟買另外那家的顧客負擔同等的費用顯然有失公平。對中小企業而言，這種訂價方法的好處是簡單，而且競爭者的訂價基礎也相似。但是一旦競爭者開始詳細研究成本，則採這種訂價方法就比較居於劣勢。

●外在引導訂價法（Externally Guided Pricing）

這種情況是說企業由於法律的規定或同業的協定，而訂某一特定的價格。這種訂價的功?是由某些外在的機構所決定，所有業者一定要遵守這種既定政策。

●習慣訂價法（Customary Pricing）

產業上的習慣可能會影響訂價決策。在某些產業中，傳統的力量非常強大，不可能把價訂得超某一界域棒棒糖是一個例子。在美國一根棒棒糖賣五分錢，這個價格已經賣了幾十年，不可能有哪一家糖果廠敢把價格提到六分錢或七分錢，這並非說製造棒棒糖的成本都不變，而是產業習慣逼得廠商只能改變產品的內涵（例如把棒棒糖縮小）以配合這種傳統的價格。

●聲譽訂價法（Prestige Pricing）

有些產品把價格訂得高些以提高聲譽。有些產品用這種方法來訂價是因爲顧客願意爲這種社會性產品付出高價，這種方法常用在新產品上。杜邦在行銷Confam這種皮鞋時，限制皮鞋商只能用在高價格的鞋子上，因爲他們認爲高價格的皮鞋可能帶給Confam這種尙未爲大家所熟悉的產品一個好的聲譽。

●奇數訂價法（Odd Pricing）

奇數訂價法就是一種把產品價格訂爲非偶數的訂價策略，例如訂一·九八元而不訂二·○○元；訂四九分而不訂五○分。以前這種訂價法是用來敦促售貨員走到收銀機旁找零錢，而不致於將貨款中飽私囊。最近幾年來，這種訂價法更受到心理學上的支持，因爲奇數能夠給顧客一種「便宜」的感覺。但是這種說法並不適用於所有情況。因此，小企業應該用實驗法研究奇數訂價對這種產品銷售會有什麼影響。從數量觀點來看，如果沒有顧客和競爭因素的阻力，從奇數訂價改變到偶數訂價，可能會有一種有利的效果。

●吸脂訂價法（Skim-the-Cream Pricing / Skimming Pricing）

這種策略常用在新產品訂價上，賣方有一種爲市面上迫切需要的產品，於是把價格訂得很高，以應付這些迫切需要的顧客。在競爭者加入這個市場之前，吸脂訂價法頗能奏奇效。當競爭者加入這個市場之前，吸脂訂價法頗能奏奇效。當競爭者加入之後，價格一定要降低，否則一定會從市場上給壓擠出去。雷諾牌原子筆就是一個例子。最初他們把訂價訂得很高，但競爭者加入後還維持原來價格，無怪乎徒有廣大的市場遠景，卻一直不能獲取市場。

●滲透訂價法（Penetration Pricing）

滲透訂價法和吸脂訂價法恰恰相反，公司把產品價格訂得很低，欲求在短期內盡量佔有市場。這種策略跟侵略性行銷方法有關。所謂侵略性行銷是投入高度推廣活動，同時配合訂價策略，以期達到最大的行銷衝擊（Marketing Impact）。

通路策略（Marketing Channel Strategies）

此係通路整合的卡位行銷（Rollout Marketing）。

推銷策略（Push Selling Strategy）

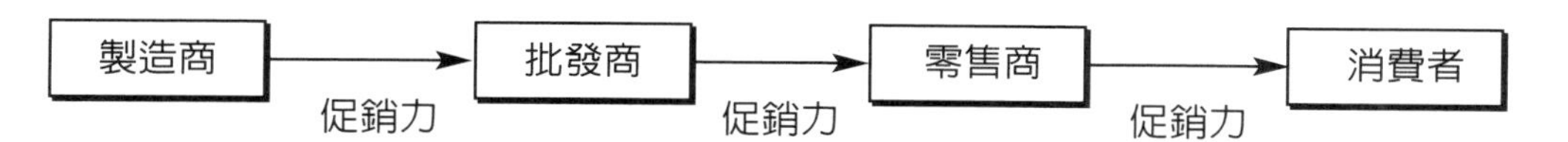

註：藉「推」力以促銷產品，並以「軟性推銷」（Soft Selling）技巧達到成功夫銷的目標。

欲達到「推」銷的效果，必須有積極思想與推銷戰力。因此，我們可能說：「推銷不是問題，沒有積極思想才是問題（Nobody has a sales problem, they only have an idea problem）。」

拉銷策略（Pull Selling Strategy）

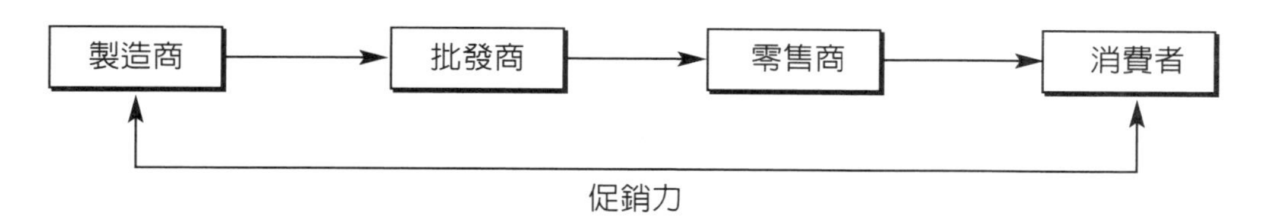

註：藉「拉」力，將消費者拉向產品，使消費者具主動而願意注視產品，並使其產生對產品的強烈印象。

欲達成「拉」銷的效果，必須藉著媒體大量作廣告。例如電視、收音機、報章雜誌所常見的廣告，就是希望達到「拉」顧客去買及引誘顧客自動來買的促銷方式。其促銷影響力（促銷力）是相當有效的拉銷戰力。

市場行銷絕不是單行道，消費者的購買動機及購物心態均是極端矛盾的表徵，以往「物美價廉」的商品價值觀已不適合現代市場需求。「便宜沒好貨」已深植買者心理，牢而不破。

由於人們生活品質的提高，購買力增強，消費者選擇商品首重產品品質、產品功能、包裝、耐久性、色彩、樣式、交貨期及售後服務等需求層次的提高，至於「價格」，已不再是消費者強調的重點。所以賣者充分瞭解並掌握買者購買心態及行爲後，確實運用並發揮「推銷」（Push Selling）與「拉銷」（Pull Selling）兩者策略的特殊功能，藉「推」力以促銷產品，藉「拉」力的廣告功能策略，再將消費者拉向產品，使其產生對產品的強烈印象與激起「衝動式需求」，配合行銷的整體性活動及回饋行銷（Feedback Marketing）的運作，開發適合買方市場需求的產品，迎合買者的口味，不再「閉門造車」地「編織及賣美麗的夢」。

第四節　一切爲行銷，走出推銷，促銷的象牙塔

只有行銷，才有市場，也才有利潤。銷售、推銷、促銷均爲單兵攻擊的戰術行爲，在「市場萎縮」（Market Dull）及「擁塞市場」（Jam Market）雙重因素的相互震盪下，如何殺出一條「行銷人」的角色，實是每一位有心人應深思熟慮的課題。

行銷策略的運作有時看似荒唐、無聊，有被消遣及戲弄的意味，但市場動態虛虛實實、假假眞眞，消費者的心理更是變化莫測，難以捉摸。

推廣策略

在行銷活動中，具有各種不同的人員實戰推銷戰術與廣告策略，以及形形色色的促銷策略，因而構成種種不同類型的廣告戰略。

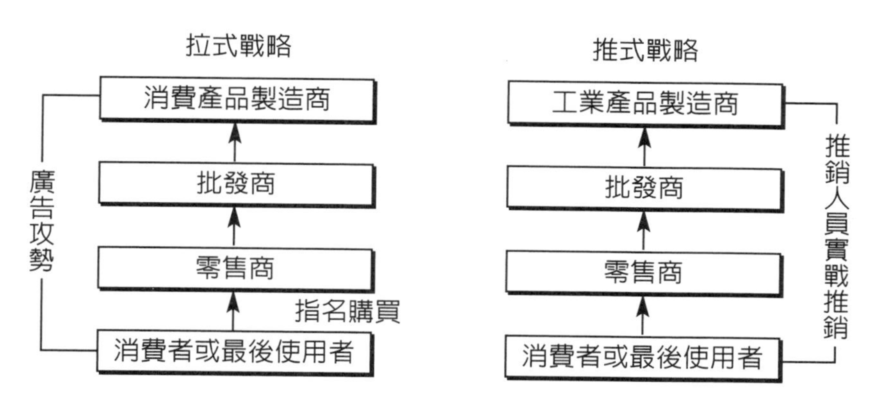

圖　推廣戰略的兩大戰力

推式戰略（Push Strategies）

所謂推式戰略，係指企業並不致力於進軍廣告攻勢，而寧可經由人員實戰推銷，由製造商→批發商→零售商→消費者之行銷通路以行銷產品。也就是將其行銷基置於人實戰推銷的戰略，經由推銷人（Top sales）將產品「推」銷（Push Selling）到最終消費者（End User/End Consumer）手中，以便使最終消費接受產品的一種戰略。

拉式戰略（Pull Strategies）

所謂拉式戰略，係指推銷人（Top Sales）很技巧地將顧客的眼光拉至商品身上，以利推廣市場，此種戰略不受顧客拒絕與排斥。

綜合戰略（Combination Strategies）

所謂綜合戰略係指綜合運用推式戰略與拉式戰略，以達行銷業績再次創新高。

第五節　競爭行銷策略（Competitive Marketing Strategy）

由於整體行銷（Total Marketing）的創新理念與市場競爭態勢所帶來的狹隘市場，促成行銷戰力趨於競爭導向（Competition-oriented）的競爭行銷策略（Competitive Marketing Strategy）。

企業在擬訂經營行銷策略時，必須考慮企業經營目標、顧客、競爭者三種因素。由於市場競爭中最重要的顧客與競爭者均涵蓋於市場定位的目標市場，因此，企業的行銷戰力應採取拉銷顧客與差異競爭者的策略，方能運用企業整體實力以滿足顧客最佳的需求，此三種因素稱為「競爭行銷策略金三角」（Competitive Marketing Strategy Golden Triangle）。

產品定位策略開發之新突破

產品定位（Product Positioning）策略之開發可運用「產品與市

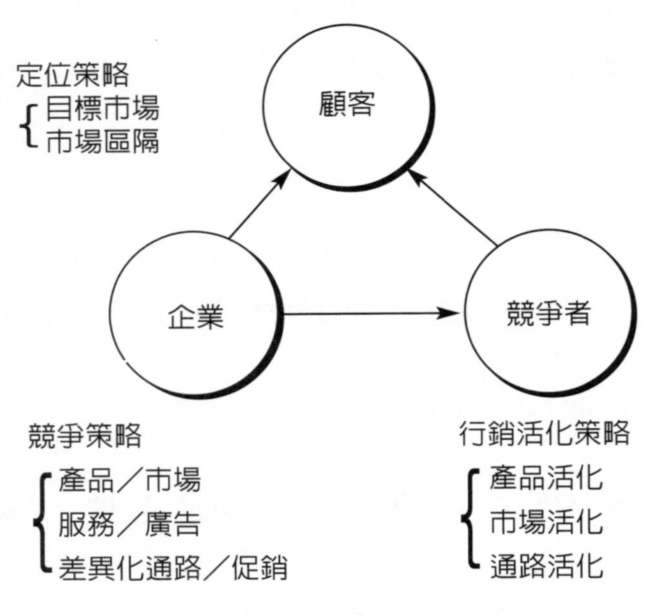

圖　競爭行銷策略金三角

表　品質－價格差異化

品質＼價格	高	中	低
高	1.優勢策略 （高品質高價格）	2.滲透策略 （高品質中價格）	3.物美價廉策略 （高品質低價格）
中	4.吸脂策略 （中品質高價格）	5.中庸策略 （中品質中價格）	6.平間 （中品質低價格）
低	7.游擊策略 （低品質高價格）	8.佔小便宜策略 （低品質中價格）	廉價策略 （低品質低價格）

場」的定位組合（Positioning Mix）加以企劃，由水平面可設爲強化產品技術生產力的突破性，由垂直面可設定爲強化市場生產力（市場力／行銷力）「新」的定位性。此兩種生產力（產品生產力與市場生產力）即可組合成九種產品與市場相關的定位組合策略。

表　產品與市場相關的定位組合策略

強化產品技術生產力的突破性 →

強化市場生產力「新」的定位性 ↓

產品市場定位策略	原有技術	突破技術	新技術
原有市場	1.產品定位市場定位 產品在目標市場上的利基與優勢	4.技術提昇 稍做技術提昇以降低成本及改良品質	7.生產力的突破 全面提昇技術與生產力，以全面降低成本及精進品質
活化市場	2.產品再位 活化現有產品更能吸引並滿足目前顧客之需要	5.產品加的突破 改良技術，功能提昇附加價值及設計使現有產品更能滿足現有顧客	8.產品優勢 採用新技術以提供目前顧客更多更廣的產品組合
新市場	3.市場再定位 新顧客如何感覺產品	6.市場擴張 改良現有產品推銷給新顧客	9.產品－市場第二春 提供新技術、新產品給新市場的新顧客

第六節　行銷稽核與控制

行銷稽核

■行銷環境之檢討

1.行銷環境之檢討

描述目前及期望之組織行銷環境，分別檢討市場顧客、競爭者及總體環境。

2.行銷系統之檢討

檢討公司內部組織，目標、方案、執行等行銷系統，以瞭解是否適合環境。

3.個別行銷系統之檢討

檢討公司行銷組合中產品、價格、人員推銷、配銷通路、廣告、報導、促銷等主要因素。

■行銷稽核方式

1.自我稽核

公司要求負責行銷之執行之員自我考核其長處與弱點。

2.互相稽核

公司可指定在相關活動同一功能水準的人員，稽核其相鄰的活動。

第七節　價格競爭的意義與內涵

一般而言，行銷專業人才（Professional Marketers）在擬訂行銷企劃（Marketing Planning）時，必須決定行銷組合是否以價格競爭（Price Competition）爲主要議題（Critical Issues）與競爭利基（Competitive Niche）。因爲訂價決策必定會影響企業市場行銷計劃（Marketing Plan）之策略意圖（Strategic Intention）與策略變革（Strategic Change）。

茲將訂價決策中的價格競爭所涉及的流程以架構圖再詳細敘述如下：

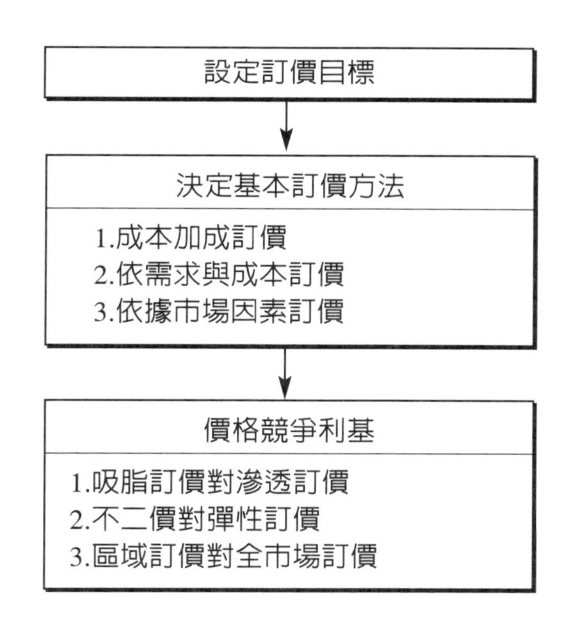

資料來源：許長田 教授教學講義與Power Pont Side影片
1.文化大學
2.英國萊斯特大學MBA Programme University of Leicester （UK）
3.美國布蘭德科技大學「行銷管理」課程"Marketing Management"
http://www.marketingstrategy.bigstep.com

第八節　訂價的流程與內涵

以價格競爭的角度切入，行銷企劃專業人才在訂定價格時必須注意下列各項價格訂定步驟與流程內涵：

1.確立訂價目標（Set the Pricing Goals & Objectives）

2.評估市場需求產品成本與行銷利潤（Evaluate the Market Demand Cost and Markups）

3.選擇適當的價格水平（Price Level）

4.確認最終價格（Confirm the Final Price）

5.調整最終價格（Adjust the Final Price）

6.因應價格戰（Launch the Price war）

7.賺取豐厚之行銷利潤（Outcome the Marketing Markups）

茲將訂價的流程內涵以圖再詳細敘述如下：

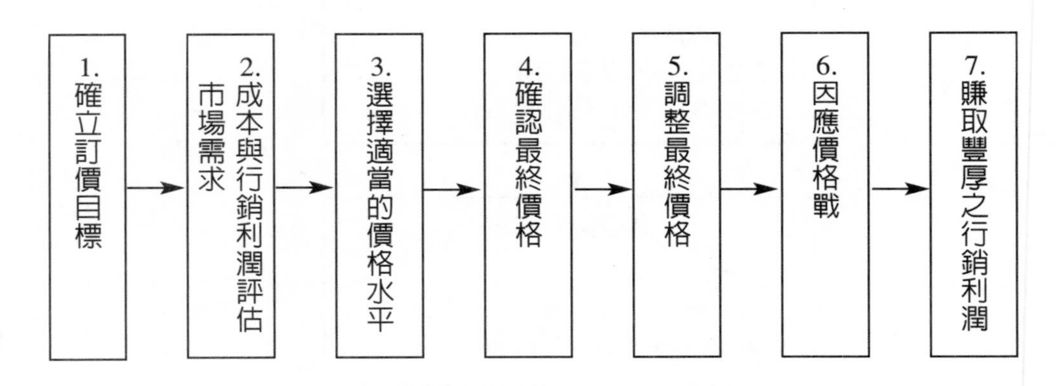

資料來源：許長田 教授 教學講議與Power Point Slide投影片
1.文化大學
2.英國萊斯特大學MBA Progrmme University of Leicester（UK）
3.美國布蘭德科技大學「行銷管理」課程
http://www.marketingstrategy.bigstep.com

討論課題

1. 試分組研討如何因應價格戰？如在市場遭遇價格戰，行銷專業人才如何在行銷策略中快速調整價格？
2. 試分組研討價格決策之考量因素與訂價決策之過程，試比流程架構圖表素之！
3. 試分組研討為了市場佔有率與行銷業積，行銷企劃高手應在訂價決策中如何調整訂價策略
4. 試分組研討為了立即賺取豐原的行銷利潤，行銷高企劃高手應在訂價決策中如何調整訂價策略

第8章 競爭行銷策略之資源整合

本章學習目標
e-Learning Objective

- 瞭解策略行銷規劃在策略行銷管理中的重要性
- 學會擬訂策略行銷規劃並瞭解競爭行銷之意義
- 學會編列行銷預算與行銷資源整合
- 學會擬訂執行計劃以有效地執行定案的行銷策略
- 學會擬訂有效的行銷績效評估與控管制度
- 瞭解市場競爭態勢與市場佔有率之掠奪策略
- 學會創造高營收行銷業績之能力

第一節　行銷資訊系統之意義

企業如果要使產品與行銷實務得以流通順暢，則行銷部門就需要瞭解與監控行銷環境中較大的影響因素。然而，行銷管理人才要如何才能察覺消費者慾望的改變、新競爭者的介入、新的配銷型態與新的市場競爭策略等等，方能在市場爭霸中立於不敗之地。因此，行銷管理人才必須建立與發展行銷資訊系統，並善加利用行銷研究的功能。

在1990年代（1990-1999）的今天，許多公司尚未應現代化經濟體系之有效的行銷所須具備的強化資訊系統。以下所舉例的三種發展趨勢，說明了企業對行銷資訊的需要比以往來得更爲迫切：

1.從區域性至全國性甚至到全球行銷:隨著市場涵蓋的地理區域益擴大，行銷管理人才對市場資訊的需要更爲殷切。

2.從購買者的需要到購買者的慾望:隨著消費者的所得增加，他們對產品的選擇更加挑剔。行銷人員也發覺難以預測消費者對不同特徵、式樣及其他屬性的反應如何，因此轉而利用行銷研究。

3.從價格競爭到非價格競爭：隨著行銷人員增多品牌、產品差異化、廣告及促銷等方法的運用，他們更迫切地需要有關這些行銷法寶且是否爲有效的資訊。

有些企業雖設置有小型的行銷研究部門，但其工作也只限於例行性的預測、銷售分析、銷售預測，以及偶爾做做調查而已。只有少數公司已發，展較進步的行銷資訊系統，以提供公司行銷管理部門最新的行銷資訊與分析。

因此，每一公司皆須對其行銷管理人員所需的行銷資訊之流程加以組，織與運作。很多公司正在研究其主管對資訊的需求，並設計行銷資訊系統自（Marketing Information System/MIS）來滿足這些需要。茲將行銷資訊系自統定義如下：

> 自行銷資訊系統（Marketing Information System/MIS）係由人員、設備及程序所構成的一種持續且相互作用的結構，其目的在於蒐集、整理、分析、評估與分配適切的、及時的、準確的資訊，以提供行銷決策者使用。

行銷資訊系統的概念可用架構圖加以說明。行銷經理爲了完成其分析、規劃、執行與控制行銷計劃的任務，需要有關瞭解行銷環境變化趨勢的資訊。因此，行銷資訊系統的角色即在於爲行銷管理人員評估其所需要的資訊，發展其所需要的資訊，以及適時地分配這些資訊。在發展所需要資訊的過程中，必須透過公司內部的監控記錄、行銷情報活動、行銷研究及行銷決策支援分析等項活動的協助。

第二節　行銷資訊系統之內涵（內部監控記錄系統）

行銷管理人員所使用的最基本資訊系統即是內部監控記錄系統（Internal Monitoring & Records System）。此項系統提供了訂單、銷售、價格、存貨水準、應收帳款、應付帳款等資訊。藉著分析這些資訊，行銷管理人員得以掌握重要的機會與問題。

茲將行銷作戰目標的流程架構以圖8-1表示詳細敘述如下：

確定企業經營總體目標	
●行銷目標	●競爭目標
●財務目標	●策略目標

↓

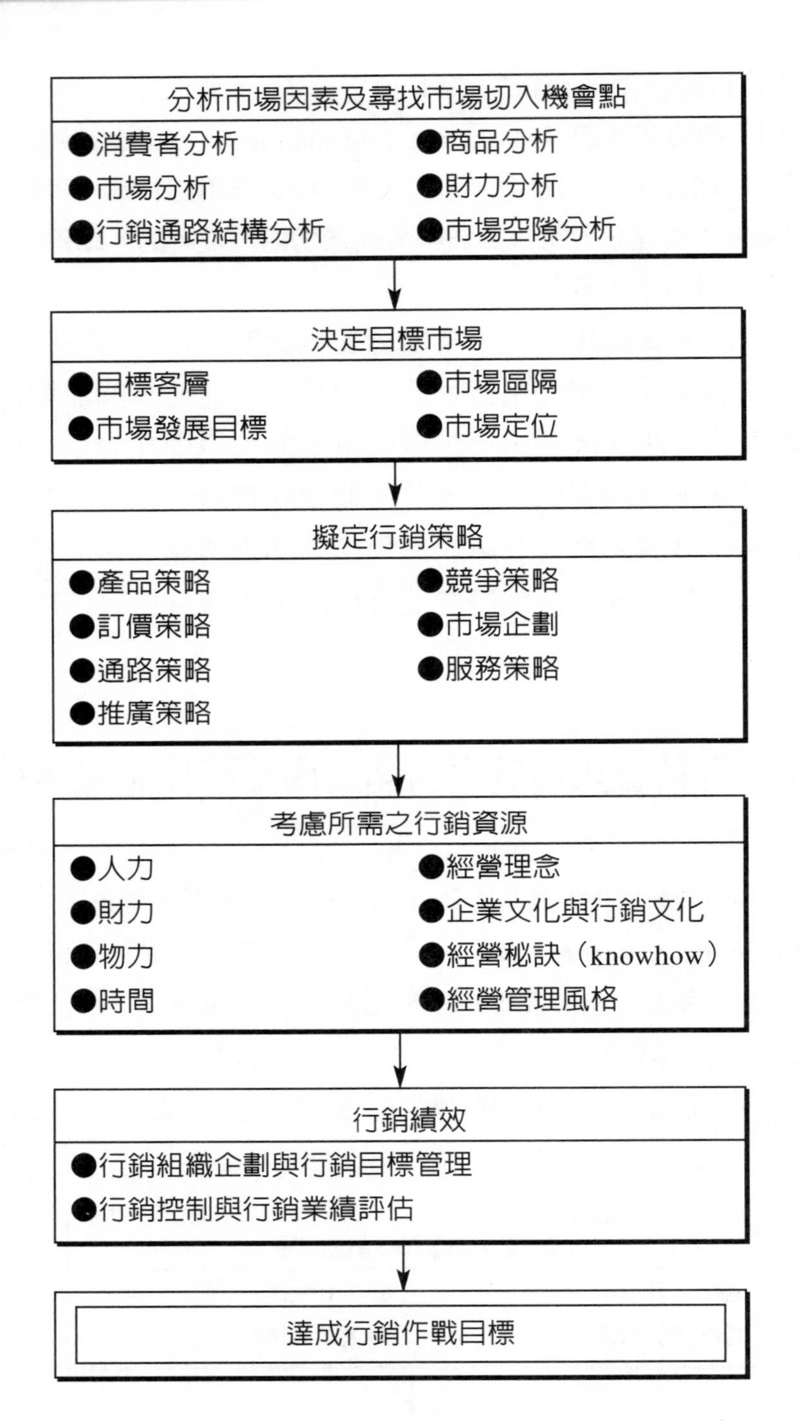

圖8-1　行銷作戰目標的流程架構

在今天市場導向的時代，有很多廠家犯了行銷近視病。所謂「行銷近視病」就是指一個過分狹窄的產品觀念。

「行銷近視病」是美國行銷學者李維特（T.Levitt）在1960年於哈佛商業評論（Harvard Business Review）所提出的觀念，他舉了很多的例子，說明美國很多大的產業都犯了行銷近視病，像美國的汽車業、電影業、鐵路業都犯了行銷近視病。他提及美國一個眞實的小故事，廿世紀初期波士頓有一個百萬富豪，他臨死的時候寫了一份遺囑，希望能在死之前，給他的孩子舖一條康莊大道，所以遺囑上寫錢要投資在市內電車股票，因爲每一個人都有行的需要，爲了滿足行的需要，人人都需要坐市內電車，人人都需要市內的交通工具，所以這事業將永垂不朽。事實上這百萬富豪就犯了行銷近視病，爲了滿足行的需要，不一定要坐市內電車；因市內電車沒落，後來他的繼承人必須到加油站去工作。

另外還有很多例子，像鐵路、電影這些行業曾經都有一段輝煌的過去，但現在都沒落了。它們的沒落不是市場消失，而是患了行銷近視病。在市場導向時代，應該隨時注意市場的變化，不要只是埋頭苦幹。

第三節　企業導向的演進與企業核心策略

企業導向的演進過程，即企業經營管理哲學的功能導向管理，茲分述如下：

企業經營管理哲學（Business Management Philosphy）

企業經營管理的功能導向管理（Functiona1 Oriented Management）

1. 技術導向（Technology Oriented）：以（Knowhow）爲經營優勢。
2.產品導向（Product Oriented）：以「品質」爲經營優勢。
3.生產導向（Production Oriented）：以「生產力」爲經營優勢。
4.銷售導向（Sales Oriented）：以「推銷業績」爲經營優勢。
5.市場導向（Market Oriented）：以「顧客（消費者）與競爭者」爲經營優勢。
6.行銷導向（Marketing Oriented）：以「行銷戰力（Marketing Forces)」爲經營優勢。
7.競爭導向（Competition Oriented）：以「競爭策略」爲經營優勢。
8.整體行銷作戰導向（Total Marketing Force Oriented）：以「整體行銷戰略」爲經營優勢。

企業整體行銷作戰導向（Total Marketing Force Oriented）係以「整體行銷戰略」爲經營優勢。換言之，整體行銷戰略應以推銷實戰（Selling）、促銷活動（Promoting）與行銷策略（Marketing）聯盟作戰，方能克敵致勝，決勝千里。茲將Selling、Promoting 與 Marketing 之聯盟SPM 策略詳述如下：

表8-1 SPM策略

S 即為**Selling**推銷
P 即為**Promoting**促銷
M 即為**Marketing**行銷
推銷為戰鬥行為，促銷為戰術支援，行銷為戰略規劃

在企業商戰中，如果只採用推銷，只能達成推銷人員的業績，但無法獲取行銷利潤；如果只採用促銷，只能達成市場銷售量與市場佔有率，但無法立於不敗的市場利基；如果只採用行銷，只能規

劃不便執行的戰略，無法獲致競爭市場的業績與市場佔有率，終究徒勞無功。

因此，企業如要獲取商戰的必勝成果，唯有整體運用「贏的策略」SPM策略大進擊。

茲將SPM策略之實戰運作分述如下：

一、密集成長戰略

所謂「密集成長」策略是指在目前的產品及市場條件下，設法發揮力量，充分開發潛力。其依「產品一市場」的發展組合可以導出（1）市場滲透（Market Penetration）（2）市場開發（Market Deve1opment）（3）產品開發（Product Development）等三大策戰略。即是此種組合情況。茲以說明如下：

（一）市場滲透（Market Penetration）策略

係指以舊產品在舊市場上，增加更積極之力量，以提高銷售量與值之作法。其可能性有三，第一為增加公司的顧客，例如鼓勵增加購買次數與數量及鼓勵增加消費之次數及數量。第二為吸引競爭者顧客。第三為吸引游離使用之新顧客。

（二）市場開發（Market Development）策略

係以舊產品在新市場上行銷，以提高銷售量與值之作法。其可能性有二，第一為開發新地理性市場，吸收新顧客。第二為開發新市場區隔（在原來之地理市場上），譬如發展新產品特性以吸引新目標市場顧客，進入新配銷通路，或使用新廣告媒體等。

（三）產品開發（Product Development）策略

係指在舊市場推出新產品，以提高銷售量與值之作法。其可能

表 「產品——市場」擴展矩陣

產品 / 市場	舊產品	新產品
舊市場	1. 市場滲透	2.市場開發
新市場	3.產品開發	4.多角化

性有三，第一爲發展新產品特性或內容，譬如用適應、修正、擴大、縮小、替代、重新安排、反面安排、或以上各種綜合法來改變原來的產品外型或機能。第二爲創造不同品質等級的產品。第三爲增加原產品的模式及大小規格。開發新產品等於創造新市場及新顧客，屬於很重要的成長戰略。

(四）多角化（Diversification）策略

即公司開發新的產品，開發新的市場以增加市場行銷量（註：此策略並不屬於密集成長策略，而是屬於滲透開發策略）。

二、整合成長策略

所謂整合成長戰略係指移動本公司在行銷體系向上、向下或向水平方向的發展，以提高效率及控制程度，並導致銷售與利潤之增加。向上發展亦稱爲上游（或向後）整合（Backward Integration）。向下發展亦稱爲下游（或向前）整合（Forward Integration）。向水平發展亦稱爲壟斷整合（Horizontal or Monopolistic Integration）。茲說明如下：

(一）向上游整合（Backward Integration）策略

係指控制原材料或零配件供應商體系，使其與本公司在所有權或產銷活動上結成一體，提高經濟規模。

（二）向下游整合（Forward Integration）策略

係指控制成品配銷商體系，使其與本公司在所有權或產銷活動上結成一體，提高經濟規模。向上或向下整合都能使公司的業務種類及範園多樣化及擴大化，提高經濟效率。

（三）向水平整合（Horizonta1 Integration）策略

係指控制立於平行地位之競爭者，使其與本公司的產銷活動採取一致之行動，減低競爭壓力，並擴大經濟規模。當然，過度的水平整合會造成市場壟斷局面，對顧客不利。

三、多角成長策略

所謂多角成長戰略係指公司超越目前行銷體系之外，同其他行業或產品項目發展之作法。通常都是在認爲密集成長或整合成長戰略比較差時，才會採取此多角成長戰略。多角戰略之組成要素有三，即是（1）技術；（2）行銷及（3）顧客。以此三要素可組成三種多角成長策略，即是「集中多角化」（Concentric Diversification），「水平多角化」（Horizontal Diversification），及「綜合多角化」（Conglomerate Diversification）。茲說明如下：

（一）集中多角化策略

係指增加在技術上或行銷上與目前原有產品種類有關之新費品之投資作法，這些新產品通常又是供給新顧客使用。

（二）水平多角化策略

係指增加在技術上與目前原有產品種類無關，但賣給原有顧客之新產品的投資作法。

(三) 綜合多角化策略

指增加在技術上或行銷上都與目前原有產品種類無關，又不賣給原有顧客之新產品的投資作法。通常此種成長途徑的目的在於抵消公司的缺點，或利用環境的機會，譬如抵消季節變動或分散風險等等。

四、波斯頓企業矩陣策略

美國波斯頓顧問公司（Boston Consulting Group）創立一個企業策略組合矩陣圖（BCG Business Portfolio Matrix），以市場成長率（Market Growth Rate）爲縱座標，以公司相對之市場佔有率（Relative Market Share）爲橫座標，實戰運作出矩陣圖，再把目前已有的事業部放入四象限內，左上方爲「高成長一高地位」之「明星群」（Stars）地位。右上方爲「高成長一低地位」之「疑問群」（Question Marks）地位。左下方爲「低成長一高地位」之「金牛群」（Cash Cows）地位。右下方爲「低成長／低地位」之「落水狗群」（Dogs）。如圖所示。

(一) 明星群（Stars）

係指那些有高成長率，高市場地位的戰略事業部。最需要現金來支援成長，否則將減低成長率而變成金牛群。

(二) 金牛群（Cash Cows）

係指那些有低成長率，高市場地位的戰略事業部。它能產出大量現金，支援其他類的事業部，如疑問群。

(三) 疑問群（Question Marks問題兒童）

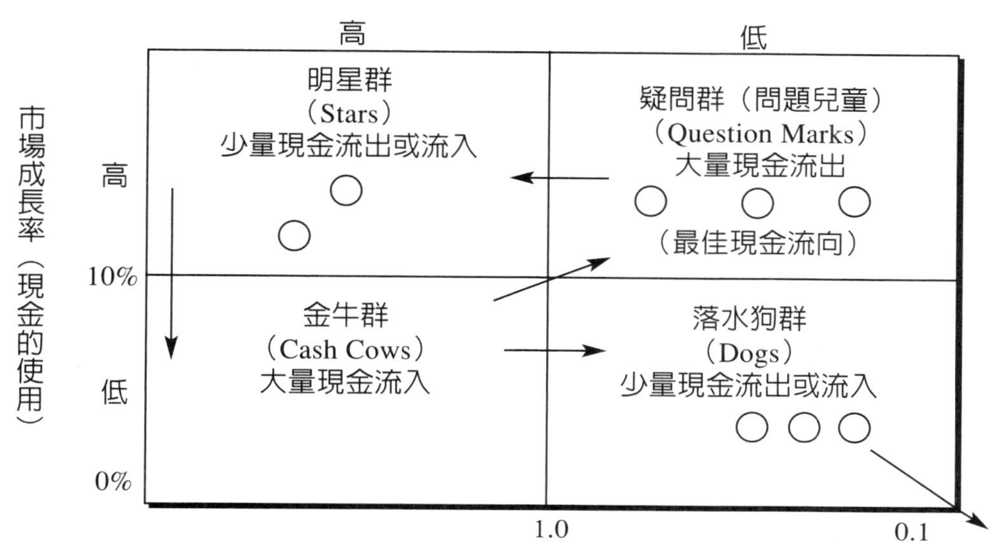

註：圖中之圓圈代表某特定策略產品事業之規模。

圖　BCG 矩陣（波斯頓企業態勢成長與佔有率矩陣圖）

係指那些有高成長率，但低市場地位的戰略事業部，它需要大量現金來維持地位，或提高市場佔有率，以變為明星群，否則定將會變成落水狗群而退出市場。

（四）落水狗群（Dogs）

係指那些低成長率及低市場地位的事業部。它們也許尚能產生現金維持自己的生存，但不可能有其他大作為。當然它也可能被撤退出市場。

凡是市場佔有率（市場地位）越大的事業部，越能賺取現金，但是凡是市場成長率越高的事業部，則越需要現金來支持它的生存及成長。

第四節　行銷管理與企業文化

沒有策略，沒有企劃，就沒有企業。因此，企業經營來自經營理念與經營管理哲學。而企業能否眞正採行行銷觀念則取決於所謂「企業文化」（Business Culture / Corporate Culture）。茲將企業文化與行銷管理關連性的組織架構列述如圖所示：

許多人在觀念上均將行銷（Marketing）看成推銷（Selling），亦將之視爲業務銷售（Sales）或營業。事實上，行銷範圍大的可以涵蓋推銷，銷售、營業或業務。追究原因，不外乎大家都犯了「行銷近視病」（Marketing Myopia）。茲將一般企業界最常發生的行銷近視病詳述如下：

在此21世紀超競爭行銷、核心能力、價值創造以及市場導向的時代，企業CEO、行銷人才心中必須常常要想到市場，因爲一切行銷的決策都必須顧及到市場的需要。

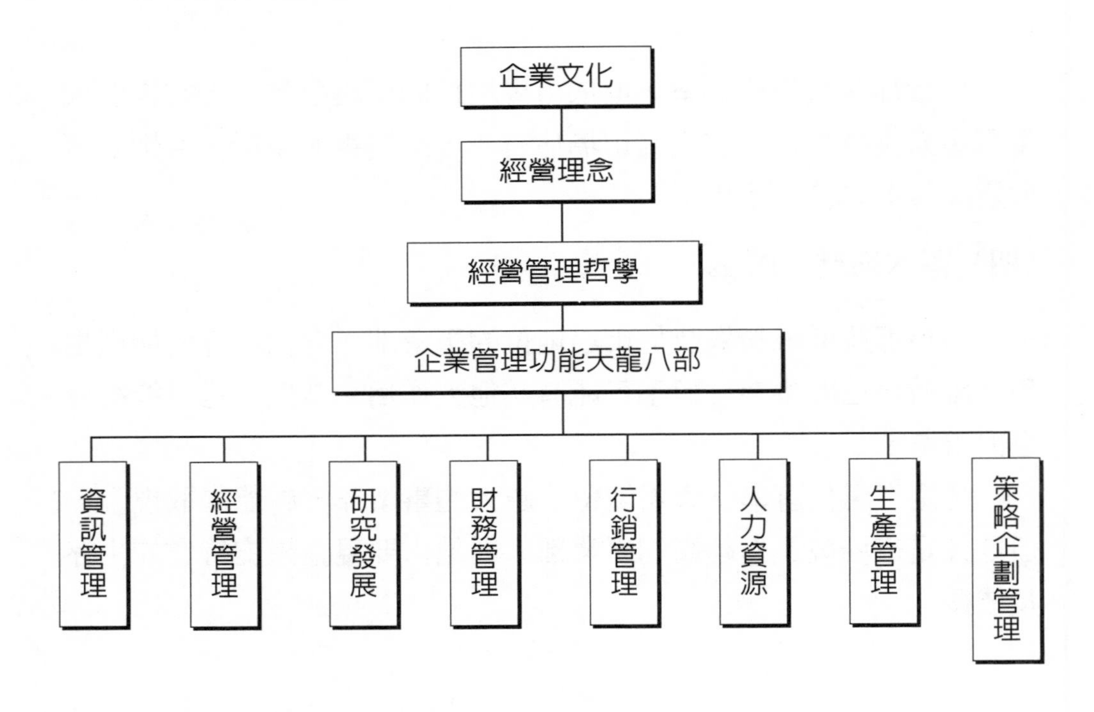

表　公關策略評量表

公開	上市前	上市後
時期	導入期前二個月	導入後至成熟期
政策	心戰喊語	遠交近政
	媒體運用	活動內容設計
目的	加深品牌印象	爭取女性認同
評量	問卷調查	銷售量調
	電話查訪	媒體評價

1.上市前，媒體運用：加強與各媒體接觸，藉由報章工商欄把即將上市之產品予以介紹報導並評價，造成聲勢，塑造知名度，強調產品本身的差異性，採取感性的訴求，而非強調香煙銷售，訴以吸引女抽煙族之注意。

2.上市後，活動設計：

A.續辦大型演唱會、美容發表會、演講會。

B.參與公益活動，關懷社會——暗夜哭聲（聲援救助社會之邊緣女子）。

C.熱汽球升空——擁抱大地。

E.成立基金會、設立會員制——回饋女性規

一、三一行銷戰略的運用

基於「知己知彼，百戰百勝」的信念，企業行銷必須運用「三一戰略」，也就是只要在市場上造成「我三彼一」的競爭態勢，則企業即有如銅牆鐵壁般地牢固不破。因爲在市場上居於領導地位的品牌，其市場佔有率如達到30%時，就會出現強勁的競爭品牌：如果低於20%的市場佔有率，自則會導致至少有十種品牌產生白熱化競爭的局面，造成市場割喉競爭（Cut throat Competition），而引發市場萎

縮，最後會導致所有競爭者都無不可圖，甚至血本無歸。

如果大象的體積愈大，猴子的勝算就愈大;如果大魚的「規模」愈大小魚就能生吃大魚。這種「以小吃大」的戰略法則用於企業商戰中，大企業固然可用「三一戰略」，以大吃小;然而，小企業也可採用游擊戰略（Hit-and-Run），機動式席捲市場。「不按牌理出牌」是運用游擊戰略的最高指導方針，再配合蠶食市場及鯨吞市場戰略，由穩固競爭市場，掌握潛在市場到控制新市場，都可借「小魚吃大魚」的游擊戰略達成目標。

二、小企業要講究市場定位

當大企業採全面性戰略時，小企業即可採局部游擊戰略：大企業以全部市場為目標欲一網打盡時，小企業應以特定目標市場為主：行銷通路要比大企業上市的商品短且能快速流通。游擊戰略的目標是追求其體的效果，所以在廣告策略的表現上不能因廣告而廣告，一定要和行銷策略密切配合。

因廣告活動只是行銷戰略的一環，所以廣告訴求要強調與大企業廣告的差異化。產品定位更應設定「不一樣就是不一樣」的形象，配合高度的行銷創意，強調商品的優點、功能、特性、效益及創造流行的口碑，同時加上靈活的訂價策略，即以「勁價、競價」策略於目標市場當能大發利市。圖8-1即為實戰整體行銷戰略之企劃架構。

三、影響企業整體行銷戰略的重要因素

在企業行銷戰中，影響企業整體行銷戰略企劃的重要因素，就是廣告。

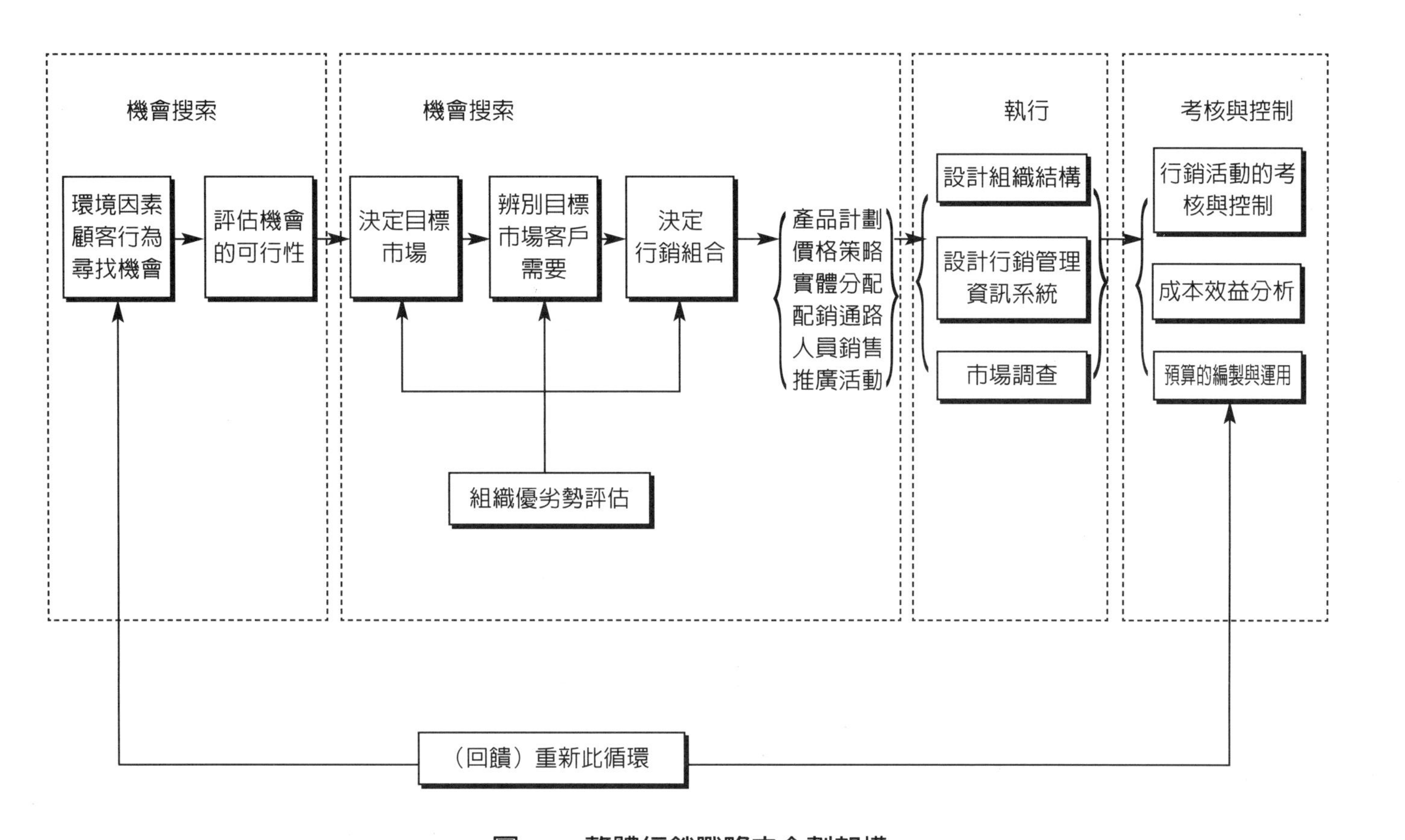

圖8-1　整體行銷戰略之企劃架構

（整體行銷策略作戰系統）

（一）內部因素：行銷組織系統，行銷企劃系統、行銷控制系統、及行銷情報系統。

（二）外部因素：供應商、行銷環境、競爭者及公共關係。

四、行銷計劃（Marketing Plan）

擬訂行銷計畫（Marketing Plan）是企業非常重要的經營實戰策略，可以幫助公司探尋經營努力的方向及達成經營目標的方法。此亦為整體行銷戰略的作戰核心。

基於以下兩點：為了掌握時間，及為了發揮資金效益，公司應投注心血擬訂行銷計畫。擬訂行銷計畫的整體步驟如下：

步驟一、思考下列問題的答案

1.本公司開發市場的目標何在？

2.本公司想開發及行銷何種產品？

3.誰是本公司的潛在顧客？

・顧客在那裡（目標市場區隔的區域分佈）？

・顧客的財力及購買力如何（所得狀況）？

4.目前產品的配銷過程如何？

5.目前產品是透過業務代表或經銷商銷售？

6.目前產品如何訂價？（依據哪些因素？）

7.競爭同業的做法如何？

8.本公司目前的市場佔有率如何？

9.原先是否制定有行銷計畫？其成功或失敗的因素何在？

10.本公司為行銷計畫所界定的成功標準是什麼？

步驟二、市場研究

如果公司的行銷企劃人員對於步驟一的大多數問題未能立即提

表　行銷決策內部功能責任表

決策區		組織功能							
		行銷	銷售	製造	研究發展	實體分配	技術服務	策略事業管理	企業整體規劃
產品									
	設計規格								
	使用特性								
	可靠性								
價格									
	價格表								
	折扣結構								
技術服務支援									
	顧客訓練								
	維修								
實體分配									
	存貨水平								
	客戶服務								
銷售戰力	教育訓練								
廣告	訊息傳播								
行銷通路	選擇區隔								

出具體的答案及解決方案，則必須先找到市場研究方面的答案；必要時無妨透過專業的市場研究機構或市場調查公司，協助找尋答案。無論研究結果如何，應謹記在心的是：一切以公司的目標爲主。

步驟三、擬訂行銷計畫

行銷計畫的實戰內容應包括：

1.確立行銷目標：

・市場行銷金額與行銷量：針對某一（或某些）目標客戶得到

多少的收入，扣除多少的成本後，至少應該有多少的利潤。
・市場佔有率：即以多少成本擭取多少市場佔有率？

2.寫明所要行銷的產品特性、效益、定位，以及產品能滿足顧客的何種需求。

3.說明顧客的地理區域分佈以及所得情況並敘述顧客的基本特徵與購買型態。

4.說明產品的配銷過程，亦即貨物流通（物流）的實體分配（Physical Distribution）。

5.說明目前的訂價過程及依據，提出價格保持不變或建議有所變動，（調整價格）的原因。

6.擬訂行銷通路（行銷通路大革命→直銷與間銷大突破）。

7.擬訂產品推廣的整體組合策略（Promotion Mix Strategy）。
・廣告策略如何創造
・SP促銷活動如何規劃
・人員實戰推銷如何強化銷售戰力
・公關如何配合
・新聞報導如何運用

8.指出競爭因素對本項行銷計畫的影響。

9.說明目標市場的同業競爭態勢，並擬訂打敗競爭對手的具體方案。

10.設計整體行銷作戰系統與競爭行銷策略企劃。

「行銷計畫」書（Marketing Plan）的實戰內容：

（1）情勢分析（Situation Analysis）——綜合報告與總體環境、競爭者、顧客、供應商、經銷商、及其他問題相關的趨勢與要點。並可應指出主要之問題點（Problems）及機會點（Opportunities），因應策略必須詳細說明及評估。

（2）行銷目標（Marketing Goals and Objectives ）——擬訂未

來年度的主要行銷目標，並將之轉換爲可以衡量及能夠達成之數量與金額。此銷售配額（業績責任額）係依業務人員之表現及地區銷售潛力訂成。

（3）行銷策略（Marketing Strategy）——擬訂某一特定時間內用來指導行銷戰力之目標、政策及規則。而行銷戰力包括下列三個層次：

A.行銷費用水準（Marketing Expenditure Level ），B.行銷組合（Marketing Mix）C.行銷資源分配（Marketing Resources Allocation）

（4）行銷方案（Marketing Program）：擬訂產品、價格、通路、推廣等行銷組合之時間、空間、人員之作戰法。

（5）行銷預算（Marketing Budget）：擬訂整個行銷計畫所需之經費支出及可能收入之估計數字。所謂「生意」就是要能夠「生」存下去，才有「意」思呀！市場行銷（Marketing）絕不是條單行道企業公司在產品賣不出去，經營者即以降價或削價求售，以求變現週轉。事實上，降價所帶來的負作用是非常鉅大且痛苦的。

另方面，企業公司的產品賣得不錯，但終究沒什麼賺錢，這已經違反了企業追求錢途的獲利原則與經營理念。這時市場競爭態勢已趨向市場成熟期的白熱化競爭。正因爲競爭劇烈導致惡性競爭與變相求售，不按牌理出牌的所謂「絕招」隨即蜂擁而至。

因此，雖然公司將產品賣出去，但仍舊沒多大利潤。公司如果要將產品賣出去且能賺取豐厚的行銷利潤，唯有賴市場活化戰略（Market Inactivity Strategy）方能達成。

以下即爲市場活化戰略的作戰體系，又稱爲孔隙戰略行銷作戰系統（CAL Strategy for Marketing Forcing System）。

孔隙戰略爲行銷作戰的思考原則，其思考利基即建立在CAL思考方法上。所謂"CAL"，C是Creativity（創造力），A是Acturality（現實狀況），L是Logics（理論邏輯），即是要磨練行銷作戰的獨創力，暸解現實行銷狀況，精通行銷管理，這就是孔隙戰略構想的策略焦點（Strategic Focus）。

五、「孔隙戰略」的五個步驟

步驟1.發掘適合自己產品及企業個性的生存方法。

步驟2.重新評估自己產品及企業的生存空間並擴大生存空間。

步驟3.找出技術的差異（技術或Know how差距）。

步驟4.確定目標利基市場。

步驟5.對準此利基市場，發揮行銷特有的整體戰略作戰功能。

孔隙戰略行銷作戰系統，共有十二種作戰方法，涵蓋下列三大類：

1.「新產品」亦即「產生新行銷品的積極戰法」：有全面大作戰，全心全力作戰、虛實作戰，最後修飾作戰。
2.「藉力使力，利用對方的力量，從事創造需要作戰」：有小沙魚作戰，第二號作戰，蜘蛛網作戰，延長產品生命作戰。
3.「席捲市場」的「聲東擊西擴大行銷作戰法」：有蠶食作戰，鯨呑作戰，推進行戰，出其不意作戰，狐假虎威作戰。可上述所有作戰方法，必須在確定企業的整體事業計畫與新產品開發方案時即須擬訂，方能竟其功。以下再針對此三大類詳細分述之：

（一）新的行銷商品（New Marketing Merchandises）

特別強調「新的行銷商品」是因爲如果用「新產品」一詞，將被誤解不包括新的服務，新的行銷通路，新商品的組合，新商品開發，新商品企劃與新商品物流策略。正因爲強調「新的行銷商品」，

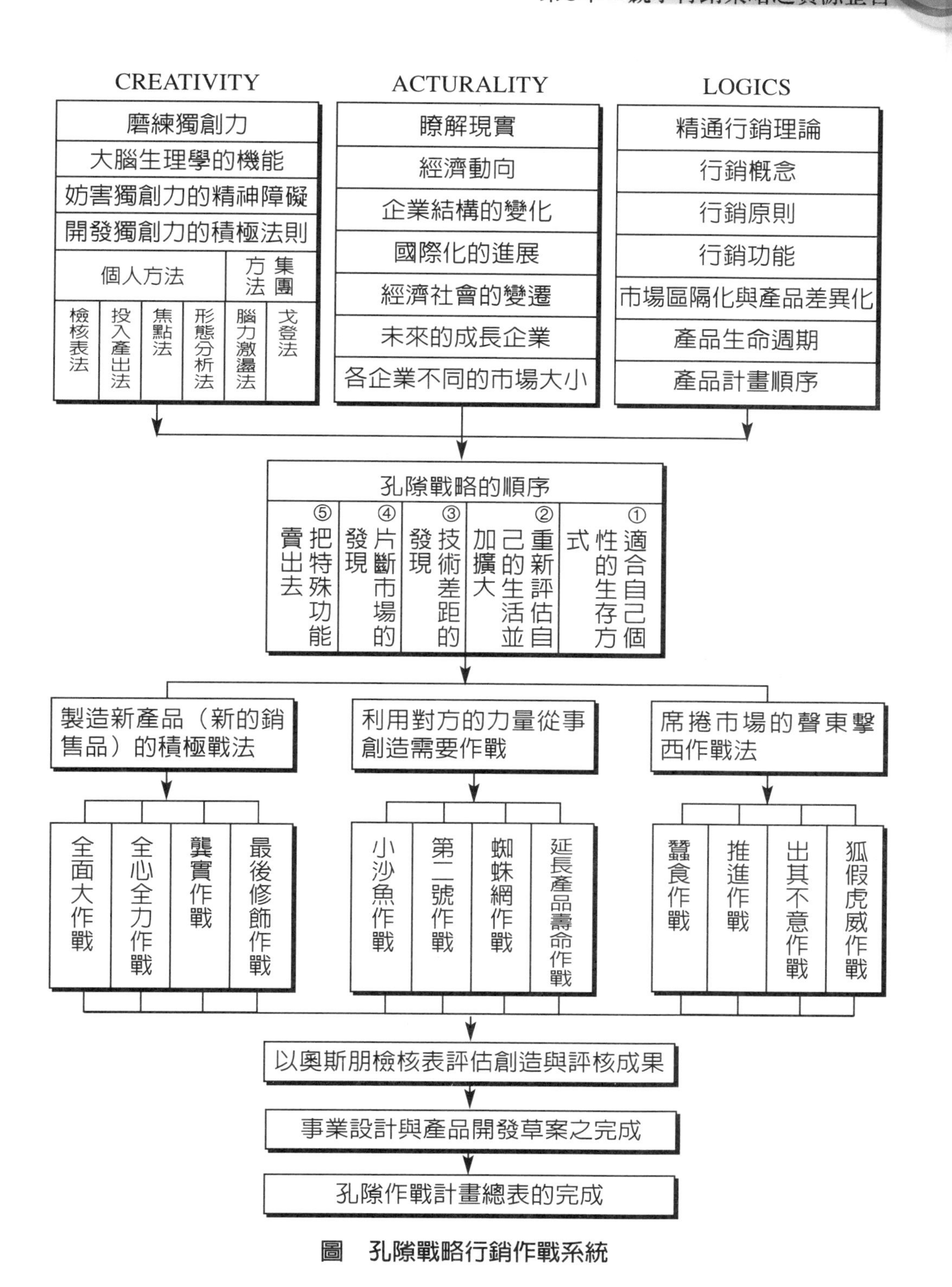

圖 孔隙戰略行銷作戰系統

就是要將上述各項均涵蓋在內。茲將行銷「新的行銷商品」的四個行銷作戰策略分述如下：

1.全面大作戰

此項全面大作戰的最高指導原則必須將商品定位的全面系統作整體企劃，方能整體運作成功。

2.全心全力作戰

全心全力作戰就是集中行銷戰力，全心全力單點攻擊目標市場。同時，必須將新構想好創意融入新產品中及塑造出與公司共存共榮的行銷理念與作戰信條。

3.虛實作戰

虛實作戰又稱爲行銷正反兩面作戰，在剛開始從事市場行銷作戰時，公司可能是一個空虛無利潤無業績的企業，等到掌握市場需求及領導市場後，公司隨即迅速轉變成實業。

4.最後修飾作戰

最後修飾作戰就是「畫龍點睛」與「臨門一腳」的綜合體，商品在經過最後一道修飾功夫後，價値就不同凡響。最後修飾作戰是就已有的商品水準作更進一步的提高與創造附加價値及格調，這將使商品的價値或效用提高數倍，創造豐厚的商品行銷利潤。

（二）藉力使力，利用對方的力量，從事創造需要作戰

茲分爲下列四大作戰法：

1.小沙魚作戰

小沙魚是附在沙魚身上跟著沙魚到處做免費旅行的一種小魚。搶搭別人便車，取得行銷作戰優勢爲此項作戰的最高指導原則，又稱搭便車戰略。

2.第二號作戰

又稱老二戰略（We are N0.2 but we wi11 be N0.1 someday）。此種作戰的行銷理念（Marketing Concept）應定位在「總有一天超過你」的柔術策略，方能贏得必勝的市場競爭，而不致被市場領導者（市場老大）以降價及封殺行銷通路之策略困死在目標市場。

3.蜘蛛網作戰

此種作戰法必須廣佈市場情報網與行銷網來蒐集各種不同的市場情報與行銷創意。而且必須如蜘蛛般張開大網，大事蒐集又廣又精的行銷作戰情報。蜘蛛網作戰並非積極主動地從事新產品開發，而是等待新創意投入行銷情報網中的作戰法。

4.延長產品生命作戰

又稱行銷天蠶變作戰。在產品生命週期中，延長產品在上市期、成長期、成熟期、飽和期及衰退期各期間的生存時間，以保持產品活力而不會迅速地遭市場淘汰。

（三）席捲市場的擴大行銷作戰法

茲分爲下列四大作戰法則：

1.蠶食作戰

這是一種席捲目標市場的行銷作戰。由點而線，由線而面，由面而作整體市場的滲透與囊括。

2.鯨吞作戰

這是一種以「大魚吃小魚」的行銷作戰。以領導整個競爭市場的流行與需要，最後控制全面市場。

3.推進作戰

此種作戰是在產品賣不出去時，在產品身上加入銷售促進點子（即促銷創意）使產品暢銷風行的作戰。

4.出其不意作戰

又稱「出奇致勝戰略」。以行銷團隊（Marketing Team）共同作腦力激盪（Brain Storming）所激發出來的行銷奇招。此種作戰法以「不按牌理出牌」爲最佳決戰本領。

5.狐假虎威作戰

這是一種以「知名人士」或「權威人士」作廣告宣傳及促銷活動的作戰。又稱「行銷作秀戰略」。往往名人、影星所廣告的產品特別暢銷搶手，都是此種作戰的功效。

在這「行銷策略」與「業績掛帥」的市場行銷競爭中，如何突破銷售業績已成爲每位行銷人或業務代表所最關心的課題。

「業績」已成爲行銷戰爭中每位Sales個人所代表的身價指數。有時漲停，有時跌停，忽冷忽熱，有時盤紅，有時長黑。有人說：「今日的市場行銷戰，業績代表著Sales的身份、地位、名望，甚至「五子登科」的一盞明燈。所謂「月入百萬，年收入千萬」，都是Sales業績所創造出來的價碼。

因此，銷售業績突破戰略即成爲每位Sales甚至行銷經理必修的行銷絕招。

茲將銷售業績突破戰略分述如下：

1.商品力強化戰略

2.市場力強化戰略

3.企劃力強化戰略

4.親和力強化戰略

5.情報力強化戰略

下列即爲上述各項戰略的詳細內容：

一、商品力強化戰略

一個產品應該有適當的商品力才能成功。加強商品力的戰略有以下三種：

（一）目標市場細分化戰略（Target Market Segment Strategy）

這是區隔目標市場細分化的戰略，也就是把市場依其特性加以細分化，把比較有效的部份取出來，作爲目標市場：要定目標時，應該看產品的用途，把使用量較大的市場（Heavy User Market）或者對本公司品牌忠誠度（Brand Loya1ty）比較高的市場作爲促銷的重點。

（二）商品定位戰略（Positioning Strategy）

在區隔商品「不一樣J時可運用這個戰略，目標市場決定了以後，你就知道商品在那一個位置在這個位置，上有幾個商品或其他品牌的地位，以瞭解你的商品競爭的範圈。如果你認爲競爭範圍不理想的話，你可以選其他的對象或範圍來定位，定位是一個很重要的行銷戰略;而定位時必須，要有很明確的商品概念。

（三）商品概念戰略（Concept Strategy）

這是利用顧客的心理來設定行銷戰略，例如牛奶到底是什麼產品？你可以說是營養，又眞有卡路里，是能量的來源;在比較落後的國家，它是營養的來源。牛奶的概念如果是健康食品，這時候的目標市場針對30歲至40歲以上的人，尤其40歲以上身體發福，體重較重的人，開始注意減肥，他們不要卡路里、能量，而要長期節食，此時牛奶的功能是要強調：「可以幫助你維持健康而且不會發胖」。所以對於小孩子可以用「能量、營養食品」作號召，而對於40歲以上的人就要用「健康食品」做號召。

還有一個可能性是把牛奶當作美容食品，賣給年輕的女孩子，強調牛奶可以「保護皮膚」，這就是不同的概念，針對不同的目標，不同的競爭對象。所以商品概念、商品定位和目標市場細分化戰略是創造商品力的整個戰略過程。

另外一個例子是蕃茄汁，假如你要賣蕃茄汁，當什麼賣？蕃茄汁不是很好喝的飲料，你可以當普通飲料賣，即解渴之用;也可以當保健的飲料，不好喝但喝酒太多後可以解酒用，所以很多東西是你當什麼賣而決定怎麼賣；如果產品不好吃，就要想辦法開發其他方面的用途，利用心理因素來定位產品，加強商品力。

二、市場力強化戰略

第二個戰略是市場力的加強，就是行銷手段的適當配合？

當商品對於消費者有驅力（Drive），則可以運用推（Push）或拉（Pull）的策略，「推」就是運用經銷商或推銷人員把商品推廣給顧客；「拉」就是運用廣告訴求的手段，吸引顧客到商店指明要購買本公司的產品。利用「推」或「拉」的力量，我們可採取下列的行銷手段配合：（一）訂出適當的價格，價格使顧客負擔的起，顧客就會買。（二）多作廣告，廣告多可以吸引顧客上門。（三）銷售通路要密集，盡量普及各零售店和百貨公司，使顧客可以就近購買。這些手段有些有「推J的作用，有些有「拉」的作用，要適當的選擇使兩種力量結合起來以創造市場力，也就是以行銷組合（Marketing Mix）的策略，組合各種行銷的因素以創造市場力。

所以建立市場的地位要靠兩種力量：一個是商品本身的力量，一個是市場手段結合而成的市場力，兩者可作爲行銷戰略的基礎。普通我們說行銷戰略，是包括目標市場的調查、定位、戰略的擬定和行銷手段的配合，這四個也就是行銷戰略的基本要素。當戰略設定以後，再去運用行銷手段就很有效。

在這一階段，新的行銷技巧有了新的發展，首先是重視市場和消費者的資料，行銷情報系統（Marketing Information System）日趨重要，例如要明瞭消費者的偏好，以幫助設定行銷戰略。MIS普通包括資料（Data）和資料處理的方法，比如說我們有細分化的資料、細分化處理的模式；現在有很多如AID的模式，也就是運用模式來處理資料，自然可以選取最好的變數。

其次是行爲科學（Behavior Science）逐漸被重視，爲什麼要研究行爲科學呢？就是因爲我們要知道消費者的心理和行爲，因爲一般人的行爲始於頭腦，進入心理上的變化，再進入行動上的轉變，這是有系統的人智上的變化。

（一）消費者消費心理與消費行爲

先是消費者知道或瞭解有這個產品，然後是心理上（或態度上）的變化，喜不喜歡這個商品，對這個品牌的偏好如何？這品牌的那一點受到歡迎？或那一點不受歡迎？最後是行動上的變化，實際購買或不願意購買。具體的說，知名度就是有多少消費者知道這個品牌？目標市場裡知道這個品牌特徵的有多少人？偏好度就是有多少消費者以這個品牌爲優先考慮的對象？或指明要購買這個品牌的產品？行動方面例如新產品上市時，市場中有多少人會去試買？其中有多少人會重複購買？

所以怎樣提高產品的知名度、偏好度、購買程度要一步一步來，不是下子就能達成的。有時候眞的產品品質很好，價格也適當，廣告也多，但是消費者買不到東西，因爲產品配銷通路不好，消費者無法就近購買，那麼購買的人自然少了。有的時候則是產品的廣告表現不好，消費者不知道產品的好處，而提不起興趣去購買。這時候就要檢討，看是那一個步驟不當，而設法改進。

行爲科學的方式，最主要的想法是知覺（Perception），即消費者如何感覺（Perceive）產品的特質。認知是策略的中心思惟，以汽車爲例，消費者自車子的認知是促成其購買車子的誘因。而有兩個主要的因素可判斷消費者的認知心理：

1.車子的型態：跑車、家庭用旅行車、小轎車、豪華客車等不同型，態的車子在消費者的心目中有不同的份量。

2.車子的價格：高級豪華車、省油輕便車、二手車等價格的高低也會影響消費者的認知心理。

一般的消費者都會判斷不同特質的產品，例如VW車（Vo1lts Wagan）代表經濟、輕便的車型，Jaguar實則是既名貴又輕便的車。MIJstand車不很經濟也不很輕便而是介於中間。Lincoln Continenta1車則是名貴但不輕便。消費者通常都有自己喜歡的公司（Idea Firm），也有人特別喜歡進口車，不一而足。這個時候汽車公司就應採取市場區隔（Market Segmentation）的策略，例如年輕人喜愛經濟而輕便型的車，則車可以年輕人爲目標市場。市場區隔也就是定位的一個方式，要把產品定位在顧客所喜愛的特質上，這是商品概念的運用，如果商品概念是以輕．便型車爲主，輕便型車是年輕人所喜愛的，那麼Mustand車就較不適合。所以在定位汽車市場時，要注意車子的性能是否勾起消費者的興趣，消費者的認知心理可以決定產品銷售的方向，設定商品的概念。

二、企劃力強化戰略

包括市場企劃能力，行銷策略企劃能力，商品企劃能力，及市場作戰能力。一流的Sales是市場情報員，必須對市場動態及競爭態勢有深入的研究方能提高銷售戰力與突破銷售業績。

三、親和力強化戰略

一流的Sales要創造高業績必須先擁有「開口笑說話術」與「人緣親和力」等人際關係與公關方面的看家本領，方能以「送心、抓心、屈人心」的軟性推銷溫暖顧客的芳心，達到成功銷售的最終目標。

四、情報力強化戰略

今天的企業行銷戰，已進入情報戰的時代。一流的Sales如果無法掌握市場情報及銷售情報，便形同瞎子摸象；如果能確切蒐集銷售活動的一切情報及市場競爭者的行銷策略情報，即能盡得先機而獲致行銷成功的業績。

第五節　策略管理與廣告策略之關連

策略管理（Strategic Management）是一項決策過程，透過此過程，能使得企業在競爭環境中，因去蕪存菁而生存發展。

整體行銷策略管理（Strategic Management of Total Marketing）更能確切判斷企業應進入那個市場，應該生產何種產品，應如何分配產品的流通過程，以及應該採取何種行銷策略，以整體運作行銷作戰。

1.確立組織經營使命（Mission）與願景（Vision）。

2剖析組織的競爭優劣勢（SWOT 策略分析）。

3.評估組織的外在環境狀況（PEST環境分析）。

4.分析可能面臨的機會與威脅（OT因素分析）。

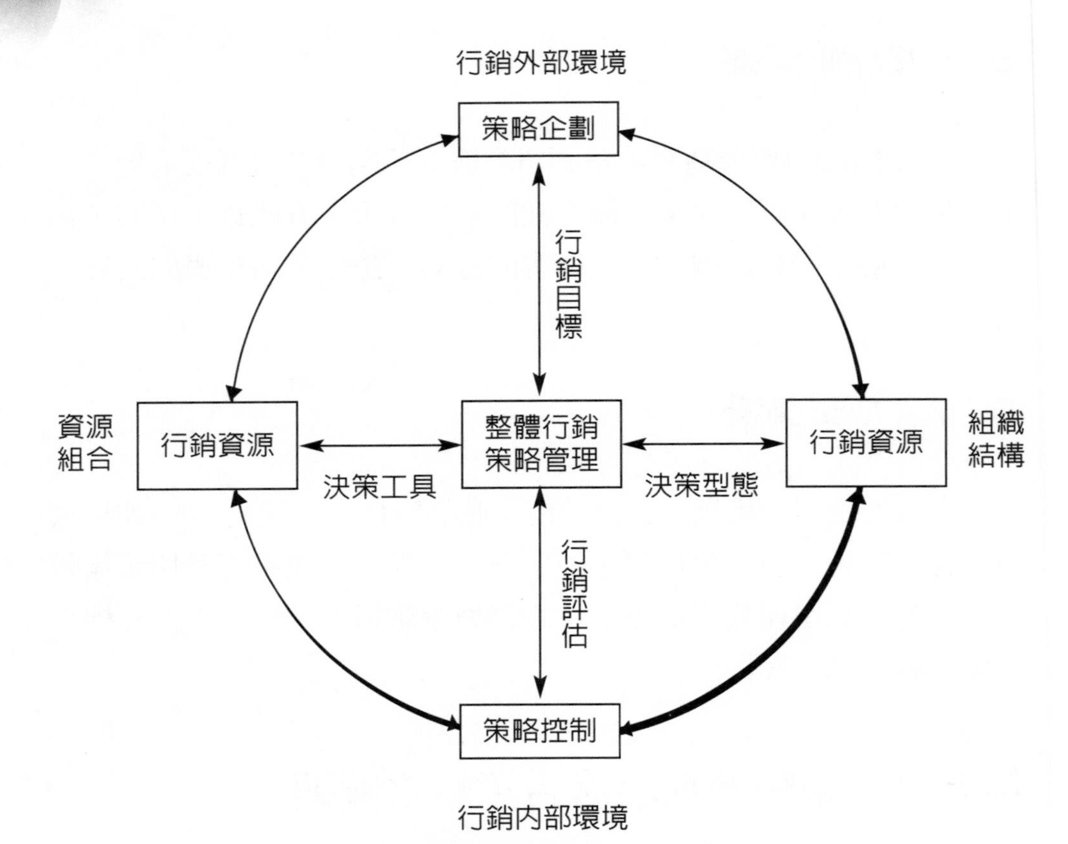

圖　整體行銷策略管理的輪式模型

5.確認出能符合組織經營使命的可行發展方向。

6.擬訂一套長期目標與整體策略（Grand Strategies），以朝所設定之方向邁進。

7.根據長期目標與整體策略，設定年度目標與短期策略。

8.針對資源多寡從事策略性決策，以有效地分配與利用資源。

9.檢討與評估策略的成敗，並將結果做為未來的決策參考。

由上述模型觀之，「整體行銷策略管理」感覺著外部環境的變化，而衍生出公司的行銷目標，經由「整體行銷策略管理」，獲取必要的「行銷資源」與「行銷組織」，做爲達成企業行銷目標的法寶。

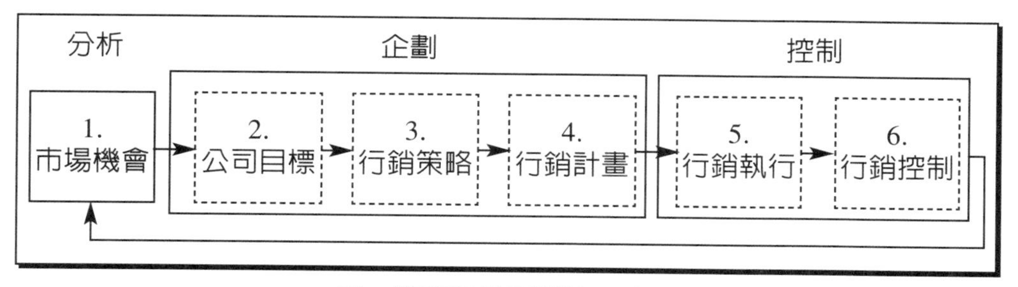

圖　策略行銷經營管理流程

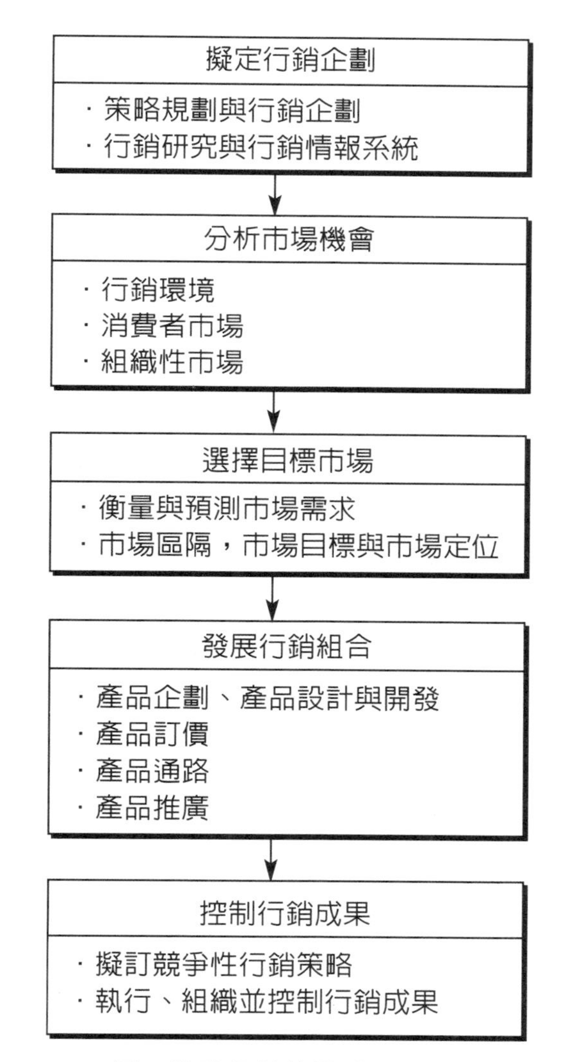

圖　策略行銷管理流程圖

「策略企劃」則保證這些法寶能得到有效的利用，俾順利達成公司的行銷目標。

「策略控制」則負責行銷實績的衡量，使行銷組織結構能不斷地適應行銷外部和內部的環境，俾能使行銷組織結構保持在最佳的狀態下；另一方面，策略控制能確保必要的行銷資源不虞匱乏，使行銷組織結構得以充分運作，爲達成公司的行銷目標而努力不懈。

行銷經營管理之主要流程（或稱策略行銷過程，Strategic Marketing）亦稱爲分析機會（Analyzing Opportunity），選擇目標（Choosing Objectives），擬訂策略（Developing Strategies），擬訂計畫（Formulating Plans），執行計畫（Implementing Plans），與控制成果（Controlling Results）之一連串過程，其關係如上圖：

由上可知所面臨之環境（市場）決定公司之威脅（Threats）及機會（Opportunities），而環境甚爲複雜，並自古以來一直在變化中，而其變化速度常比組織內部變化之速度爲快，所以有許多公司無法趕上，而遭淘汰。一個組織機構必須不斷地改變自己，以適應環境，否則就會被吞沒。歷史告訴我們一個被動性（不知適應）的機構必被「消滅」（Extinction）：一個能適應的機構尚可生存（Survival），有時，尚可獲得少許成長（Growth）；只有能創新性的機構才能「繁榮」（Proper），甚至於倘能改變外在環境。俗云「英雄造時勢」指第三種公司，而「時勢造英雄」指第二種公司，而第一種公司則爲「逆水行舟，不進則退」的落伍者。因此，我們研習行銷學者，不可不培養環境導向及變動之人生觀。

一、行銷策略企劃

今日管理者，無論從事何種業務，都必須有一基本信念，就是：企業在未來所面臨的外界環境，必將不同於今天所面臨的環境，而近十餘年來，進步的企業都紛紛採取一種「策略企劃」（Strategic Planning），簡單地說，這種規劃即企圖在上述信念下，謀求獲得有關「什麼是我們所該做的業務？」（What should our business be？）這基本問題的答案。

傳統經濟學者，每認為企業所追求的，就是最大利潤。實際上，在今天，企業所追求的，乃是如何「創造顧客」（Create Customer）：而利潤不過代表企業生存所需的必要條件，以及衡量其達成目標的績效標準而已。因此，行銷系統包括以下十個子系統：

1.產品功能（Product Functions）：例如：包裝、定價、品牌方面的活動，整體企劃產生機能。
2.新產品發展（New Product Development）：針對顧客需要。新產品的發展對行銷系統是相當重要的，沒有新產品，企業展發不易。
3.分配通路（Distribution Channels）：亦即推銷網，掌握顧客事事求便利的心理。
4.實體分配物流（Physical Distribution）：指運輸、速度。
5.實地銷售（Field Sales）：指舖排、擺的位置，產品應該如何賣的問題。
6.行銷情報（Marketing Intelligence ）：企業的經營，以顧客的需要、顧客的變化為依據，所以顧客的變化，應能隨時感覺出來。
7.行銷行政（Marketing Administration）：即行銷管理，其好壞影響企業成長的業績，包括規劃、預算、控制、評估。
8.廣告（Advertising）：不一定指電視、報紙廣告，指一般廣告。
9.促銷（Sa1es Promotion and Merchandising）。
10.公共關係（Public Relations）。

・整體行銷（Total Marketing）所涵蓋的兩大要素

1.企業各部門皆配合行銷部門，行動一致以爭取顧客。換言之，公司裡的各個部門，均須認清他們所採取的每一行動，而不只是作，銷人員的行動，均對公司爭取及挽住顧客的能力密切相關。當生產部門為減少產品種類和型式變化而爭議；當信用部門堅持新顧客必須合乎更嚴格的信用標準而爭議：當運輸部門堅持使用慢而便宜的運送方法，以減輕快且貴的運送費用而爭議：當存貨部門經理設法使製成品存量保持在最低水準等等而爭議時皆應瞭解，所有這些不同部門之主張均與顧客之滿意水準直接息息相關，不可一意孤行。當然我們強調各部門協調配合顧客需求，：並不像某些人所說的，顧客的理由永遠凌駕公司所有的其他理由，事實上令我們的主張是為公司的眞正利益，既不是為「銷售」，更非為「成本」。話雖如此說，但總需要發展出某些方法，來協調公司裡各部門對顧客所可能發生的衝擊力。這個問題可以一部份靠教導其他部門時時刻刻「想到顧客」、「顧客第一」來解決，一部份可以設立協調委員會來處理涉及各部門衝突的問題。甚至有些公司認為解決辦法在改組各部門的職責。

二、整體行銷策略之可行方案

（一）整體行銷策略重點

1.提高產品或服務的使用量：

（1）提高顧客每次的採購量；

（2）加速產品或服務的淘汰；

（3）開發產品新用途：

（4）降價以刺激使用量。

2.掠奪競爭者的顧客群：

（1）強化產品或服務的差異性；

（2）增強促銷活動；

（3）降價。

3.吸引非使用者的嘗試：

（1）採取試用樣品或價格誘導方式；

（2）改變訂價策略；

（3）促銷新用途。

（二）市場開發策略

1.在新地區開發新市場：

（1）按區域性發展；

（2）採全國性發展；

（3）以國際市場爲著眼。

2.針對新的市場區隔：

（1）發展新式產品或服務，以適應新市場區隔的需求；

（2）採取新的行銷通路進入市場；

（3）利用未經開發的媒體進行促銷。

（三）產品開發策略

1.開發產品或服務的新特性：

（1）依市場需求特性調整產品；

（2）變更某項設計；

（3）強化功能；

（4）簡化特殊功能使能普及；

（5）替換某組件以產生新功能；

（6）重整結構；

（7）逆轉某項程序；

（8）組合不同零組件或功能。

2.開發不同品質等級的產品，以滿足不同市場的需求。

3.開發新模式或新規格的產品。

第六節　廣告策略在行銷功能部門的作戰策略

在整體行銷策略的一般架構企劃完成之後，接著就是為各個行銷功能部門（Marketing Functiona1 Division）擬訂作戰策略，通路是依據各行銷部門的短期目標分別來擬訂作戰策略的內容，以期能在不久的將來順利達成企業行銷目標。

以下即為行銷功能部門的作戰策略

1.產品線的寬度。

2.市場情報蒐集的能力。

3既有的或期望的市場佔有率。

4產品或服務組合。

5.現行的或可用的行銷通路。

6.銷售組織的績效。

7.銷售重點採產品別或顧客別。

8.產品或服務的形象、聲望與品質。

9.行銷溝通的訊息型態與媒體選擇。

10.訂價策略的擬定

實戰有效的行銷戰略，不勝枚舉，但是戰略必須經過鎮密的思考與企劃，方能獲致效果。茲將實戰有效的行銷戰略分述如下：

一、情報戰略

由於行銷所面對的是瞬息萬變的商情及商務作戰，並基於「知己知彼，百戰百勝」的作戰信念。因此，欲求更高的行銷勝算，則確實掌握市場情報，實刻不容緩。至於情報的對象，則舉凡與行銷相關的初級、次級資料，都是蒐集的範圍。例如：世界景氣動態、競爭者的動態、法令的變更、新產品的消長、市場佔有率的變化……等。

二、深耕戰略

對於既有的商品投入既有的市場，應採取「深耕作戰」方式，如此才能維持生存，甚至增加該商品的市場佔有率。此猶如農作物的生產方式，若欲求其根基堅固而不動搖，則深耕必能達此目的。然而，並非所有農作物都能以此方式生產：同理，並非任何商品都可採深耕作戰，而應視目標商品及市場究竟屬於「既有」或「開發」而定。

三、廣告戰略

僅管不少人對廣告的效用持不同的意見，然而時至今日，很少人會否認廣告的重要性：尤其對商品的推銷已造成相當貢獻。因此，今日「廣告」已成多數企業不可或缺的行銷手段：而「廣告戰」更爲市場上司空見慣的景觀。

業者對廣告戰的千變萬化及奇招倍出，實可從日常的電視、廣播、報章雜誌、……等媒體中望出端倪。諸如：「節慶廣告」、「禮品廣告」「證言廣告」、「公益廣告」、「恐懼訴求廣告」、「打擊仿冒品廣告」……等都是讀者們顧名思義即可瞭解的廣告策略，可謂「運用之妙，存乎一心」

四、拉攏（Pull）戰略

業者如何創造出商品的魅力以拉攏更多的顧客，此為「拉力」的具體表現。至於如何創造誘因，則端視該商品是否有「價值」？而此價值亦端賴下列四者的努力：

1.商品特質（Speciality）
2.企劃能力（Planning）
3.公司形象（Image）
4.基本顧客（Customer）

以上SPIC四個英文字母即表徵該商品價值的多寡，而拉攏戰略即在滿足一般消費者此類的訴求。

五、開路機（Bulldozer）戰略

業者欲拓銷商品除前述「拉力」之外，尚可利用「推力」方法，我們稱它為「開路機戰略」。此戰略即採「反守為攻」的方式，例如主動拜訪客戶、積極進行各種促銷活動……等皆是。亦即，此攻勢作戰，如開路機似地勇往直前，克服各項困難，以開拓更大的市場佔有率。

六、Top Sales實戰戰略

由於商品市場的競爭愈來愈劇烈，因此，被稱為「行銷尖兵」的Top sales應發揮實戰的看家本領。茲將Top Sales實戰策略分述如下：

（一）蛛網式戰略

每當蜘蛛將網子結好後，即靜待獵物自動上門來，而非主動去攻擊獵物，典型的「專櫃銷售」即是此種銷售方式。礙於行業性質不同，許多商品恐無法避免此種戰略，然而此種「守株待兔」的方式，最大缺陷即爲過份被動。因此，必須做適度的調整及彌補。例如：化被動爲主動、舉辦促銷活動、或美化銷售賣場……等皆是。

（二）蜂巢式戰略

當蜜蜂採蜜時，是主動地四處奔飛，並且不斷來回將蜜積蓄在蜂巢中。而「蜂巢式戰略」正是如此，Top Sales主動地四處尋找顧客，以便推銷產品及服務。此種方式當然較諸蛛網式主動而且積極，往往由於積少成多的業績，成果將是可觀的。

（三）養鴿式戰略

無論是蛛網式或蜂巢式戰略，對於顧客的掌握度都不夠紮實，亦即稍縱即逝。而唯獨「養鴿式戰略」，最爲一勞永逸。因爲，此種戰略乃是將顧客猶如鴿子般地看書養者，希望他們能忠心耿耿以鴿籠爲家，並爲其生蛋繁衍後代。而爲期使顧客能有此動機，則適當的誘因實在是不可或缺的。

討論課題

1.試以進口汽車為實例，研討行銷台灣市場之廣告策略！

2.假如某種產品必須上電視媒體做廣告，請問其整年度之廣告預算應達至多少新台幣，方能收到廣告效果，試分組研討之！

3.請分組研討並代「聖羅蘭」香水做全年度之廣告策略，此個案必須編擬全年度之廣告預算及選購媒體，試完成其廣告企劃案！

4.試以洗髮精為實例，其產品功效能治療頭皮癢並去除頭皮屑，請分組研討其廣告創意、媒體、定位、文案與腳本！

第七節　競爭行銷策略之意義與特質

行銷最主要的特質即是市場行銷量與市場佔有率決勝負的「市場爭霸戰」因此，行銷最難纏與最棘手的問題即是市場作戰。然而，只要有強勁的「行銷戰力」（Marketing Forces）與競爭策略（Competitive Strategy）當能迎刃而解，化危機爲轉機、契機。

因此，如果行銷策略要成功，行銷企劃人才必須多擬訂競爭行銷策略與否定市場之競爭態勢。茲將競爭行銷策略之定義詳細敘述如下：

所謂「競爭行銷策略」（Competitive Marketing Strategy ）乃企業在目標市場中所遭遇的競爭狀況與因應市場作戰之策略。

競爭行銷策略最具威力與效果的策略可分述下列各種戰術：

1.否定市場競爭態勢，將競爭者硬比下去。

2.再定位策略之靈活應用。

3.否定競爭者的廣告策略與廣告表現。

4.切斷並封死競爭者的行銷通路。

5.可將商品重新區隔、定位，如果遇到價格戰，可將公司比較眞劣勢的商品削價應戰。

6.如果競爭者之行銷通路均鋪有貨物，則可將商品之優勢顯現出來硬與競爭者之商品比出我優勢與他劣勢之競爭態勢，讓顧客自行選擇。

7.如果競爭對手是水貨商，又稱「眞品平行輸入」最佳的競爭行銷策略即是刻意將市場競爭態勢重新組合，並故意渲染水貨與代理商正，貨之優劣差異。刻意使出事件行銷（Event Marketing）之殺手鐧，藉題發揮絲毫都不能放過與鬆懈。

八〇年代，麥當勞的競爭者漢堡王（Burger king，在美國速食業僅次於麥當勞）在廣告中進行比較性訴求，強調麥當勞的牛肉餅量較漢堡王少了20%，經口味測試亦不及漢堡王。緊接著，排名第三位的溫娣亦向麥當勞及漢堡王兩大品牌宣戰，並由八十高齡的佩拉女士披甲上陣，公然向消費者提出質疑：牛肉在哪裡？以凸顯出溫娣的產品特性（漢堡中的牛肉比競爭者多）。實僑公司推出「飛柔矽靈洗髮精」之前在福華大飯店舉辦了「神龍出擊，一飛沖天」的訓練會，儼然如軍事作戰前所舉行的戰鬥訓練。其中，主要與會人員紛紛配掛上「三軍最高統帥」、「情報司令」、「後勤司令」等臂章使得「前線官兵」（業務人員）個個充滿鬥志，準備上戰場迎勁敵並且締造佳績。克寧奶粉為了進軍市場，公然將自己的產品與週歲以上嬰兒使用之奶粉比較，以期順利完成其「往下紮根」的計畫。

以上諸例旨在說明：時至今日，行銷的本質已不僅只是滿足顧客的需求，更須擊敗競爭對手。商場如戰場，競爭者就如同是敵人一般，市場即是敵我廝殺的戰場，而公司的目標即在於贏得戰爭。

因此，公司若要成功，除了強調顧客導向，更應重視競爭者導向，以期發掘競爭者的弱點，並發動行銷攻擊，擊敗強敵。未來趨勢，在行銷計畫中，討論競爭者的篇幅將會不斷增加，有朝一日，此計畫甚至會針對各競爭對手的主要行銷人員，建立個別檔案，其中包括：其偏好的戰術及運作方式。在這股潮流的衝擊之下，行銷人員必須做好準備工作，隨時準備展開行銷攻勢，以期制敵求勝，締造佳績。公司主體亦必須學會如何同競爭者發動正面及側面攻擊，如何保衛自己的地位，以及如何發動游擊戰。

第八節　市場競爭態勢與策略行銷

企業行銷商戰應從企業體所處的市場地位著手，即領導者、挑戰者、追隨者，及利基者。以下即以市場領導者（Market Leader）、市場挑戰者（Market Challenger）、市場追隨者（Market Follower）、市場利基者（Market Nicher）爲順序，探討各種常見的行銷戰略。

一、市場領導者（Market Leader）商戰策略

對於在業界領先群雄的市場領導者而言，其具有三種戰略可以選擇（擇一行之或混合運用均可）：（1）整體市場拓展戰略；（2）市場佔有率拓展戰略；以及（3）市場地位保衛戰略。

（一）整體市場拓展戰略

若市場領導者的市場佔有率相當高（超過50%）則其繼續在現有市場中擴張佔有率的成本過於昂貴，此時應將資源投入整體市場的拓展，以便擴大現有市場。由於自己擁有一半的市場佔有率：因此，一旦市場擴大，自己將是最大的受益者。例如：IBM四處宣揚電腦的用途與好處（而非只宣傳IBM）：柯達軟片以「刹那化爲永恆」鼓勵消費者多拍照（而不單爲柯達軟片宣傳）。在此戰略下，還可以再細分爲下列三種做法：

1.開拓新使用者（New Users）

此方法即是吸引新使用者使其加入並成爲本產品類別的使用群，這些「潛在使用者」（Potential Users）可能因不知道有此項產品，或因價格不當，或因缺乏某種特性，而拒絕購買此類產品。就化妝品市場而言，製造商可以說服那些原先不使用化妝品的女性使

用化妝品（市場滲透策略）；或說服男性開始使用化妝品（新市場策略）：銷售化妝品至其他國家（地理擴張策略）。

以嬌生嬰兒系列產品爲例，當它在嬰兒洗髮精、沐浴乳等市場奪魁之後，由於面對出生率逐年下降的趨勢，故採取透過不同的廣告訴求方式（寶寶用好，您用也好），先後進入媽媽市場與年輕女性市場，以吸引新的使用者，並成爲高價位洗髮精的領導晶牌之一。以伯朗咖啡爲例，當它在咖啡飲料市場打出一片江山後，便先後推出咖啡巴士、藍山咖啡，以及紐約咖啡，開拓更廣大的飲用者市場。資生堂在稱霸國內女性化妝品市場後，也將觸角伸進男性市場，希望說服男性消費者接受使用化妝品的觀念，並付諸行動，使其得以拓展市場。

2.開發產品新用途（New Uses）

另外一個拓展市場的新方法爲發掘並推廣現有產品的新用途，以增加產品的使用量。杜邦公司的尼龍即爲一佳例。首先成爲降落傘的合成纖維；而後爲女用絲襪的主要原料：後來又成爲婦女的上衣及男士襯衣的主要原料；最後，又成爲汽車輪胎、沙發椅套及地氈的原料。一次新用途的出現，就爲尼龍注入新生命，使它走向另一個成長的高峰。

嬌生嬰兒潤膚油在嬰兒保養品市場站穩之後，基於與嬌生嬰兒洗髮精，同樣的考慮，將該產品延伸到年輕女性市場（開拓新用者）。此外，它還將自產品功能擴大爲「滋潤、保養及卸妝」，以「照顧肌膚，面面俱到」爲新，訴求重點，大幅擴展了產品用途與消費群。穩潔是玻璃清潔的盟主，不論是百貨公司的專櫃或住宅的玻璃窗，只要是玻璃的清潔，大多數消費者皆自會聯想到穩潔，但有一類消費者並未想到，此乃汽車車主。每當車窗髒污時，駕駛人常會由「水箱」噴水出來，再啓動雨刷清洗一番，但由於常有油污附著在窗上，因此無法完全清潔。穩潔針對此一現象，告訴駕駛人把自一瓶蓋穩潔倒入汽車水箱中，即能常保車窗光亮如新，因而拓展了穩潔的市場。

3.刺激更多的使用量（More Usage）

第三個市場擴張策略乃是勸服人們在特定的場合使用較多的產品，或在更多的場合使用特定的產品，甚至雙管齊下。如果奶粉廠商能夠說服消費者早晚各喝一杯牛奶，則相對於原有的使用者（早上飲用），產品使用量即增加一倍；如果牙刷廠商能說服消費者養成三餐後都刷牙的習慣（甚或吃過東西後就刷牙）如此一來牙刷的損耗自然增加，進而加速牙刷的替換：此外，肥皀廠商聯手推廣洗手運動，亦是基於此種想法。

雀巢咖啡推出「世界的早晨」廣告活動，目的即是希望說服消費者，在早餐時段來一杯香醇的咖啡（不是喝牛奶、果汁或豆漿），希望創造一個新的使用場合（早餐時刻），以增加咖啡的飲用量。可口可樂推出「任何食物的好搭檔」廣告活動，目的是希望在青春歡暢之外，再創造另一個飲用場合——進食。其建議消費者，不論吃任何食物（牛排、通心麵、火鍋等），都可以搭配可口可樂。如此一來，消費者幾乎在任何時刻、任何地方，都可以來上一罐（杯）可口可樂。可口可樂爲美國最成功，在全世界名氣打得最響的品牌，幾乎無人不知無人不曉。黑松汽水推出「成長的滋味」廣告活動，亦是企圖說服消費者，不論年齡大小，不論任何場合（室內、郊外、火車上、婚禮等），隨時都可以享受黑松汽水的好滋味，黑松汽水就是大家「成長的伙伴」。如此一來，黑松汽水就將其使用場合做大幅度的擴張。

（二）市場佔有率擴張戰略

當市場領導者的市場佔有率（Market Share）尚未達到完全的優勢時，仍須爲自己的佔有率奮鬥，以保持盟主的王座。根據藍契斯特法則 （Lanchester's Law），市場佔有率達到41.7%（相對安定值），才算得上是相對地安定，俗稱「40%目標」。而佔有率超過73.88%（上限目標），則可視為獨佔。如果兩家大企業之商品品牌在市場上之市場佔有率總和超過70%，則其他競爭品牌即應定位為「市場利基者」（Market Nicher）（此即為著名的三一戰略）因此，盟主寶座尚未坐穩的市場領導者，必須為自己的市場佔有率繼續奮鬥。市場佔有率擴張戰略可細分為下列三種方法。

1.塑造獨特的形象或定位

在眾多廠商紛紛加入戰場之際，市場領導者最重要的工作就是凸顯產品本身的形象與地位，塑造獨特的品牌形象與定位，以期脫穎而出，拉大自己與其他競爭者之間的差距，以便鞏固市場領導的優勢地位。塑造獨特的品牌形象與定位，並成功脫穎而出的實例有很多，例如：白熊洗碗精，以白熊與消費者進行溝通，同時也在洗碗精市場上稱雄。此外，理想牌熱水器亦以「夏天洗澡，要洗熱水，不洗熱水，洗不乾淨……」的廣告詞，獨步熱水器市場。

2.提出具有震憾力的主張

提出一個具有震撼力的產品特點或主張，可贏得消費者的注意與認同。 Inb1巧克力的「只溶你口，不溶你手」，使其與競爭廠牌的差異立見：愛力大較大嬰兒奶粉「不含黨糖」的主張，使它得以在市場上佔有一席之地：舒潔衛生紙當年以「處女紙漿」作為訴求重點，成功地奠定了日後的江山。

3.推出新產品或新品牌

推出新產品或新品牌，讓消費者產生耳目一新的感覺，有時也能一擊奏效。如幫寶適紙尿褲推出「新幫寶適」，以提供消費者更大的滿足；白蘭洗衣粉推出新配方，使得產品功能更臻完美，它們都試圖以更好的新產品，贏取消費者的信賴，以期鞏固自己的地位。此外，在蚊香、殺蟲液及洗衣粉等市場，則流行多品牌策略，以期在攻佔消費者的心靈之餘，進佔更多的貨架位置，使自己有更多被選擇的機會。如：寶僑公司繼海倫仙度絲之後，再度推出飛柔矽靈洗髮精，希望一舉成王；志成化工旗下擁有的品牌計有：黑貓、噴效、通用、滅飛，以及金牌等多種殺蟲劑品牌，有利其市場佔有率的提昇。

4.掌握行銷通路

生產者決戰商場的重要因素之一，乃爲行銷通路的掌握能力。白蘭公司之所以能夠屹立不搖，行銷通路的無遠弗屆扮演著相當重要的角色。有了強有力的通路，才能夠使產品在適當的時機，以適當的數量，及在最好的陳列位置上獲得消費者的青睞。這就是爲什麼許多公司（如：花王、可口、味全等）紛紛將業務系統改成直營的重要因素，也是統一超商（7-ELEVEN）家數不斷增加的原因。市場領導者若想一躍龍門，那麼強而有力的通路運作是不可或缺的。

（四）市場地位戰略保衛

這是一種典型的防禦戰，在其中，行銷人員有許多選擇，包括：1.前線防禦；2.機動防禦；3.保持優勢；4.先發制人；5.反擊及6.側翼防禦，分別說明如下：

1.前線防禦（Preemptive Defense）

無論是任何產品的企業競爭，維持自己目前的領先地位、固守前線，以及保護眼前的產品市場，永遠都是企業最先想到（也最簡單）的策略。但是，除非公司使其防線與產品／市場的發展同進退，否則，這種做法常會造成公司產品過時，並失去原有市場，最後導致全盤的失敗。日本企業分明瞭這一點，因此他們在入侵美國市場，且擁有相當大的市場佔有率之後，並沒有完全仰賴單一的前線防禦策略。它們同時採用了機動防禦與保持優勢的戰略。其中，產品線延伸以及更新的努力不會稍減，使得「前線」不斷地向前移動，而得以繼續保持優勢。

在國內飲料市場中，黑松公司傾向於採取前線防禦，而以不變應萬變，例如:當可口可樂與百事可樂入侵國內市場，伯朗咖啡初試啼聲，金車麥根沙士兵臨城下，香吉士加入戰場，運動飲料如火如荼時。黑松公司似乎是慢了好幾拍才推出類似的產品，以維持領導者的完整產品線，而未主動出擊，迅速因應（除了以吉利果成功反擊華年達之外），時至今日傳統的黑松汽水及黑松沙士迄今仍是許多消費者的最愛。

2.機動防禦（Mobile Defence）

企業在從事機動防禦時，領導者不僅要保護目前的產品地位，亦將戰場推移到新的產品／市場上。透過有計畫的產品替換，推陳出新，和拓展產品基本需求，領導者企圖在競爭者站穩之前，就接連揮拳，瓦解敵方的攻擊，以期鞏固自己的地位。

（1）有計畫的產品更替：領導者藉由引進新產品來強化自己的地位，讓競爭者只能拚命的在後面追，而無暇計畫如何超越。而且由公司本身奪得原有的市場，總比讓競爭者搶走要好得多。

IBM最擅長這套把戲，它經常推出在價格/績效上比現存產品更具優勢的新主機型電腦，而其他競爭者只有不斷地掙扎，疲於奔命，試圖迎頭趕上，而無暇於其他。吉利公司也是運用此做法，而得以稱霸四億五千萬美元的美國刮鬍刀市場。其首先藉由「藍鋒」與後繼的「超藍鋒」，橫掃刮鬍刀市場。緊接著，爲了因應威爾京生（Wi1kinson Sword）公司的攻擊，吉利公司便推出雙軌刮鬍刀（TraceII，第一支可調整角度的雙層刮鬍刀）以替代單軌。此外，吉利公司也毫不遲疑的推出「好消息」（Good News，是一種價格便宜且免換刀片，使用後即可丟棄的雙層刀片刮鬍刀）。而後它又推出了皮佛特（Pivot，第一支可調整角度且使用後即可丟棄的雙層刀片刮鬍刀）。這一次，「好消息」變成了攻擊的目標。

（2）拓展產品基本需求：領導者將注意力由目前的產品，延伸至產品背後的需求上，並開發尚未受到妥善照顧的市場需求，以奠定自己在產業界的優越地位。在消費性電子業裡，新力公司從電視機開始，不斷發展出錄影機、攝影機、隨身聽、CD、立體音響及視聽系統等，儼然成爲一位「視聽專家」。三陽公司將自己視爲提供「有效率的交通工具」，由摩托車市場進入汽車市場，更加奠定公司本身的市場地位。白蘭公司製造清潔用品爲使命，產品由洗衣粉、肥皂、洗碗精，甚至清理廚房浴廁的清潔精，一應俱全，穩居清潔用品的龍頭老大。

3.保持優勢（Position Defense）

就策略上而言，保持優勢意味著在目前的產品與市場上指出強勢之所在，並以此做爲防禦基礎。這包括了強化目前的競爭優勢和發展新的優勢，把自己所擅長的產品做得更好，並繼續發展新產品，迫使敵手居於劣勢，或至少讓他在開發潛在機會時，感到困難重重。統一公司的速食麵稱霸速食麵市場已有多年的歷史，前幾年，該公司首先推出高價位的滿漢系列，順利地把產品線往上延伸：接著又先後推出酸菜鴨肉冬粉、肉骨茶麵、粿仔條甚至於近年來的大補帖、現煮麵等新產品以進行產品創新、多樣化的努力鞏固其業界盟主的地位。幫寶適紙尿褲於七十二年年底由南僑公司接手，此後，該公司致力於通路的整建及水貨的清剿，並於七十三年三月起回大幅降價，終於打開了產品市場，奪得盟主寶座（市場佔有率40%）。到了七十四、五年，由於市場競爭激烈，後進品牌不斷指名叫陣，幫寶適遂於七十五年春天，推出經過改良的高品質產品「超級幫寶適」，超級幫寶適係於原有的棉漿之外加入高分子吸收體，其吸水功能不再遜於日本貨，同時在其他特點上也都予以加強，使其盟主地位更加穩固。（但因爲後來好奇紙尿褲以低價策略入主軍公教福利中心，而奪走了幫寶適的盟主寶座）。

4.側翼防禦（F1anlting Defense）

在採取防禦行動之際，必須考慮敵手可能從何處攻擊。一般而言，競爭者可能會對優勢廠商暴露在外的側翼發動攻擊。因此，側翼防禦的目的，即在於加強公司側翼的防守，以打斷對手進攻的念頭，甚至給予迎頭痛擊。

在美國軟性飲料市場裡，可口可樂認爲七喜公司在一九八二年對「不含咖啡因」的大肆宣傳，會對其市場地位造成相當程度的影響。因此，在一年之內，即推出不含咖啡因的可口可樂，並配合大量的廣告攻勢，進行側翼防禦，以對抗七喜的攻擊。

金車公司視年輕人爲目標顧客群，向其銷售金車麥根沙士，這與老大哥黑松的主力相衝突。爲了防守自己的側翼，黑松公司的全球麥根沙士乃，應運而生，用以對抗金車麥根沙士的積極攻勢，並保衛黑松公司的領導者地位。

5.反擊防禦（Counter Offensive Defense）

在市場領導者採取側翼攻擊，甚至是先發制人的戰略時，但仍受到競爭者之攻擊，那麼就必需對其敵手展開反擊。當富士公司攻擊柯達軟片的美國市場，柯達公司便激增其產品促銷及推出數種創新軟片產品予以反擊。有時公司在反擊前會沈寂一陣子。「等待及觀察」似乎是一個危險的策略，但如此使企業不用立即陷入反擊戰，亦有一些道理存在。對防禦者而言，對抗打擊的較佳策略是等待，並確認侵略者的弱點——指「市場區隔的缺口」（Market Segment Gap），然後再給予迎頭痛擊。

6.減縮防禦（Contraction Defense）

有時候，大企業發現他們已無法再守住所有的領域，企業資源過於分散，使競爭者輕而易舉地攻下其前線。此時，最佳的行動是有計劃的縮減（亦稱策略的轉進）。計劃性的縮減絕非放棄市場，而是放棄較弱的領域，重新分配資源給較強的領域。計劃性縮減可以強化公司在市場上的競爭力機量，也可以集中力量於中樞地區。例如：通用汽車公司將其汽車引擎標準化，目前提供較少的選擇。桂格公司採行裁員以將資源集中於中樞產業的產品及生意上。

尤其對追求市場領導地位的公司而言，成爲產品領導者爲其奮鬥目標，他們必須在三方面不斷自我挑戰：第一、要有創造力，第二、快速將創新方案商品化，第三、亦爲最重要的一點，要能無情地追求能解決問題的新解答。任何新發明只要能使消費者得到更大滿足，即應放棄舊有的技術，產品領導者永遠不能自滿。

二、市場挑戰者（Market Challenger）商戰策略

在產業中佔有第二、第三或第四順位的公司，只要具有足夠的資源、企圖心以及運轉雌握的能力，都可被視爲市場挑戰者。在實際市場的運作上，挑戰者有兩種切入方法可以選擇，以期獲取市場佔有率。其一爲正面攻擊戰略，即挑戰者試圖以頑強的態度和戰爭以擊敗市場領導者，這是一種相當高風險的戰略；其二爲側翼攻擊戰略，即針對敵手曝露在外的側翼（弱勢）加以痛擊，期能以己之長，攻人之短，此乃最具創意的戰略。

（一）正面攻擊戰略

正面攻擊即是滲透敵人的核心，以期佔領優勢，獲得市場佔有率。從事正面攻擊的企業，必須強大到足以對領導者發動持續的攻擊，否則可能半途就敗下陣來導致企業資源的虧損。

我們可將正面攻擊約略劃分爲三種：

1.純粹的正面攻擊

在此種戰略裡，侵略者是以產品對產品、價格對價格，和推廣

對推廣等手法，與競爭者直接較量。通常，挑戰者會尾隨領導者，追求同樣的目標顧客層。基本上，這可說是一種「我也是」(Me Too)的策略。在此情況下，除非挑戰者本身具有某種競爭優勢，否則就長期而言，它超越領導者，甚至與領導者並駕其趨的機會將是微乎其微，因爲它將會消耗大量的資源在這場對抗上。吉利果迎戰華年達、潔寶對抗洗寶、全球麥根卯上金車麥根及歐香咖啡單挑伯朗咖啡等，都是純粹的正面攻擊。

養樂多稱霸酵母乳市場已具多年歷史，且該市場的銷售量相當龐大，統一與味全兩家企業會認爲值得投入，乃各自推出「多多」與「亞當」單挑養樂多。惜因養樂多盤基穩固，消費者多指名購買，導致多多與亞當在這場正面攻擊戰爭裡，對養樂多無法構成威脅。

2.以產品價值爲基礎的正面攻擊

藉由產品改良及增加競爭產品所沒有的特性，行銷人員就把價值注入到產品裡。這種由產品研發驅動的策略，意圖在以價格以外的因素爲基礎，獲得產品的差異化，以期贏得戰爭的勝利。

味全鮮果汁在柳橙汁裡加進果粒，使得剛上市之際，就與香吉士造成明顯的差異，並在市場上造成相當程度的轟動，惜因後繼無力，未能順利，挑戰成功。

東元冷氣機於民國七十五年推出三機一體的機型，集冷氣、暖氣及除濕於一機，使得其他廠商紛紛跟進，推出類似機型。東元這招產品差異化，使業者毫無招架之力。

IBM於1981年推出個人電腦單挑蘋果牌電腦時，採用英代爾十六位元微處理機製造，比八位元微處理機所製造的電腦功能更強。這個因素促使IBM在辦公室市場中佔盡優勢。其次，它對業者廣爲宣傳其個人電腦規格，使各個軟體設計公司一窩蜂地撰寫與IBM相容的軟體程式。同時，硬體製造商也紛紛投入，製造與IBM相容的硬體及週邊設備。以上種種，皆使其儼然成爲個人電腦之標準。此外，IBM以四千萬美元的廣告預算進行其廣告策略，並透過零售產品中心，以及八百家電腦零售商來銷售其產品。更利用其強大的銷售力及在電腦界的聲譽，對辦公室市場進行滲透。到了1982年底，IBM在個人電腦市場之佔有率已達17%僅次於蘋果電腦。

3.以價格爲基麗的正面攻擊

在這種市場戰爭中，挑戰者以價格優勢進行搶攻，若競爭者不採取降價報復，或競爭者無法使消費者相信其產品所產生之價格，則以價格爲基礎的正面攻擊策略將能奏效。因此，挑戰者的要務應爲設計出一套免遭到競爭性報復的策略，否則將會演變爲惡性價格競爭，而對公司造成不利的影響。同時，挑戰者所提出的價格競爭，必須大到足以令消費者明顯感受，否則所下功夫等於白費。IBM在個人電腦爭霸戰裡並不以位居第二排名而滿足，因此其挾帶成本優勢，再度發動第二波攻擊。此次其所使用的武器是「降價20%」，這個正面攻擊逼得其他製造商喘不過氣，甚至部份廠商只好含恨放棄該市場。於是，在1983年，IBM即取代蘋果電腦，順利成爲個人電腦之盟主，由低生產成本所支持的價格攻擊，終於導致其他業者紛紛投降。

（二）側翼攻擊戰略

側翼攻擊戰略的要義在對手脆弱的產品或市場上發動攻擊，其原則是「以己之長，攻人之短」，目的在於建立足夠強大的市場地位，以期在未來，能對領導者發動重大的攻擊。此項戰略是建立在「希望不會驚醒睡獅」的基礎上，如此，公司才可在實力尚未充分培養之前，避免與其發生正面衝突。側攻的切入點有許多種，玆說明如下：

1.以配銷通路發動側攻

可藉由開發新的配銷通路，對地位堅固的市場領導者發動側攻。雅芳（Avon）公司是圍內第一家實行到府推銷方式的化妝品公司，而大多數化妝品業者皆經由百貨公司的專櫃及四處林立的專門店進行販賣，但基於化妝品異於一般之商品，其因需要相當多的解釋及示範，如此才可滿足消費者喜好專人服務的心理需求；因此，到府推銷是相當不錯的側攻行動。

2.以產品形態發動側攻

波蜜以果菜汁，香吉士以柳橙汁及伯朗以咖啡飲料成功地側攻飲料市場，爲自己開創出一片天地。此乃以新產品側攻市場，進而創造出一個新的產品類別。光泉牛奶成功推出利樂王包裝，使其由地區性品牌躍升爲全國第二大品牌；百事可樂率先以寶特瓶包裝側攻軟性飲料市場，在當時即造成轟動；康寶推出利實瓶新包裝，在短期內即締造出不錯的成績，此爲包裝側攻市場。海倫仙度絲以治療頭皮屑專家之姿態出現，獅王潰脫牙膏以去除抽煙牙垢的專家自居，普勝高傳眞電視躍登視聽專家的高科技產品進入市場，以上皆爲運用產品特性進行市場側攻的行動。

3.以市場區隔發動側攻

金車飲料以人口變數區隔市場，專攻年輕人；統一兒童專用奶粉則針對一至十二歲的小孩；司迪麥從心理變數下手，以年輕人與上班族爲訴求.對象；麥斯威爾咖啡從生活形態切入，開創出屬於自己的江山。凡此種種，皆以市場區隔變數，對市場進行側攻。

4.以技術創新發動側攻

即挑戰者以新穎的技術，創造利益吸引顧客，提供競爭者所無法提供的新技術或新應用。多年以來，美國輪胎廠商一向製造斜紋輪胎，很少在技術方面求突破，他們將大量資源投於爭取市場佔有率上。1935年，法國米其林公司改弦易轍，推出輻射層輪胎，積極地打入美國輪胎市場，由於其他輪胎製造商（包括固特異、火石等）在製造輻射層輪胎的技術上，根本無法與其匹敵，因此在側翼受擊時，即毫無招架之力。

長久以來，美國衛生紙業者皆認為，若衛生紙要柔軟，便會喪失韌性。為改善此缺失，實驗公司在技術發展方面投入大量資金，發展出既柔軟且具有韌性的魅力牌衛生紙，推出上市後立即席捲了美國衛生紙市場，使得其它廠商無法收回在舊式製程技術上所做的重大投資。

由此可知，側攻的方式千變萬化，不一而足，運用之妙就存乎一心了。

（三）包圍攻擊策略

側翼攻擊是競爭者在現有市場中，尋找缺口加以突破。而包圍攻擊是針對前線的數個據點，迫使競爭者必須同時保護其前部、側部及後部。挑戰者提供消費者所有由競爭者所提供給他們的產品，甚至更多。當挑戰者有較優越的資源且相信包圍策略能迅速及完全打破競爭者所佔市場時，包圍策略將更具意義。

精工錶進軍手錶市場的例子，即可充分說明包圍策略。幾年來，精工錶已在每一條配銷通路上，擊倒其競爭者，並以不斷創新改進的多樣化款式，滿足所有消費者的需求。

（四）迂迴攻擊策略

迂迴攻擊係一種避免直接面對競爭者衝突的間接競爭性策略。挑戰者儘量避開敵人，攻擊較寬鬆的市場。迂迴攻擊有三種方法：發展多樣化的產品——以開拓新的多樣化理性市場以及開發新技術以取代現有的產品；技術革新——是一種運用在高科技生產的迂迴策略，挑戰者須耐心地研究及發展更進步的技術，而非一昧地模仿敵人的產品或發動高成本的正面攻擊。

（五）游擊戰策略

係市場挑戰者可資選擇的另一攻擊策略，特別適用那些規模較小或資本不大的挑戰者，其發動攻勢小且間接性的攻擊，以期能建立永久性的據點。公司可以運用的方法計有：選擇性的削價、執行上的急襲、密集的促銷活動或訴諸法律行動。在正常情況下，游擊戰為規模較小的廠商攻擊大廠商所採行的策略，但持續地游擊戰必將遭受更大攻擊，因為游擊戰所費不貲。

三、市場追隨者（Market Follower）商戰策略

並非所有市場追隨者皆會向領導者挑戰。領導者對於任何奪取其顧客之挑戰者均不敢掉以輕心。若挑戰者是以低價、改進服務，及增加產品差異來吸引消費者，貝ll領導者可迅速地應付這些策略，並減少攻擊所造成之傷害。一場艱難的產品戰爭可能將導致競爭雙方兩敗俱傷，因此挑戰者在攻擊之前必須加以審慎評估。

市場追隨者並非一昧地跟從領導者，其必須了解如何掌握現有顧客並贏得新市場中令人滿意的佔有率。每一個市場追隨者須設定其目標市場、並獲得獨特的區隔、服務及融資優勢。一般而言，追隨者往往成為挑戰者所攻擊的對象，因此，其應須保持低成本、高品質及高服務水準，同時應隨時準備打入新市場。「追隨」絕非被動或成為領導者之翻版，追隨者必須設定企業本身之成長路線，但應以不致引起強烈競爭報復的方式進行。以下是三種市場追隨者策略：

(一) 被製者

公司在許多市場中，儘可能密切追隨並模仿領導者，追隨者近乎等於挑戰者，但不致於發生直接之衝突。有些密切追隨者甚至可能對開發市場出力很少，僅希望藉領導者的投資加以生存。

(二) 模仿者

公司也可能保持適當距離追隨，與領導者之間保持些微差異，

而在主要市場產品創新一般價格水準及配銷通路方面追隨領導者。此類追隨者最易被領導者所接受，乃因領導者認為追隨者對其不會造成太大的干擾及威脅，而且追隨者的存在，也可使得領導者免於被控告壟斷市場。保持距離區的追隨者可經由購併（Merger）行業中較小的廠商以達到成長的目的，市場追隨者雖其市場佔有率較領導者為低，但可能同樣賺錢，甚至比領導者獲得更多的利潤。

（三）調整者

係依據領導者的產品與行銷方案，加以適度修改。調整者可能選擇不同的目標市場進行銷售，以避免與領導者直接競爭，這種公司可視為市場挑戰者之前身。

四、市場利基者（Market Nicher）商戰策略

幾乎每種產業都有許多「小」廠商，其生存之道即為尋找大公司忽略或放棄的市場區隔並透過提供有效的服務，以期佔據安全且又具獲利能力的市場利基，此類廠商我們稱之為市場利基者。其最適合採行的作戰方式即為游擊戰（Guerri11a Attack）。以下介紹五種常用的游擊戰型態:產品型、高價位型、機動型、蠶食型及特定市場區隔型。

（一）產品型游擊戰

許多市場利基者以獨特性產品專攻小市場方式獲取利潤，其銷售額絕，不會大到令同業的大型公司眼紅。例如，在過去十多年裡，美國汽車公司（AMC）所生產的吉普車，每年銷售量均在十萬部左右，在同一期間內，通用汽車公司（GM）所售出的雪佛蘭，是它的十八倍。在此情況下，通用汽車須為了三、四萬部銷售量而投入吉普車市場。

普威牛仔褲為另一例證，當其初上市之際，正逢牛仔服飾的戰國時代，藍哥、繽繽（BEN BEN）等領導性廠牌皆以大量的廣告及促銷活動，試圖爭奪市場佔有率。普威因資產不足，僅能以小規模的電台廣播從事其產品推廣活動。該公司在中廣調頻中午時段插播兩檔三十秒的廣告，數年來從未間斷，這種經長期累積下來消費者的印象，已經逐漸建立起相當的知名度，並在市場上佔據一隅。

（二）高價位型游擊戰

在現今富裕社會中，高價位市場提供了許多從事游擊戰的機會，諸如史坦威鋼琴、伯爵錶、嬌伊香水（Joy）等皆屬之。在賣場中，高價位創造了能見度，「喲，你瞧，這個牌子比其他的貴多了！」消費者將會如此說。

以下是幾個典型的例子：

1.皇家威士忌：我們是高價位的品牌。
2.為什麼你要投資在世界最貴的伯爵表上
3.只有一個嬌伊，世界上最昂貴的香水。

但在進行高價位型游擊戰時，廠商必須要搶得先機—最好能第一個佔領高價位領域，否則將會面臨一場苦戰。

（三）機動型游擊戰

游擊隊可針對競爭者的領域，機動性地發啓間歇性的小型攻擊以瓦解競爭者的士氣，使競爭者疲於奔命，或不斷地騷擾競爭者，施以奇襲發動區域性攻擊。綜言之，廠商若能隨時發動機動性攻擊，並遵守「敵進我退、敵駐我擾、敵疲我打、敵退我追」之原則，即可在巨人腳下欣欣向榮。當年日本企業在進攻美國市場的過程裡，即多次採用這種做法。他們會舉辦特殊的促銷活動（通常與零售店合辦）：在選擇性的區域採降價措施，使得美國公司感到難以招架。此外，他們經常會對特定通路式零售店施加壓力，以促使其產品佔據更多的陳列空間以獲得較多照顧及其他優惠待遇。例如，通知某零售店，除非能花費更多的努力與心思推廣其產品，否則，將撤消 ，該店的特許權，並給予鄰近的零售店。

1960年代，哈羅爾（WUson Harrle）開始經營名爲「配方409」的噴射式清潔劑。到了1976年，該品牌幾乎擁有噴射式清潔劑50%的佔有率。

此一成就引起寶鹼公司的眼紅，並打算推出名爲「驚奇」（C-inch）的產品，以打入市場。並決定在丹佛市進行試銷。當哈羅爾得知此消息後，便立即停止一切廣告和促銷活動，並不再主動補貨，使產品賣完後便自然缺貨。這項「空城計」果然奏效，使得「驚奇」的試銷反應相當良好，趁著寶鹼忙著鑄備「驚奇」上市活動的空檔，哈羅爾就把十六盎斯裝和半磅裝的「配方409」合併以一元四角八分的促銷價出售。同時，又以大量廣告推廣這項削價活動，使消費者大量採購，造成市場的飽和。待「驚奇」開始發動行銷攻勢峙，市場已無多餘的胃口，唯一的購買者僅限於新使用者，但需求量有限。結果，大象般的寶鹼'面對著如猴子般靈巧的哈羅爾所施展的動機游擊戰，也只得豎白旗投降，黯然退出噴射式清潔劑市場。

（四）蠶食型游擊戰

小企業由於資源有限，無法與競爭者進行正面衝突，只得慢慢經營，逐漸侵蝕競爭者的地盤，待時機成熟，再發動攻勢。以高級醬油稱霸業界的金蘭公司爲例，當初是以桃園爲發展基地，而後再逐步伸展至北縣、基隆，及台北市。待其基礎穩固後，立即再擴大到全省各地。終於在高價位的醬油市場上，建立起自己的地位。

以利樂王包裝成功地進佔鮮奶市場的光泉公司，本來僅爲一地區性品牌，以大台北地區爲其根據地。由於利樂王包裝進入台灣市場時，統一與味全兩大品牌都不感興趣，光泉乃孤注一擲靠著利樂王包裝一砲而紅，逐步侵蝕鮮奶市場，終於躍升為鮮乳市場的季軍，超越統一，威脅味全的盟團主地位。美吾髮洗髮精進入台灣市場時，是以高級美容院與髮廊為進攻對象，並在利用許多計程車張貼有「美吾髮VO5」字樣的貼紙，以提高產品知名度。當產品知名度漸打開，消費者接受度逐漸提高之際，美吾髮即對綠野香波發動「PH值試紙測驗」的正面攻擊（註：當PH值在7以上時，用試紙測試會自動變色）。

由於美吾髮的PH值為5.5，經試紙測試後不會變色，而綠野香波則會變色，如此證明後者鹼性過高，易傷害髮質，終於一戰定江山。

（五）特定市場區隔型游擊戰

在從事游擊戰時，小企業經常會自市場中，找出一塊足以讓自己悠游，其間，但不致於引起大企業眼紅的市場區隔，以做為自己安身立命之處。

戀咖啡鮮奶油係以咖啡廳、西餐廳及速食店等特定飲食場所為目標市場的產品，當人們在這些場所飲用咖啡或奶茶時，總不免要加入該產品。由於國人對咖啡與奶茶的接受度日益增高（尤其是咖啡），因此，我們可在愈來愈多的西式飲食場所看到它。對於製造廠商（開元公司）而言，這是一個逐漸成長的市場，可讓它悠游其間，有利可圖。但對於鮮奶大廠商（如：味全、統一）而言，該處卻是一個不值得其費力去爭取的小市場。

在美國的租車市場裡，租舊車公司（Rent-a-Wrech）以其超低租金，吸引多數對價格敏感的消費者。該公司經由出租舊車（有的車齡逾三十年），在1982年一年中，即創造出三千萬美元的營業額。由於成本低，該公司的租車費可壓低至其他廠商，如赫茲與艾維斯的一半。因此，當租車雙霸因需求低靡而利潤減少之際，租舊車公司卻在過去五年裡，年增加一倍約利潤。這均可歸功於該公司針對

「價格敏感者」之市場進行攻擊。

至於側攻戰與游擊戰究有何不同？就某些方面而言，游擊戰看似側翼攻擊，但兩者間仍存有重大之差異。側攻戰係在領導者勢力範圍附近刻意引發，目的在於爭取領導者的市場佔有率，也幾乎會引起領導者某種程序的反擊行動。而游擊戰之目的並不在於動搖競爭者的地位（至少短期內是如此），只爲尋求安身立命之處。而且，其所選定的利基相當小，不致於引起大公司的覬誠，進而招到排擠。

1.競爭行銷之原則

（1）目標——目標常被視爲「控制原則」'目標必須明確地加以界定內容必須詳盡，並具有可行性。此外，公司目標必須細分成許多子目標，指派給適當的層級加以執行，以利公司使命之達成。

（2）主動攻擊——企業若缺乏攻擊性，則永遠無法取得主動地位。採取主動，並保持競爭優勢，如此企業才有權選擇目標、交戰地點、時間和手法，並將戰力集中於自己所希望之處。但是，行動導向並不意謂企業可任意耗費資源，而是謀定而後動，充分有效地加以運用。

（3）簡潔——簡潔即所謂競爭行銷之原則，必須是清楚而不複雜，此外，在處理突發情況之際，保持適度彈性，視情況調整其策略尤其重要。

（4）統一指揮——整體戰鬥策略的發揮，有賴於單一指揮者有效運用整體戰鬥資源。但在其背後可能由一群幕僚提供意見，再由其整合作出最佳之決策。

（5）優勢——行銷人員必須敏銳犀利，適時指出市場的中心機會，並彙集足夠之優勢後發動攻擊。

（6）兵力節約——公司必須將銷售所需之人力及物力資源由利

潤較低的產品及市場，轉移至附加價值較高的領域，以期完成公司目標。此外，兵力節約的運用應保持機密性，才可符合出奇致勝與安全的原則。

（7）行動原則——成功的行動原則並不僅限於軍隊，任何競爭導向之行銷計畫、媒體運作計畫、顧客服務，以及產品組合等因素，都應加以考量之。

（8）奇襲——在行銷的領域中，引進新產品乃是運用奇襲原則的絕佳機會。奇襲具有相當程度的重要性亦可令其他競爭同業防不勝防。

（9）機密——爲確保商業活動之機密性，參與機密之成員，一定要經過審愼選擇，而且知道的人愈少愈好。該原則適用於行銷活動組合中每一環結，且皆須嚴守機密性。

第九節　整體行銷策略管理

策略管理（Strategic Management）是一項決策過程，透過此過程，能使得企業在競爭環境中，因去蕪存菁而生存發展。

全方位策略行銷管理（Overall Strategic Marketing Management）更能確切判斷業者應進入那個市場，應該生產何種產品，應如何分配產品的流通過程，以及應該採取何種行策略，以整體運作行銷作戰。

一、整體行銷策略管理系統（見圖）

1.陳述企業經營使命（Mission Statement）。

2.建構企業的永久競爭優勢（Sustainable Compttitive

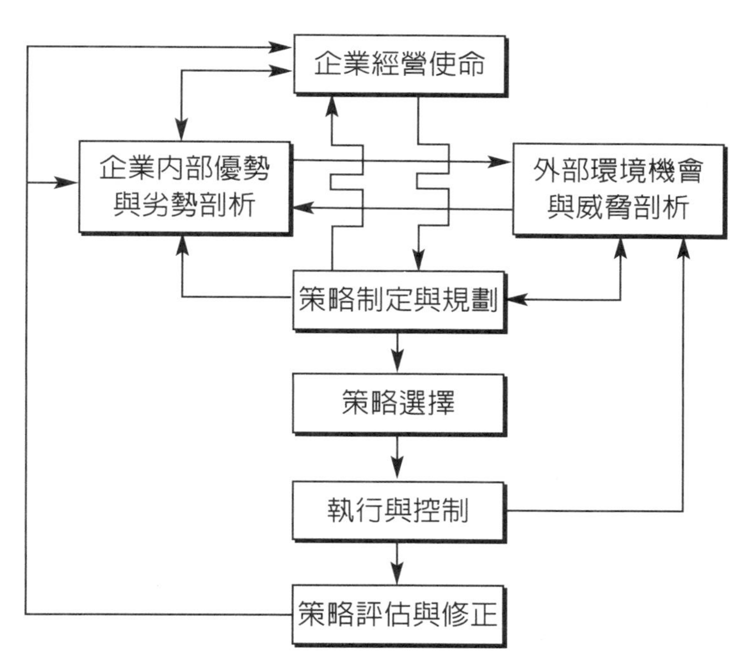

圖　全方位銷策行略管理系統

Advantages）

3.強化企業核心競爭力（Core Competences）。

4.達致高營收高獲利之行銷業績（Achieving Outcomes Marketing Turnover）。

5.評估企業組織的外在環境狀況。

6.分析可能面臨的機會與威脅。

7.確認出能符合企業經營使命的可行發展方向。（策略意圖與策略方針）。

8.擬訂一套長期目標與整體策略（Grand Strategies），以朝所選方向邁進。（策略領導與策略制定）大戰略。

9.根據長期目標與整體策略，設定年度目標與短期策略。

10.針對資源多寡從事策略性決策，以有效地分配與利用行銷（包括人力、財力、物力、時間、MRP、ERP、SCM、CRM）

資源。

11.檢討與評估策略的成敗，並將結果做為未來的決策參考。

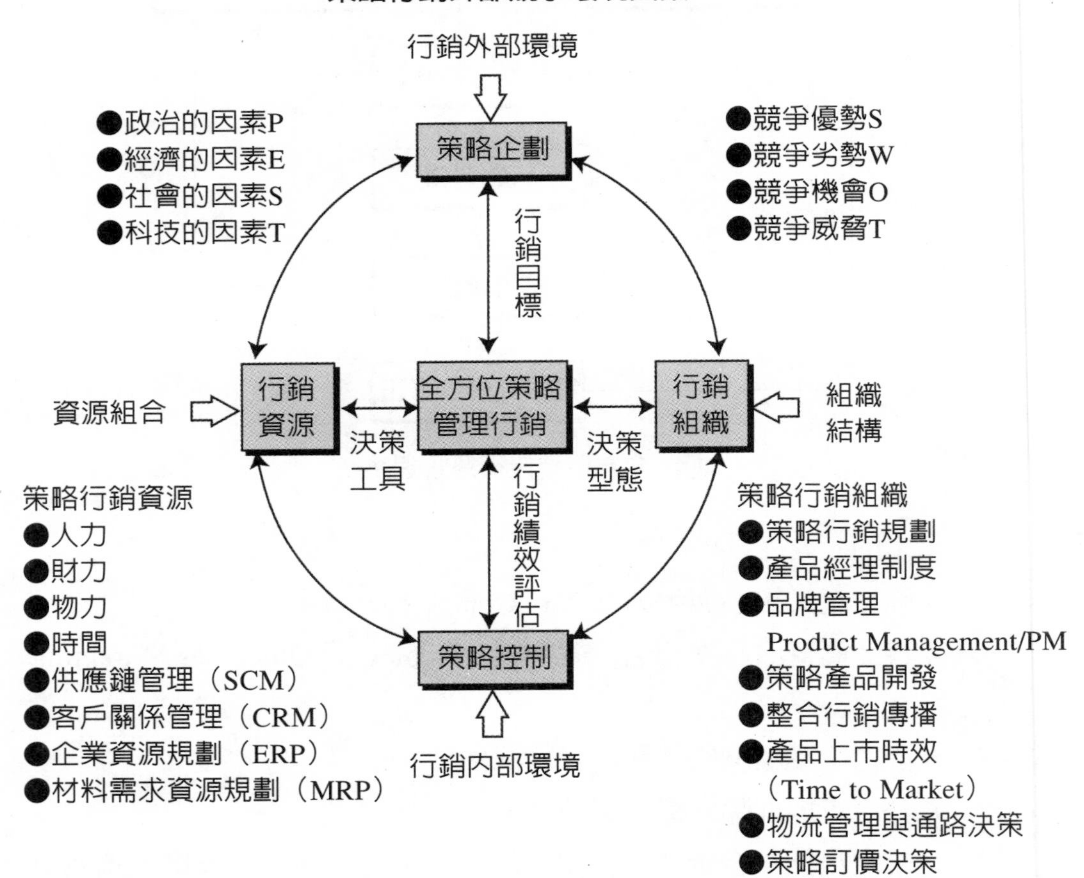

（作者註）：國內著名通路行銷業—聯強國際採用此項策略行銷管理輪式模型（Wheel Model）之PEST與SWOT策略行銷規劃與執行績效並在通路行銷領域經營很成功，屢創行銷高業績。

資料來源：許長田教授教學Powerpoint Slide 投影片
1.文化大學
http://www.marketingstrategy.com.tw

圖　整體行銷策略管理的輪式模型

由上述模型觀之，「整體行銷策略管理」感覺著外部環境的變化，而衍生出公司的行銷目標，經由「整體行銷策略管理」，獲取必要的「行銷資源」與「行銷組織」，做爲達成企業行銷目標的法實。

「策略企劃」則保證這些法實能得到有效的利用，俾順利達成公司的行銷目標。

「策略控制」則負責行銷實績的衡量，使行銷組織結構能不斷地適應行銷外部和內部的環境，俾能使行銷組織結構保持在最佳的狀態下；另一方面，策略控制能確保方面，策略控制能確保必要的行銷資源不虞匱乏，使行銷組織結構得以充分運作，為達成公司的行銷目標而努力不懈。

・策略行銷管理流程：

策略行銷管理之主要流程（或稱策略行銷過程，Strategic Marketing）亦稱爲分析機會（Analyzing Opportunity），選擇目標（Choosing Objectives），擬訂策略（Deve1oping Strategies），擬訂計畫（Formulating Plans），執行計畫（Implementing Plans），與控制成果（Controlling Results）之一連串過程，其關係如圖：

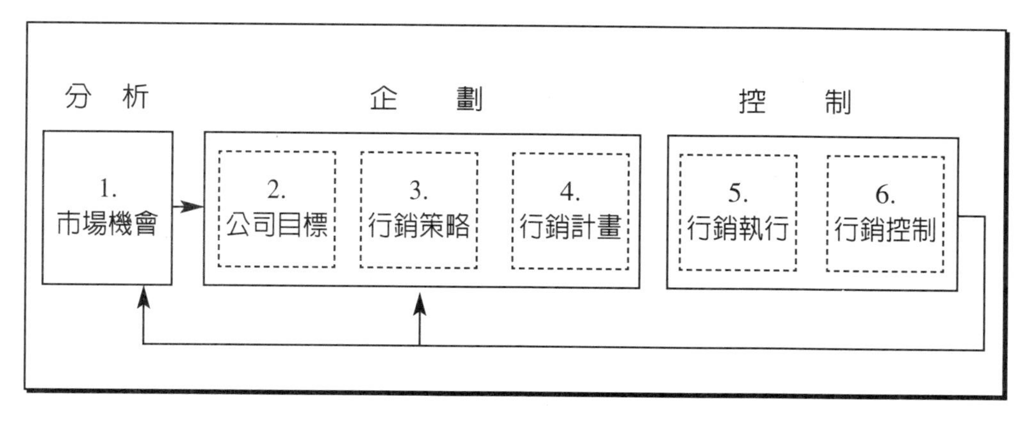

圖　策略行銷管理流程

由上可知所面臨之環境（市場）決定公司之威脅（Threats）及機會自（Opportunities），而環境甚爲複雜，並自古以來一直在變化中，而其變化，速度常比組織內部變化之速度爲快，所以有許多公司無法趕上，而遭淘汏。一個組織機構必須不斷地改變自己，以適應環境，否則就會被吞沒。歷史，告訴我們一個被動性（不知適應）的機構必被「消滅」（Extinction）：一個能適應的機構尙可生存（Survival），有時，尙可獲得少許成長（Growth）：只有能創新性的機構才能「繁榮」（Prosper），甚至於尙能改變外在環境。俗云「英雄造時勢」指第三種公司，而「時勢造英雄」指第二種公司，而第一種公司則爲「逆水行舟，不進則退」的落伍者。因此，我們研習行銷學者，不可不培養環境導向及變動之人生觀。

二、策略行銷企劃

今日管理者，無論從事何種業務，都必須有一基本信念，就是：企業在未來所面臨的外界環境，必將不同於今天所面臨的環境，而近十餘年來，進步的企業都紛紛採取一種「策略企劃」（Strategic Planning），簡單地說，這種規劃即企圖在上述信念下，謀求獲得有關「什麼是我們所該做的業務？」（What should our business be？）這基本問題的答案。

傳統經濟學者均認爲企業所追求的，就是最大利潤。實際上，在今天，企業所追求的，乃是如何「創造顧客」（Create Customer）；而利潤不過代表企業生存所需的必要條件，以及衡量其達成目標的績效標準而已。因此，行銷系統包括以下十個子系統：

1.產品功能（Product Functions）：例如：包裝、定價、品牌方面的活動，整體企劃產生機能。

2.新產品發展（New Product Development）：針對顧客需要。新產品

的發展對行銷系統是相當重要的，沒有新產品，企業發展不易。

3.分配通路（Distribution Chame1s）：亦即推銷網，掌握顧客事事求便利的心理。

4.實體分配物流（PhysicalDistribution）：指運輸、速度。

5.實地銷售（Field Saks）：指舖排、擺的位置，產品應該如何賣的問題。

6.行銷情報（Marketing Intelligence）：企業的經營，以顧客的需要、顧客的變化爲依據，所以顧客的變化，應能隨感覺出來。

7.行銷行政（Marketing Administration）：即行銷管理，其好壞影響企業成長的業績，包括規劃、預算、控制、評估。

8.廣告（Advertising）：不一定指電視、報紙廣告，指一般廣告。

9.促銷（Sa1es Promotion and Merchandising）

10.公共關係（Pub1ic Relations）。

三、整體行銷（Total Marketing）所涵蓋的兩大關鍵焦點要素（Key Focus Factors/KFF）

1.企業各部門皆配合行銷部門，行動一致以爭取顧客。換言之，公司裡的各個部門，均須認清他們所採取的每一行動，而不只是行銷人員的行動，均對公司爭取及挽住顧客的能力密切相關。當生產部門爲減少產品種類和型式變化而爭議：當信用部門堅持新顧客必須合乎更嚴格的信用標準而爭議；當運輸部門堅持使用慢而便宜的運送方法，以減輕快且貴的運送費用而爭議：當存貨部門經理設法使製成品存量保持在最低水準等等而爭議時皆應瞭解，所有這些不同部門之主張均與顧客之滿意水準直接息息相關，不可一意孤行。當然我們強調各部門協調配合顧客需求，並不像某些人所說的，顧客的理由永遠凌駕公司所有的其他理由。事實上，我們的主張是為公司的真正利益，既不是為「銷售」，更非為「成本」話雖如此說，但總需要發展出某些方法，來協調公司裡各部門對顧客所可能發生的衝擊力。這個問題可以一部份靠教導其他部門時時刻刻「想到顧客」、「顧客第一」來解決，一部分可以設立協調委員會來處理涉及各部門衝突的問題。甚至有些公司，認為解決辦法在改組各部門的職責。

2.在行銷機能內，應明智地尋求產品（Product）、價格（Price）推廣（Promotion）和配銷通路（P1ace）等四大策略因素的配合和協調，與顧客建立堅強的交易關係。因此，價格必須與產品的品質一致：配銷通路應與價格、產品品質一致；推廣又應和價格、產品品質和通路一致。再說，公司方面為顧客所作的各種努力，又必須在時間與空間上協調一致。推廣任務不要在產品尚未出現在經銷商店裡前即展開。同時，經銷商在未開始銷貨前，必須先接受某些訓練和鼓勵。

為了達到這種整體化，許多公司在行銷部門內再設立「產品經理」（Product Managers）和「市場經理」（Market Managers）。前者負責規劃和協調其特定產品所需的各種必要投入因素（Inputs），便能藉此系統成功地推出該產品。後者則負責規劃與協調公司在某一地區，或某目標顧客群，所需的所有產品及服務。總而言之，一個「行銷導向」的公司及是發展出有效措施，以協調各種影響顧客力量的公司，它可帶來既滿意又忠實於公，司的好主顧。

整體行銷策略雖然無法提供長期行銷策略行動的明確指示，但卻可作為日後在市場上的各項決策參考準備：例如它可設定以科技創新來提高新產品的邊際利益，以樽節開支來因應財務危機，或者是以購併相關產業進行多角化來追求長久的成長。

四、整行銷策略之可行方案

（一）整體行銷策略重點：

1.提高產品或服務的使用量：

（1）提高顧客每次的採購量；

（2）加速產品或服務的淘汰；

（3）開發產品新用途：

（4）降價以刺激使用量。

2.掠奪競爭者的顧客群：

（1）強化產品或服務的差異性；

（2）增強促銷活動；

（3）降價

3.吸引非使用者的嘗試：

（1）採取試用樣品或價格誘導方式；

（2）改變訂價策略；

（3）促銷新用途。

（二）市場開發策略：

1.在新地區開發新市場：

（1）按區域性發展；

（2）採全國性發展；

（3）以國際市場爲著眼。

2.針對新的市場區隔：

（1）發展新式產品或服務，以適應新市場區隔的需求；

（2）採取新的行銷通路進入市場；

（3）利用未經開發的媒體進行促銷。

（三）產品開發策略

1.開發產品或服務的新特性：

（1）依市場需求特性調整產品；

（2）變更某項設計；

（3）強化功能；

（4）簡化特殊功能使能普及；

（5）替換某組件以產生新功能；

（6）重整結構；

（7）仍逆轉某項程序；

（8）組合不同零組件或功能。

2.開發不同品質等級的產品，以滿足不同市場的需求。

3.開發新模式或新規格的產品。

五、行銷功能部門的作戰策略

在整體行銷策略的一般架構企劃完成之後，按著就是爲各個行銷功能部門（Marketing FunctionalDivision）擬訂作戰策略，通常是依據各行銷部門的短期目標分別來擬訂作戰策略的內容，以期能在不久的將來順利達成企業行銷目標。

· 以下即爲行銷功能部門的作戰策略：

1.產品線的寬度。

2.市場情報蒐集的能力。

3.既有的或期望的市場佔有率。

4.產品或服務組合。

5.現行的或可用的行銷通路。

6.銷售組織的績效。

7.銷售重點採產品別或顧客別。

8.產品或服務的形象、聲望與品質。

9.行銷溝通的訊息型態與媒體選擇。

10.訂價策略的擬定。

六、實戰有效的行銷戰略

實戰有效的行銷戰略，不勝枚舉，但是戰略必須經過愼密的思考與企圖劃，方能獲致效果。茲將實戰有效的行銷戰略分述如下：

（一）情報戰略

由於行銷所面對的是瞬息萬變的商情及商務作戰，並基於「知己知彼，百戰百勝」的作戰信念。因此，欲求更高的行銷勝算，則確實掌握市場情報，實刻不容緩。至於情報的對象，則舉凡與行銷相關的初級、次級資料，都是蒐集的範圍。例如：世界景氣動態、競爭者的動態、法令的變更、新產品的消長、市場佔有率的變化……等。

（二）深耕戰略

對於既有的商品投入既有的市場，應採取「深耕作戰」方式，如此才能維持生存，甚至增加該商品的市場佔有率。此猶如農作物的生產方式，若欲求其根基堅固而不動搖，則深耕必能達此目的。然而，並非所有農作物都能以此方式生產：同理，並非任何商品都可採深耕作戰，而應視目標商品及市場究竟屬於「既有」或「開發」而定。

（三）廣告戰略

僅管不少人對廣告的效用持不同的意見，然而時至今日，很少人會否認廣告的重要性：尤其對商品的推銷已造成相當貢獻。因此，今日「廣告」已成多數企業不可或缺的行銷手段；而「廣告戰」

更爲市場上司空見價的景觀。

業者對廣告戰的千變萬化及奇招倍出，實可從日常的電視、廣播、報章雜誌……等媒體中望出端倪。諸如：「節慶廣告」、「禮品廣告」、「證言廣告」、「公益廣告」、「恐懼訴求廣告」、「打擊仿冒品廣告」 ……等都是讀者們顧名思義即可瞭解的廣告策略，可謂「運用之妙，存乎一心」

(四) 拉銷 (Pull) 戰略

業者如何創造出商品的魅力以拉攏更多的顧客，此爲「拉力」的具體表現。至於如何創造誘因，則端視該商品是否有「價值」？而此價值亦端賴下列四者的努力：

1.商品特質（Speciality）
2.企劃能力（P1anning）
3.公司形象（Image）
4.基本顧客（Customer）

以上SPIC四個英文字母即表徵該商品價值的多寡，而拉攏戰略即在滿足一般消費者此類的訴求。

(五) 閉路機 (Bu11dozer) 戰略

業者欲拓銷商品除前述「拉力」之外，尙可利用「推力」方法，我們圖稱它爲「開路機戰略」。此戰略即採「反守爲攻」的方式，例如主動拜訪客戶、積極進行各種促銷活動……等皆是。亦即，此攻勢作戰，如開路機似地勇往直前，克服各項困難，，以開拓更大的市場佔有率。

(六) Top Sales實戰戰略

由於商品市場的競爭愈來愈劇烈，因此，被稱爲「行銷尖兵J的Top Sales應發揮實戰的看家本領。茲將Top Sa1es實戰戰略分述如下：

1.蛛網式戰略

每當蜘蛛將網子結好後，即靜待獵物自動上門來，而非主動去攻擊獵物，典型的「專櫃銷售」即是此種銷售方式。礙於行業性質不間，許多商，品恐無法避免此種戰略，然而此種「守株待兔」的方式，最大缺陷即爲過份被動。因此，必須做適度的調整及彌補。例如：化被動爲主動、舉辦促，銷活動、或美化銷售賣場……等皆是。

2.蜂巢式戰

當蜜蜂採蜜時，是主動地四處奔飛，並且不斷來回將蜜積蓄在蜂巢中。而「蜂巢式戰略」正是如此，Top Sales主動地四處尋找顧客，以便推銷產品及服務。此種方式當然較蛛網式主動而且積極，往往由於積少成多的業績，成果將是可觀的。

3.養鴿式戰略

無論是蛛網式或蜂巢式戰略，對於顧客的掌握度都不夠紮實，亦即稍縱即逝。而唯獨「養鴿式戰略」，最爲一勞永逸。因爲，此種戰略乃是將顧客猶如鴿子般地家養者，希望他們能忠心耿耿以鴿籠爲家，並爲其生蛋繁衍後代。而爲期使顧客能有此動機，則適當的誘因實不可或缺。舉凡加強售後服務、逢年過節或生日的問候卡、各種信息的聯絡……等，都是此種戰略所努力的方向。

（七）促銷戰略

除了廣告、人員實戰推銷以外的行銷活動即是此處所說的「促銷」（Sales Promotion）活動，其主要目的是在彌補廣告及人員實戰推銷的不足。大體而言，促銷活動的對象除「消費者」之外，「經銷商」及「公司員工」也是對象之一。而實戰常見的促銷戰略包括：「減價促銷」、「舊換新促銷」、「分期付款促銷」、「消費者教育促銷」、「經銷商促銷」、「員工佣金促銷」、「POP促銷」、「DM

促銷」……等。茲將最流行實用的「POP促銷」與「DM促銷」分述如下：

1.POP（Point of Purchase）促銷戰

又稱爲購買點店頭廣告。此即著重於「購買點」的促銷，凡是在銷售現場能夠有助於增加銷售的各種標籤、吊卡、貼紙、幻燈片、MTV、電視牆、海報、招牌……等，都是POP促銷戰的策略。

2.DM（Direct Mail）促銷戰

又稱爲散發傳單廣告。直接以信函將產品或服務的廣告內容寄送對方（消費者或經銷商……等）的促銷活動，即屬DM方式。DM的設計須有特色，且寄送的對象須愼選，否則就成爲「天女散花」，很快便會成爲垃圾箱裡的寵物，而造成不必要的浪費。

（八）點、線、面立體戰略

對於擴充產品市場佔有率，應採取「立體戰略」，不過必須循序漸進。易言之，即先佔有一個據點（例如臺北市）；然後以此據點爲核心尋覓其他據點（例如臺中市、高雄市等），而形成「線」的擴展；最後再以這些據點爲中心各自向四周推廣，而形成「面」的擴展。此種戰略若能配合良好的物流策略與分配通路（Distribution Chame1s），則必能收事半功倍之效。

第十節　行銷戰力與市場戰略

行銷人才（Marketers）在掌握了目標市場，並瞭解顧客需求特性後，即可根據市場研究情報，擬訂出一套成功的行銷策略與全方位行銷戰力。所謂行銷戰力（Marketing Forces）即是統合市場作戰力與行銷戰略的綜合績效（Marketing Forces are the Integrated Performances Combining the Market Forces & Marketing Strategies.）。

因此，行銷戰力爲顧客導向的行銷戰略所產生的商戰成果。

由上述理念觀之，行銷戰力可分爲下列兩種作戰力：

1.對顧客的攻擊：顧客佔有力價格力商品力。

2.對市場的攻擊：商品生活化程度、供給涵蓋率、市場彌補率。

以上兩種攻擊戰力統稱爲行銷攻擊力（Marketing Penetration Forces）。

所謂「生意」，就是要能「生」存下去，才有「意」恩呀！不但要行銷活動能生存下去，也要讓企業行銷的顧客能生存下去，因此，雙贏策略（Win-Win Strategy）乃因應而生。所以，生意用文雅的字眼來說即是商戰，行銷用現實的詞語來說也是商戰，而行銷商戰（Marketing Warfare）即是全方位市場戰力與行銷戰略之實戰表現。

如果生意人沒有市場戰略理念與策略，那是瞎子摸象地在做生意，只好靠運氣了；而行銷人才如果沒有市場戰略理念與策略，就變成紙上談兵，有如空中樓閣般地不切實際。因此，戰略與戰力實應排列在行銷組合4P之前，並以產品概念爲主所得到的所有資訊，從戰略觀點而言，研究如何運用優勢，如何掌握成功之道，如何製造競爭者之劣勢，如何打敗競爭者，

這些均是行銷戰略的基本內容，亦爲行銷商戰的本質。因爲行銷戰的本質即是市場爭霸戰與打敗競爭者的市場攻擊戰。

行銷商戰既然是一種商業戰爭，主宰戰爭勝負的就是戰力。策略組合圖（Strategy Mix）就是戰力的佈署，而行銷戰力亦可區分爲如下幾種作戰力：

1.商品力：商品對顧客的吸引力。

2.宣傳力：廣告宣傳對顧客的衝擊力。

3.業務力：業務人才之作戰能力。

4.指揮力：對行銷資源分配的調配能力。

5.企劃力：決定行銷作戰方向、重點、市場佈署等的策劃能力。

6.管理力：使行銷部門全員士氣高昂的人事、業績評鑑等價值運作能力。

7.組織力：使部門間行動協調一致的溝通能力。

8.戰略力：運用戰略力使競爭在市場上行銷導致失敗之謀略能力。

茲將綜合行銷戰力（Integrated Marketing Forces）之架構以圖4-4表示下：

差異化行銷（Differential Marketing）源自行銷對產品本身的特性，使用者特性，購買習性等的考慮，有別於無差異化行銷（Mass Marketing）與集中行銷（Targeting Marketing）等兩個行銷方式。茲將差異化行銷、無差異化行銷與集中行銷等三種行銷方式詳細說明如下：

一、差異化行銷（Differential Marketing）

不爲差異消費群需要，只爲購買者作不同選擇，而生產不同特性、式樣、品質與大小的商品。

二、無差異化行銷（Undifferential Marketing）又稱為「大量行銷」（Mass Marketing）

通常不考慮市場需求差異性，以最低成本與價格，創造最大量市場規模。

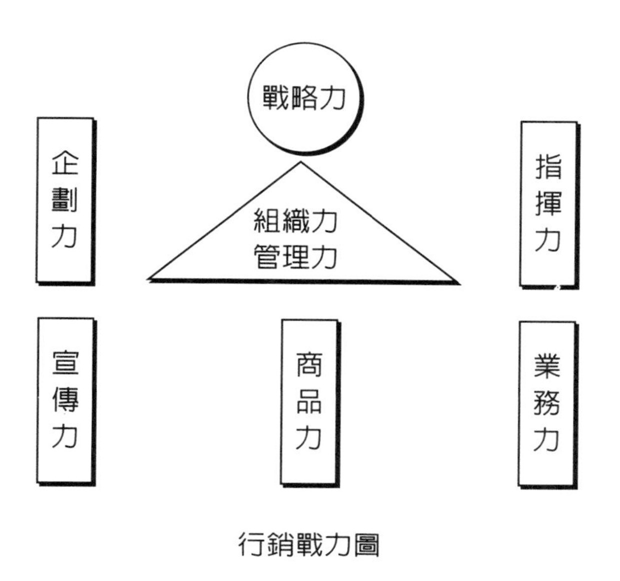

行銷戰力圖

三、集中行銷（Targeting Marketing ）

針對各市場區隔（Market Segmentation）的不同需要，開發不同產品與行銷組合。集中行銷具有下列三項優勢：

1.更能掌握市場機會。

2.精細調整產品，配合市場需求特性。

3.精細調整價格、行銷通路與推廣的組合。

下列即爲執行集中行銷的兩大步驟：

（一）目標市場（Target Market）

在各市場區隔中，選定一個或數個區隔爲目標市場，研訂其市場競爭態勢，（Market Competitive Situation）與行銷組合（Marketing Mix）。

（二）市場區隔（Market Segmentation），又稱爲市場細分化

行銷戰略必須涵蓋上述三種行銷，甚至包括未來任何可能思考出來的行銷方式，只要能達成行銷目標，都應加以運用。此三種行

銷方式的目的分別如下：

一、差異化行銷

著重產品的選擇性，故以擴充產品線爲手段。

二、無拱異化行銷

著重降低成本，故以大量生產爲手段。

三、集中行銷

著重需求差異，故以集中需求群體爲目標顧客層的市場。.

由以上觀之，上述三種概念，可再將行銷區分爲三個階段:從逆行銷思考之觀點而言，即成爲戰略思考的程序與架構。茲將戰略思考的程序架構以圖表示如下：

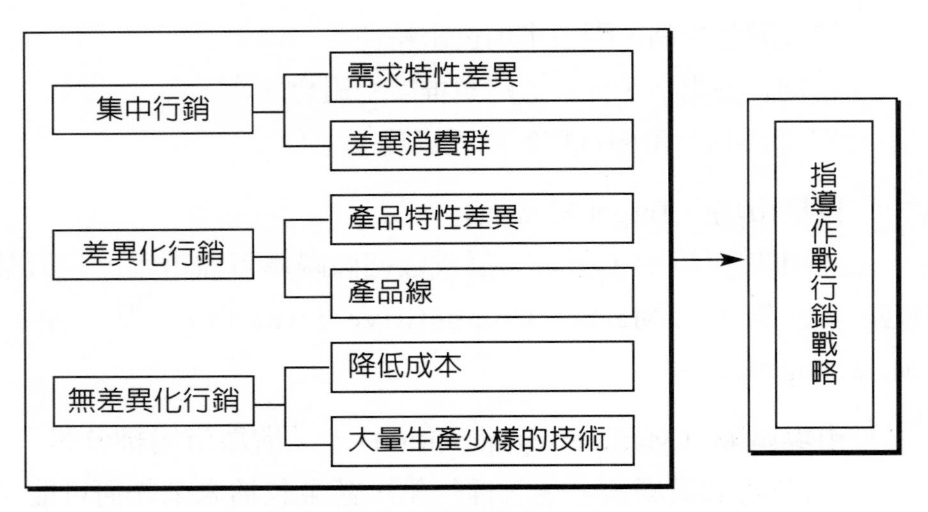

圖　行銷戰略思考程序架構

銷戰略的精細化，就是戰略資源的差異化研究，故稱爲差異化戰略（Differential Strategy）。

差異化戰略從需求開始探索差異特性（消費者生活動機的挫折和衝突的差異特徵），到確定目標市場成爲集中行銷的潛在市場客層，再從供給資源探索經營戰力的特質差異到行銷戰力的集攻擊，必須脈脈相承，環環相扣，構成整體行銷戰略架構與戰略行動。因此，差異化戰略的本質即爲「發展性行銷」（Developed Marketing），與「組合性行銷」（Mixed Marketing）有相當大的差異。

差異化戰略將分析出來的特質差異，結合蘭契斯特戰略（LanChester Strategy）原則的理，而形成企業獨有的行銷戰略，爲企業的個性化戰略體系。茲將蘭契斯特戰略之架構以圖表示如下：

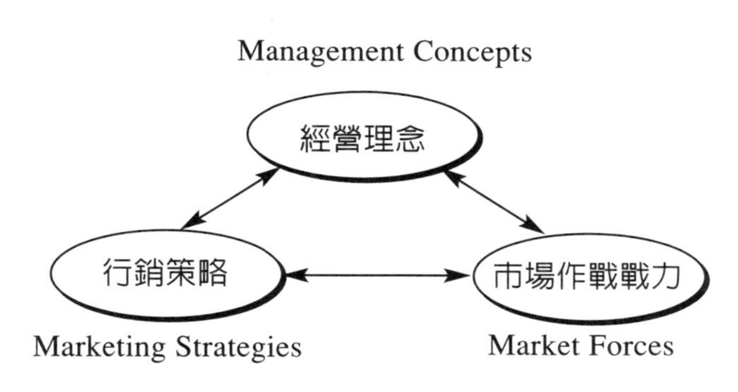

蘭契斯特戰略圖

討論課題

1.試研討競爭行銷策略，並舉一實例做個案研究（Case Study）！
2.企業商行銷戰如何強化自己企業的優勢並針對競爭者的劣勢加以攻擊。
3.假如兩家競爭廠商之兩種品牌已經超過70%之市場佔有率，則我們自己公司之競爭行銷策略應如何？試研討之！
4.小魚吃大魚之競爭行銷策略如何？試研討之！
5.大魚吃小魚之競爭行銷策略如何？試研討之！

第9章 策略物流管理

本章學習目標
e-Learning Objective

- ◆瞭解策略物流管理在知識經濟時代的影響力
- ◆瞭解策略物流管理在企業組織與績效管理的決策力
- ◆學會規劃策略物流管理之架構與流程
- ◆瞭解策略物流管理對企業附加價值的貢獻（創造價值）
- ◆瞭解策略物流管理對策略行銷管理的貢獻
- ◆瞭解策略物流績效的改善策略
- ◆學會執行整合物流管理策略
- ◆瞭解供應鏈管理與行銷通路策略之互動關係；其涵蓋內容為出口行銷、進口行銷、商標授權、合資經營、直接投資以及相對貿易

第一節　行銷策略成功之秘訣

行銷策略（Marketing Strategy）爲企業行銷管理之市場戰略與經營理念之結合。因此，行銷策略成功與否乃取決於下列各項因素之全方位戰力之總合：

1.行銷研究（市場研究→市場調查）
2.商品定位與市場定位
3.市場競爭態勢與競爭策略
4.市場區隔與卡位作戰
5.商品生命與行銷策略
6.商品開發與品牌印象
7.訂價策略與成本效益
8.行銷通路與再定位策略
9.廣告策略與媒體戰略
10.SP 促銷活動與EVENT事件行銷（或稱活動行銷）
11.經銷商之建立與輔導
12.總經理、經營者與CEO 之全力支持
13.公關活動與媒體文宣報導
14.行銷策略執行徹底與適時修訂
15.企業內相關部門之全力配合

行銷策略可分爲產品策略、訂價策略、通路策略、及推廣策略。茲分述如後：

產品策略（Product Strategy）

產品策略包含產品規劃、產品擴張、產品整合及產品生命、品

牌策略、外觀、功能、設計、品質、包裝、顏色等。

產品策略（Product Strategy），即所謂「直接擴張」（Straight Extension）。直接將現有產品推銷於目標市場而不做任何改變。

行銷策略（Marketing Strategy）係一整體市場經營的秘訣（Knowhow）運用，其中涵蓋著適當的產品以適當的訂價透過適當的通路以作適當的推廣。行銷活動（Marketing Activity）的定義，乃公司以可滿足顧客慾望的商品或服務，提供給消費者;而消費者必須具有花錢的意願，有錢可花及一些尚待滿足的慾望，以消費購買產品與服務的本質。

良好的行銷（Good Marketing）可以導致市場行銷量及市場佔有率的提高，亦可為企業賺取較高倍數的行銷利潤。因此，行銷活動包含了五個主要範圍：

1.如何決定目標市場？

2.如何企劃產品？

3.如何為產品訂價？

4.如何分銷產品？

5.如何推廣產品？

對於上述的五個範圍所採取的正確解決方法，都可以產生預期效果，而為企業帶來極大的行銷利潤。

一、行銷4P整體作戰架構——打造4P組合策略（Marketing Mix Strategy）

行銷組合包括產品（Product）、訂價（Price）、通路（Place）與推廣（Promotion）。茲分述如下：

（一）產品（Product）

1.產品定位產品利基（優勢）產品生命（產品力）

2.產品企劃

（二）訂價（Price）

1.滲透訂價

2.吸脂訂價

（三）通路（Place）

1.中間商：此發商→零售商→消費者

2.直銷商：多層次傳銷系統“金字塔型直銷的魅力”（非老鼠會）

（四）推廣（Promotion）

1.實戰推銷（軟性推銷——拉銷）

2.廣告策略

3.促銷活動SP

4.EVENT事件行銷

5.文宣、媒體報導

6.E-mail行銷

7.網路行銷

8.電子商務

二、產品生命週期（Product Life Cycle/PLC）與行銷策略

產品生命週期亦稱產品壽命週期，為產品由誕生到滅亡的一連串過程，其中分為上市期、成長期、成熟期、飽和期及衰退期。茲將產品在各階段的期間所採行的行銷策略列述於後：

1.上市期（Introductory Period）

2.成長期（Growth Period ）

3.成熟期（Matured Period ）

4.飽和期（Stuff Period）

5.衰退期（Declined Period ）

下列即爲產品生命週期中的行銷策略：（見圖9-1）

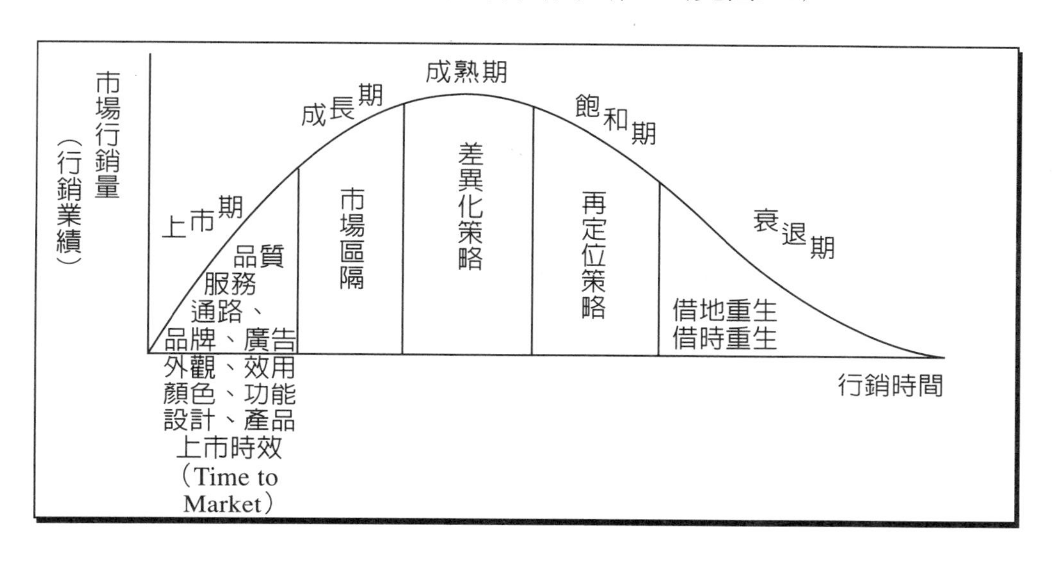

圖9-1　產品生命週期圖

（一）訂價策略（Price Strategy）

產品訂價的方法很多，在此介紹幾種比較常用的訂價法。

1.總成本訂價法（Fullcost pricing）

用這種方法訂價，管理人員得對每單位產品的各種生產和行銷成本能明確決定。銷售價格是按照這些成本加上一預定金額或百分比的利潤。如果成本數字容易計算，則這種方法不失爲一種最有效的方法。但如果產品，種類很多或會計費很高，一般小型企業多不願增加麻煩，不願這種方法來訂價。長期之下，我們會發現，花些錢在成本分析方面，有助於我們瞭解那些產品可以獲利，那些產品應該少生產，那些產品應該根本廢棄。有些公司並不是用成本數字來做爲變動的基礎，以附加某一固定比例的利潤到，這個成本基礎上去，而是用總成本做爲一個固定的基準的，以加上某一變動數額的利潤上去。此處，成本數字是一個參考點（Reference Points），而要加多少的利潤到各種貨品上去，才是最值得關心的。

2.需求訂價法（Demand Pricing）

與總成本訂價法剛好相反的是需求訂價法。需求訂價法很少注意到成本，其原因有二，或由於成本資料難以蒐集，或由於成本售價闊的差額甚大，其波動不致於影響到公司的財務情況。園藝品是使用需求訂價法的一個好例子，這種產品的培養頗費時日，實際成本多少很難決定。因此，大多依賴需求情況來決定價格，特別是在需求可能受競爭策略影響時更然。

3.邊際訂價法（Margin Pricing）

邊際訂價法是在產品成本之上，加上一個固定百分比的「加成額」（Markup）。通常考慮的因素只有產品的成本金額，加額的多少是決定於加額百分比的高低，加額一定要包括推銷費用和利潤。大部份的零售業多用這種方法。舉例說明之，某一成本為6元的產品，零售時要加上40%的加額，則其零售價為10元，其計算如下：

大致說來，這種訂價方法未免過於簡陋，因為同一類商品中的每項產品，其營運費用未盡相同，因此，低營運成本產品的價格就要比高營運成本產品來得偏高。例如兩輛自行車同在一家店中出售，每一部成本為30元，加上40%的加額，零售價訂為50元。但是其中一輛，運到時是裝配好的成品，另外一輛則尚未裝配。第一家店還要負責把它裝配好。因此，購買這一架原就裝配好的自行車的顧客跟買另外那架的顧客負擔同等的費用顯然有失公平。對中小企業而言，這種訂價方法的好處簡單，而且競爭者的訂價基礎也相似。但是一旦競爭者開始詳細研究成本，則採這種訂價方法的，可能就比較居於劣勢了。

4.外在引導訂價法（Externally Guided Pricing）

這種情況是說企業由於法律的規定或同業的協助，而訂某一特定的價格。這種訂價的功能是由某些外在的機構所決定，所有的業者一定要遵守這種既定的政策。例如有些泳季結束時爲止，即爲例子之一。

5.習慣訂價法（Customary Pricing）

產業上的習慣可能會影響訂價決策。在某些產業中，傳統的力量非常強大，不可能把價格訂得超出某一界域，棒棒糖是一個例子。在美國一根棒棒糖賣5分錢，這個價格已經賣了幾十年，不可能有那一家糖果廠敢把價格提高到6分錢或7分錢，這並非說製造棒棒糖的成本都不變，而是產業習慣逼得廠商只能改變產品的內涵（例如把棒棒糖縮小）以配合這種傳統的價格。

6.聲響訂價法（Prestige Pricing）

有些產品把價格訂得高些認爲可以提高聲譽。有些產品用這種方法來訂價是因爲顧客願意爲這種社會性商品付出高價，這種方法常用在新產品上。杜邦在行銷Codam這種皮鞋時，限制皮鞋商只能用在高價格的鞋子上，因爲他們認爲高價格的皮鞋可能帶給Codam這種尚未爲大家所熟悉的產品一個好的聲譽。

7.奇數訂價法（Odd Pricing）

奇數訂價法就是一種把產品價格訂爲非偶數的訂價策略，例如訂198元而不訂2.00元：訂49分而不訂50分。以前這種訂價法是用來敦促售貨員走到收銀機旁找零錢，而不致於將貨款中飽。最近幾年來，這種訂價法更受到心理學上的支持，因爲奇數能夠給顧客一種

表9-1

公式	已知數	計算
成本	$600	$600=60%
＋加額	$4.00	$4.00=40%
零售價	$10.00	$10.00=100%

「便宜」的感覺。但是這種說法並不能適用於所有情況。因此，小企業應該用實驗法研究奇數訂價對這種產品研究會有什麼樣的影響。從數量觀點來看，如果沒有顧客和競爭因素的阻力的話，從奇數訂價改變到偶數訂價，可能會有一種有利的效果。

8.吸脂訂價法（Skimming-the-cream Pricing）

這種策略常用在新產品訂價上。賣方有一種爲市面上迫切需要的產品，於是把價格訂得很高，以應付這些迫切需要的顧客。在競爭者加入這個市場之前，吸脂訂價法頗能奏奇效。當競爭者加入之後，價格一定要降低，否則一定會從市場上給壓擠出去。雷諾牌原子筆就是一個例子。最初他們把訂價訂得很高，但競爭者加入後還維持原來價格，無怪乎徒有廣大的市場遠景，卻一直不能獲取市場。

9.滲透訂價法（Penetration Pricing）

滲透訂價法和吸脂訂價法恰恰相反，公司把產品價格訂得很低，欲求自在短期內儘量佔有市場。這種策略跟侵略性行銷方法有關。所謂侵略性行銷是投入高度推廣活動，同時配合訂價策略，PA期達到最大的行銷衝擊（Marketing Impact）。

（二）行銷通路策略（Marketing Channel Strategies）

1.推銷策略（Push Selling Strategy）

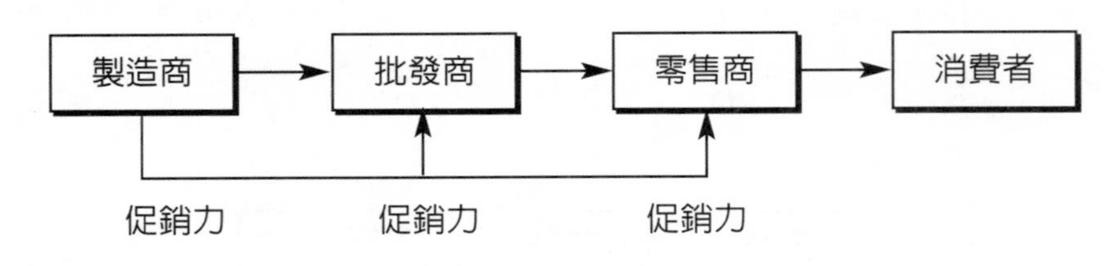

圖9-2

2.拉銷策略（Pull Selling Strategy）

欲達到「推」銷的效果，必須有積極思想與推銷戰力。因此，我們可以說：「推銷不是問題，沒有積極思想才是問題。（Nobody has a sales problem，they only have an idea problem.）欲達成「拉」銷的效果，必須藉著媒體大量作廣告。例如電視、收音機、報章雜誌所常見的廣告，就是希望達到「拉」顧客去買及引誘顧客自動來買的促銷方式。其促銷影響力（促銷力）是相當有效的拉銷戰力。

市場行銷絕不是單行道，消費者的胸買動機及購物心態均是極端矛盾的表徵，以往「物美價廉」的商品價值觀已不適合現代市場需求。「便宜沒好貨」已深植買者心理，牢而不破。

由於人們生活品質的提高，購買力增強，消費者選購商品當首重產品品質、產品功能、包裝、耐久性、色彩、樣式、交貨期及售後服務等需求層次的提高，至於「價格」，已不再是消費者強調的重要。所以賣者應在充分瞭解並掌握買者購買心態及行爲後，確實運用並發揮「推銷」（Push Selling）與「拉銷」（Pull Selling）兩者策略的特殊功能，藉「拉」力以促銷產品，藉「拉」力的廣告功能策略，再將消費者拉向產品，使其產生對產品的強烈印象與激起「衝動式需求」，配合行銷的整體性活動及回蝕行銷（Feedback Marketing）的運作，開發適合買方市場需求的商品，迎合買者的口味，不再「閉門造車」地「編織及賣美麗的夢」。一切爲行銷，走出推銷、促銷的象牙塔「一切爲行銷」。只有行銷，才有市場，也才有利潤。銷售、推銷、促銷均爲單兵攻擊的戰術行爲，「市場萎縮」（Market Dull）及「擁塞市場」（Jam Market）雙重因素的相互震盪下，如何殺出一條「行銷生路」（Marketing Path）及如何扮演一個一流的優秀「行銷人」的角色，實是每一位有心人應深思熟慮的課題。

行銷策略的運作有時看似荒唐、無聊，有被消遣及戲弄的意味，但市棚場動態虛虛實實、假假眞眞，消費者的心理更是變化莫測，難以捉摸。

（三）推廣策略

在行銷活動中，具有各種不同的人員實戰推銷戰術與廣告策略，以及形形色色的促銷策略，因而構成種種不同類型的廣告戰略。然而，廣告戰略大致可分為下列三種類型：

（1）推式戰略（Push Strategies）

（2）拉式戰略（Pull Strategies）

（3）綜合戰略（Combination Strategies）

茲分別詳細說明如下：

1.推式戰瞄（Push Strategies）

所謂推式戰略，係指企業並不致力於進軍廣告攻勢，而寧可經由人員實戰推銷，由製造商→批發商→零售商→消費者之行銷通路以行銷產品。

易言之，也就是將其行銷利基置於人員實戰推銷的戰略，經由推銷人（Top Sales）將產品「推」銷（Push Selling）到最終消費者（End User/End Consumer）手中，以便使最終消費者接受產品的一種戰略。

（四）推廣戰略的兩大戰力

1.競爭行銷策臨（Competitive Marketing Strategy）

由於整體行銷（TotalMarketing）的創新理念與市場競爭態勢所帶來的狹隘市場，促成行銷戰力趨於競爭導向（Competition-oriented）的競爭行銷策略（Competitive Marketing Strategy）。

企業在擬訂經營行銷策略時，必須考慮下列三種因素：（一）企業經營目標；（二）顧客；（三）競爭者。由於市場競爭中最重要的顧客與競爭者均涵蓋於市場，定位的目標市場中，因此，企業的行銷戰力應採取拉銷顧客與差異競爭者！目的策略，方能運用企業整體實力以滿足顧客最佳的需求，此三種因素企業經營目標、顧客、競爭者稱爲「競爭行銷策略金三角」（Competitive Marketing Strategy Go1den Triangle）。

2.品質一價格差異化/產品定位策略開發之新

產品定位（Product Positioning）策略之開發可運用「產品與市場」的定位組合（Positioning Mix）加以企劃，由水平面可設定爲強化產品技術生，產力的突破性，由垂直面可設定爲強化市場生產力（市場力/行銷力）「新」的定位性。此兩種生產力（產品生產力與市場生產力）即可組合成九種產品與市場相關的定位組合策略，如圖9-3。

（四）目標市場的競爭定位策略

1.行銷稽核

（1）行銷稽核之程序爲：

①行銷環境之檢討——描述目前及期望之組織行銷環境，分別檢討市場、顧客、競爭者及總體環境。

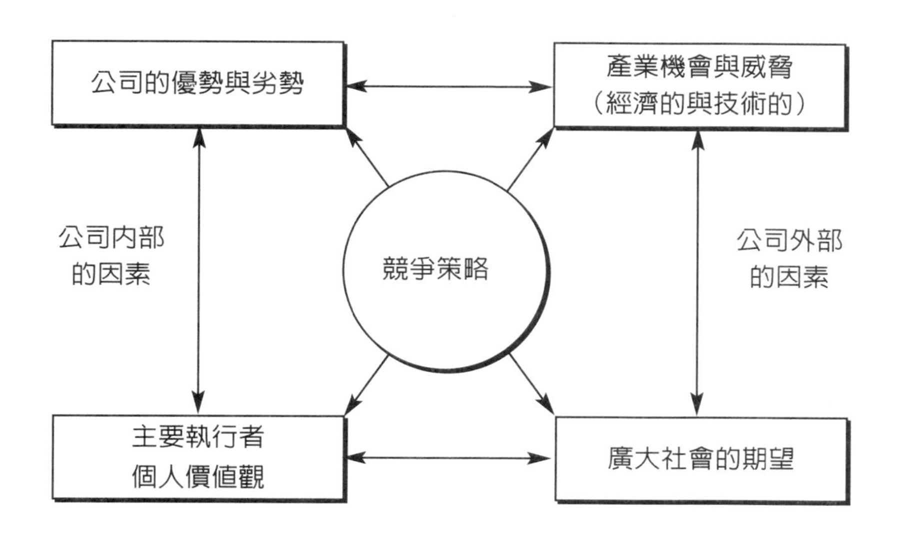

圖9-3　目標市場的競爭定位策略

②行銷系統之檢討——檢討公司內部組織、目標、方案、執行等行銷系統，以瞭解是否適合環境。

③個別行銷系統之檢討——檢討公司行銷組合中產品、價格、人員推銷、配銷通路、廣告、報導、促銷等主要因素。

（2）行銷稽核方式可分以下五種：

①自我稽核——台司要求負責行銷之執行人員自我考核其長處與弱點。

②互相稽核：公司可指定在相關活動同一功能水準的人員，稽核其相鄰的活動。

③公司稽核單位：由公司成立一專責行銷稽核的單位。

④公司任務編組稽核：由公司任命一組具有不同背景與經驗的主管共同執行行銷稽核工作。

⑤外界稽核：公司委託一外界人士或團體來進行行銷稽核工作。

2.行銷成本分析

企業欲獲得銷售，必須支付代價。這種代價在行銷方面即為行銷成本。我們不能不間所付出代價大小，即決定所獲銷售是否有利。而銷貨淨額分析不能告訴我們有關各銷售區域、產品線、顧客或推銷員對企業利潤貢獻之大小：損益表上利潤數字乃係各銷售單位不同之獲利情形相互抵銷之一淨結果，其中不免有隱藏性之虧損或過低之獲利率，影響企業利潤目標之達成。故有賴行銷成本分析以解決此等問題。

行銷成本分析有下列各基本類型：

1.分類帳科目分析

就分類帳中所列各種行銷費用科目數值，分別比較各年之增減趨勢，計算所佔銷售額比例，與同業相同科目所佔銷售額之比例相比較，並計算各科目間之比率。

2.行銷功能成本分析

此即將分類帳所列科目的成本，轉換爲功能分類。但如何劃分企業之行銷功能，每隨企業而異，並無一定標準可循，常需分析企業行銷活動之內容而定。

例如分爲：

（1）間接銷售費用

（2）直接銷售費用

（3）廣告及促銷費用

（4）倉儲費用

（5）運輸及銷貨費用

（6）除銷及收帳費用

（7）訂單處理及開製發票費用

（8）行銷管理費用

功能分配一經決定之後，各分類帳之行銷科目費用，即可按活動性質，歸納入所屬功能，計算其功能成本。

3.市場單位行銷成本分析

企業所投下之行銷功能成本，亦應依各種市場單位分類，分析其分配情形，然後與銷售分析所獲資料合併研究，即可獲知各種市場單位對於企業利潤之貢獻情形。

市場單位之畫分，可依銷售地區、產品類別、顧客類型、或訂單大小等標準，來歸納計算行銷成本，並予以分析，但如何分攤各種行銷功能成，本予各市場單位，乃是一複雜的工作，茲以表9-2來幫助說明：

行銷成本中有直接成本也有間接成本，但分類並非固定，乃隨所採取市場單位分類而定。直接成本之分攤通常不成問題，而間接成本如何分攤於各市場單位卻非易事，常需覓得一分攤之基礎。

表9-2　市場單位行銷成本分析基礎

分配基礎		
功能成本分類	產品分類	產品分類
1.銷售－直接成本：薪金、佣金、差旅費及其他費用	直接	銷售時間，依特別之銷售訪問報告或其他研究結果
2.銷售一間接成本：營業處開支、銷售管理費用、人員訓練費用、行銷研究、新產品發展、銷售統計	依推銷員平均分攤	依直接銷售時間分攤或專案時間記錄
3.廣告一媒體費用如電視、廣播、路牌、報紙、雜誌等，廣告製作、廣告部門薪津	直接：或分析 各媒體發行或聽衆記錄 直	直接：或分析媒體版面及時間：其他成本依媒體用分攤
4.促銷一消費者推銷，如贈券、贈獎等：同業、購買點陳列、合作廣告等	接：或分析各來源記錄	直接：或分析來源記錄
5.運輸一鐵路、公路、水運等：成品運送、包裝	費率及噸數	

由於不可能將所有間接行銷成本公平分攤於各市場單位，有人便主張不必強行分攤。

因此全部予以分攤者稱爲淨利法；僅就可分攤部分予以分攤者稱爲毛利貢獻。實際上兩種方法各有其功用。

第二節　行銷再定位策略

在激變的市場競爭中，有時候的確無法在目標市場找到任何切入空隙（Cut-in Space），更因每一項產品都充斥著數種不同的品牌。因此，行銷定位的最後絕招即是否定原來的市場競爭態勢，重新爲市場上的競爭者再定位，此即稱爲行銷再定位策略（Marketing Repositioning Strategy）。

例如可樂市場最大的品牌爲可口可樂與百事百可樂，當然，在市場上倘有許多小品牌或雜牌。然而，依據行銷研究之市場佔有率策略而言，如果兩家大品牌加起來之市場佔有率超過70%，則其他競爭小品牌或雜牌定要訴求市場利基策蹈，亦間必須採取市場定位策蹈，其主要之作戰方針爲先否定市場原有之競爭態勢，再作市場再定位，則即能達到重新定位市場競爭態勢之目標。

因此，在上述之可樂市場競爭實例中，七喜汽水（Seven-up）由於不願自跟隨此種既定的市場競爭態勢，一心只想脫胎換骨，脫穎而出。因此，只有採取否定原來市場的「可樂定位」，而另創造一新的「非可樂市場定，位」，此種高桿的「先否定，再定位」的策略一定能在市場競爭中獨樹格。

另一實例爲舒潔衛生紙在作再定位時，亦採取「先否定，再定位」之策略，其廣告文案爲「你家的衛生紙，衛生嗎?」然後，再提出其衛生紙之成份、特性等之特殊性定位，方能稱爲正宗眞正之衛生紙。果然，其市場佔有率立即提昇相當高。

由於市場上可資塡補的空隙太有限，所以行銷策略就必須重新安排競爭對手在顧客心目中的地位，藉以創造出自己的生存空間。換句話說，要想將新構想或新產品打入顧客心中，首先必須將顧客心目中之原有想法架空，然後才能切入創新的商品形象與商品定位。

商品形象與商品定位之演變過程爲最先以行銷研究著手，瞭解顧客之買點，再塑造行銷賣點，最後方能朝著商品訴求點之方向邁進，此即是商品定位之思考模式。茲將此思考模式（ThinkStyle）以圖9-4表示如下：

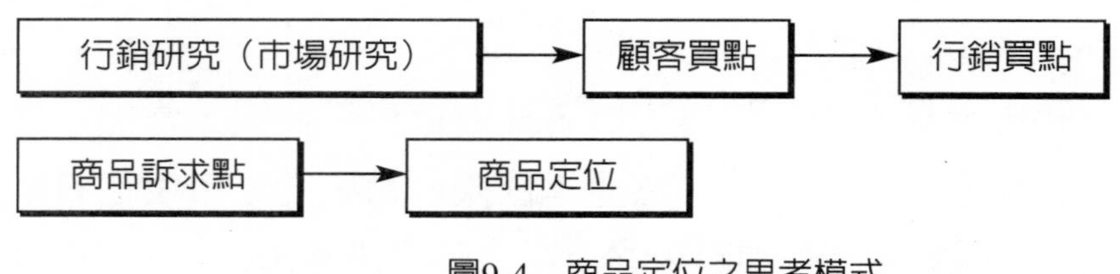

圖9-4　商品定位之思考模式

綜觀上述，即可瞭解商品訴求點乃由行銷賣點而來，而行銷賣點是由，顧客買點之滿足而成。例如，如果顧客購買商品或消費行爲係衝著商品服務、保證、功能、效用而來，則行銷賣點即應訴求商品行銷方向爲加強服務、商品保證、商品功能及商品效用。此即行銷市場競爭中之非價格競爭。

反之，如果顧客係衝著價格因素之便宜而購買商品或消費行爲，則行銷賣點即應訴求價格低，以充分滿足此種顧客之特殊需求，此即行銷市場競爭中之價格競爭。

一旦推翻舊的觀念，再推介新的構想就很容易。千萬別怕彼此衝突，重新定位策略或再定位策略（Re-Positioning Strategy）就是攔腰斬斷現有的觀念、產品優勢與市場優勢。亦即在競爭性的行銷戰爭中，行銷定位的 !法則就要給競爭品牌的商品一個新定位，以改變顧客心目中的印象，而不是影響自己的商品在顧客心目中的地位。

以下即是典型商品再定位的成功實例：「不再流淚的嬰兒洗髮精（No More Tears）」，一般成人用的洗髮精，對嬰兒及幼兒而言，並不夠溫和，因此，嬌生嬰兒洗髮精在切入台灣市場時，是以兒童爲主要訴求目標之客層，商品定位強調溫和不刺激，小孩及嬰兒在洗頭時，不會因爲洗髮精的刺激而流淚，傷及眼睛。當商品在嬰兒市場的佔有率穩定之後，就開始在再定位市場方面多加努力，並擴大市場客層。雖然嬌生嬰兒洗髮精的目標客層有不斷擴大的情形，但其基本定位策略並沒有改變；其所訴求的產品溫和，要寶貝您的頭髮，即須選用嬌生洗髮精。

因此，在各種市場區隔中，嬌生洗髮精由兒童市場切入，一直到少女市場、媽媽市場。其中，最引人注目的廣告影片CF（Commercia1Fi1m），以「崔麗心」（小崔）廣告明星的形象訴求，切入少女市場；以「宋岡陵」的形象，切入媽媽市場。就整體市場競爭態勢而言，由於商品具有再定位的市場擴張特性，可以滿足各年齡層的不同市場需求，因此，該項商品在市場上行銷相當成功。

在某種市場競爭環境下，由於市場競爭態勢的複雜與白熱化，會使競爭廠牌容易偏向於被動式的模仿策略。如果新產品沒有專利權的保護，市場規模呈穩定成長：這時，應可考慮模仿先發品牌切入市場。但是，一定要切記下列兩項行銷作戰原則：一、否定原有的市場競爭態勢。二、另外創造出屬於自己的商品定位與市場定位。

唯有如此，方能在否定市場競爭態勢時，同步切入新定位的市場，鑽進市場空隙，一勞永逸。

〈個案〉聲寶牌轟天雷聽電視即是商品與市場再定位最典型的實例。由於看電視的時代已過時了，聽電視（TV-Listening）的時代已來臨，這完全是市場之需要與經營態勢。因此，聲寶牌轟天雷在電視機市場由於再定位策略的成功而提昇相當大的市場佔有率與市場行銷業績。

大廠牌爲了維持其領導創新的企業形象，必須不斷地推出新產品：小廠胸為了搭便車，方便切入市場，有時也必須選擇模仿而創新的「先否定，再創造」的市場策略。

第三節　市場再定位的實戰策略

市場再定位的實戰策略就是要創造差異化定位（Differential Positioning），其實戰策略分述如下：

一、擬訂差異化策略應注意下列各項作戰法則

（一）為了能確保本身與其他競爭者間之差異性，防止其仿冒，最佳的方法是同時能具有多方面的差異化來源。

（二）強調差異化，必須不斷地給予購買者售後服務的再保證，以落實其購買決定之正確性。

（三）注意購買者在購買考慮因素上之變化。

（四）可以考慮以降低那些不影響買者價值（Buyer Value）之活動的成本方式來降低最終產品與服務的成本。

（五）重新調整作業的方式或改變競爭的基礎（Competitive Basis），有時也是差異化的來源。

茲舉「香吉士進軍餐飲業市場」之個案說明如下：

1.當初香吉士係採用新的行銷通路，以進入原先為其他競爭者所忽視的餐飲業市場，而奠定其日後事業成功的基礎。

2.生產廠商或中盤批發商可採取向前整合方式，取代部份零售店業者所須做的工作，而在自己的產品上黏貼價格標籤，省下平價商店自己貼標籤的麻煩，在吸引零售店之進貨意願上，亦可造成差異化。

3.麥當勞速食連鎖店以標準化的產品，一定的服務水準，同樣的裝潢、動線、與店名、POP（Point of Purchase／店頭廣告），大量充斥的統一聯合廣告等改變以往餐廳僅能作方圓數里生意的競爭基礎。

二、差異化策賭的陷阱

一般企向訂如策略時必須注意下列各種陷阱以確保成功不敗：

1.差異化所強調的特色確實可行，但忽略了整個市場接受度與顧客偏好度。
2.差異化必須強調自己的獨到特色，但提不出任何有創意的見解及文案。
3.差異化要切入市場前，並沒有先否定市場。如此，不但無法掌握市場利基，而且會陷於苦戰的局面。

綜觀以上所述，市場再定位的實戰策略，必須以下列兩種心法交替使用：

1.先否定原有市場的競爭態勢，亦即否定市場領導者或市場挑戰者的市場定位與商品優勢。
2.找出商品生存空隙，立即切入市場，並以差異化策略（Differential Strategy）突顯出自己獨到的特殊形象與訴求（Unique Image & Appealing）。

差異化策略的內涵繁多，茲將其實戰策略內容以架構圖示如下，見圖9-5：

差異化策略果眞用於廣告定位之訴求，則能收立竿見影之廣告效果。而廣告又是行銷策略的具體作戰表現，定位則是廣告訴求背

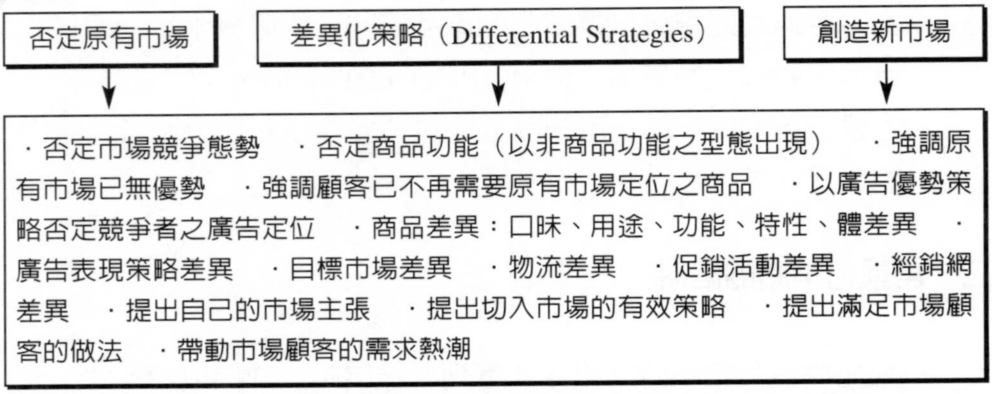

否定原有市場	差異化策略（Differential Strategies）	創造新市場

·否定市場競爭態勢　·否定商品功能（以非商品功能之型態出現）　·強調原有市場已無優勢　·強調顧客已不再需要原有市場定位之商品　·以廣告優勢策略否定競爭者之廣告定位　·商品差異：口味、用途、功能、特性、體差異　·廣告表現策略差異　·目標市場差異　·物流差異　·促銷活動差異　·經銷網差異　·提出自己的市場主張　·提出切入市場的有效策略　·提出滿足市場顧客的做法　·帶動市場顧客的需求熱潮

圖9-5　市場定位（Market Positioning）

後的意識型態；又經營理念乃是行銷策略能否徹底執行成功的最高指導方針。因此，廣告創意、差異化策略、經營理念、與行銷定位必須相結合，方能發揮行銷策略眞正的效果。

討論課題

1.試研討筆記型電腦（Notebook Computer）在台灣市場行銷之全方位正月行銷策略！
2.當新產品上市時，適時碰到市場價格戰，試討論如何突破市場價格戰之威脅並擬訂再定位的行銷策略！
3.當進口汽車在台灣市場行銷時，其行銷策略是否應調整為「以銷售戰力為主軸」的定位，試討論其原因並提出有創意性之策略！
4.進口一批食品，請研討是否應透過批發商（如萬客隆、遠東愛買、高峰百貨）之物流系統行銷台灣市場，試研擬一套完整之行銷策略！

第10章 整合行銷傳播

本章學習目標
e-Learning Objective

- ◆瞭解整合行銷傳播的意義及內涵
- ◆瞭解整合行銷傳播與推廣策略之關係
- ◆瞭解整合行銷傳播的關鍵成功要素
- ◆瞭解整合行銷傳播的運作流程
- ◆瞭解整合行銷傳播的功能與特性
- ◆瞭解整合行銷傳播的策略焦點

第一節　推廣策略與整合行銷傳播

推廣爲行銷組合中的一項成功關鍵因素，其餘三個重要項目分別爲產品、價格以及通路，因此，下圖即爲企業策略行銷運用在推廣策略中的優勢與利基。

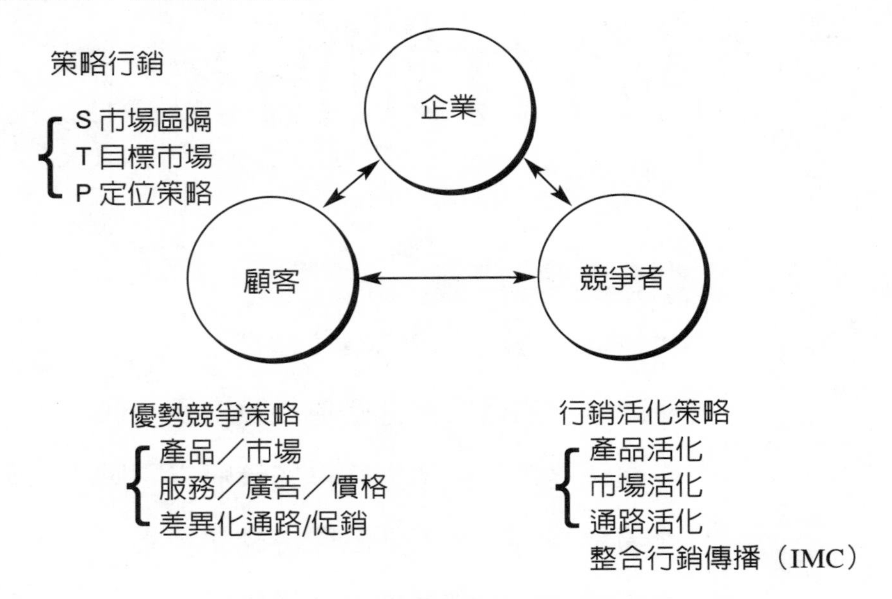

目標市場中的競爭定位策略

品質——價格差異化策略

品質＼價格	高	中	低
高	1.優勢策略（高品質高價格）	2.滲透策略（高品質中價格）	3.物美價廉策略（高品質低價格）
中	4.吸脂策略（中品質高價格）	5.中庸策略（中品質中價格）	6.平庸策略（中品質低價格）
低	7.游擊策略（低品質高價格）	8.佔小便宜策略（低品質中價格）	廉價策略（低品質低價格）

圖　策略行銷組合之關鍵因素——產品、價格及通路

一、促銷戰略（Sales Promotion/SP Strategy）

銷售促進（Sales Promotion）一般又簡稱爲「促銷」，在定義上可分爲包括廣告在內的廣義促銷，與不包括廣告的狹義促銷。

根據1960年美國行銷協會（American Marketing Association'簡稱AMA）定義委員會所下的定義：

（一）廣義的促銷

銷售促進爲刺激顧客購買所採行的人員銷售（Personal Selling）、廣告（Advertising）、文宣報導（Pub1icity）及其他一切的方法。

（二）狹義的促銷

在各項行銷活動中，除了人員銷售、廣告、文宣宣傳報導以外，以刺激消費者的購買，提高經銷業者的銷售效率，所實施的陳列、展示、展覽會、現場表演展售等一切活動，均稱爲銷售促進。

茲將促銷戰略機能以圖l0-1表示如下：

爲了從滿足顧客（消費者）的需求與期望中，確保企業目標之達成，產品或服務的行銷組合即將可控制的行銷因素整合特定期間的完整計畫。有效的行銷組合，不但可達成企業目標與行銷目標，同時還可滿足顧客的需求與期望。在確定企業整體目標與行銷目標後，行銷經理必須再設定促銷目標，並將各種促銷工具融合成有助於達成行銷目標之促銷組合（Promotion Mix）。行銷經理的市場經驗、市場研究、試銷背景、以及對各種促銷工具的優點與缺點之深入瞭解，都有助於促銷組合與產品或服務做更密切的配合。

二、行銷組合（Marketing Mix）與促銷組合（Promdion Mix）的互動關係

在企劃促銷戰略時，最重要的工作即是擬訂促銷計畫

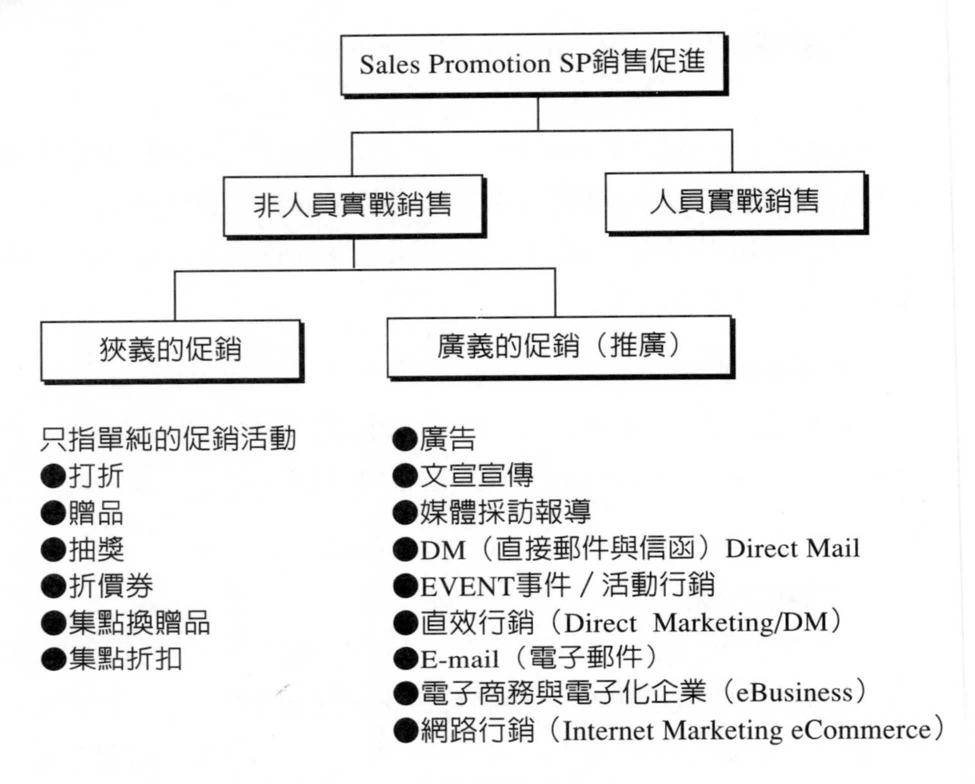

圖10-1 促銷戰略機能圖

（Promotion Plan）。促銷計畫內容必須明確地指出所要採用的促銷工具，公司的資源如何分配給這些促銷工具，以及預期達成的成果等。促銷計畫是在決定促銷組合，促成各組合因素互相協調，以及與整體行銷計畫之間的互相協調。

三、促銷定位（Positioning of Promotion）

（一）促銷（Sa1es Promotion）活動的意義

廣義的促銷活動即是推出好產品的商品活動（Merchandise Promotion），依次爲把產品送到消費者手中的運銷活動（Distribution

Promotion），以及把企業活動通知給消費者的促銷活動（Sales Promotion）。.

透過這些連續性的活動，企業本身可以讓消費者瞭解產品的特性、優點、缺點，以及在何處銷售點可以購得，以確保公司的銷售量與銷售利潤。而且促銷往往是站在企業行銷立場才存在的整體活動，但卻是目前廣大消費者不可或缺的消費資訊與生活情報的主要來源。

茲將整合行銷傳播的意義與內涵詳細敘述如下：

所謂整合行銷傳播（Integrated Marketing Communications/IMC）**係將行銷的推廣策略重新再整合與再定位其競爭優勢**（Competitive Advantages），**與核心競爭力**（Core Competences）**以利做全方位整體的傳播行銷產品與服務的訊息**（Information），**並提醒潛在顧客**（Reminding）**要認明品牌與產品購買與說服**（Persuading）**顧客永久購買該企業品牌的產品與享受服務待遇**。

由上述定義觀之，整合行銷傳播必須整合下列各種重要關鍵因素（Critical Key Factors/CKF）。

一、廣告（Advertising/Ads）
二、促銷（Sales Promotion/SP）
三、公關（Public Relations/PR）
四、業務人員銷售（Top Sales Personal Selling）
五、直效行銷（Direct Marketing）
六、事件行銷（Event Marketing）
七、電子郵件行銷（E-mail Marketing）
八、電子商務行銷（e-Marketing）

（二）推廣策略與整合行銷傳播的內涵

在這個電子化網路時代，傳播市場情報的方法有下列各種重要

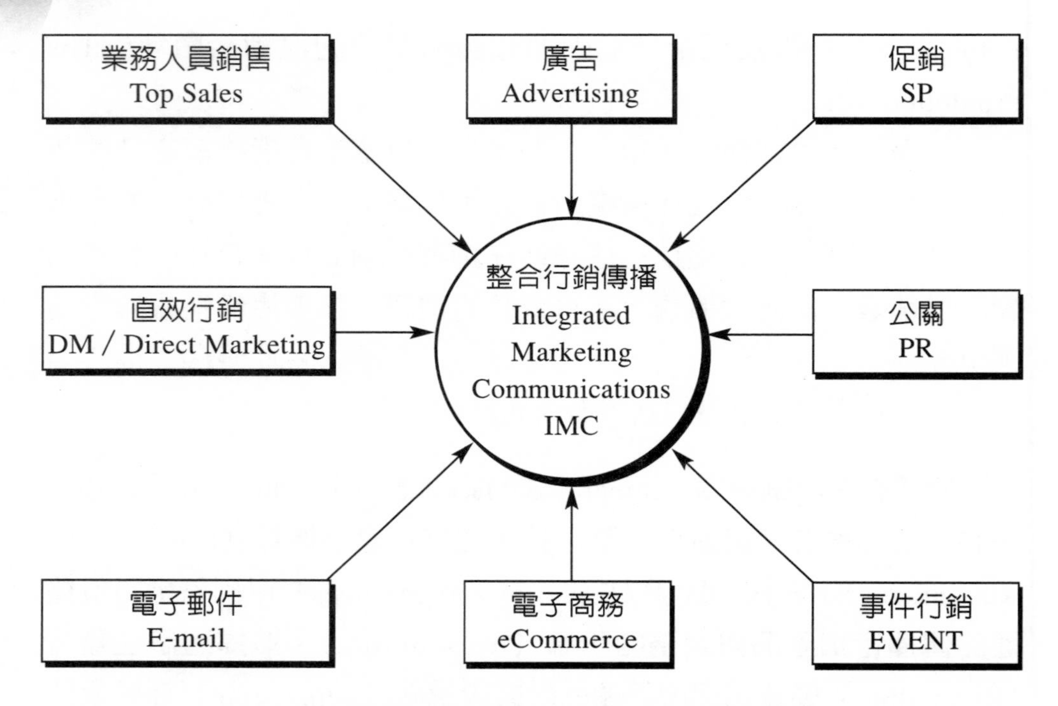

資料來源：許長田 教授對策略行銷管理之研究心得與實戰經驗
許長田 教授教學講義與PowerPoint Slide投影片
1.文化大學
2.美國布蘭德科技大學Executive MBA International Program
3.英國萊斯特大學MBA Programme University of Leicester(UK)
4.澳洲梅鐸大學MBA Programme Murdoch University
http://www.marketingstrategy.bigstep.com

策略焦點：

1.業務銷售實戰（Top Sales）
2.廣告（Ads）
3.促銷（Promotion）
4.公關（Public Relations/PR）
5.文宣宣傳
6.直播郵件（Direct Mail/DM）
7.直效行銷（Direct Marketing）

8.事件／活動行銷（Event）

9.電子郵件（E-mail/DM）

10.電子商務（eCommerce）

以上十種方法都不是單獨運用，而是採行混合使用的策略，整合互補，以達到相得益彰的效果。此種組合的方式即稱爲推廣組合（Promotion Mix）。筆者認爲廣義的推廣策略必須擴展爲整合行銷傳播，才不會爲了要打廣告找廣告公司，爲了促銷找促銷事業公司，爲了做直效行銷或公關找專業公關公司代勞。這樣將增加龐大的行銷成本，行銷學界泰斗菲利浦、柯特勒教授亦有同感。

因此，促銷一詞所代表的內涵有許多種，最常見的意義就是「促進銷售的活動」或「銷售促進（Sales Promotion）的直效意義。然而，「促進銷」的活動」有改良產品、降低價格、擴大行銷通路等多種方法，也有泛指所有整體行銷活動（Marketing Activities）。

美國行銷學會（American Marketing Association/AMA）對促銷的定義爲「刺激消費者購買，以及提高經銷商銷售戰力的整體活動，亦即除了人員實戰銷售、廣告、新聞報導、公關之外的所有行銷活動」。

（三）促銷的功能與特徵

最常用的促銷方式分類法爲按促銷對象分類，並加以適當的定位與區隔，以達致不同層次的促銷訴求功能。

在企業行銷的實戰活動上，促銷目標、促銷企劃及促銷策略佔了舉足輕重的地位，深深地影響企業整體行銷與經營策略。戶業向活帥M即「產品」（Product）「定價」（Price）、「推廣」（Promotion）、「通路」（Place）。欲定義「推廣廣」的意念，並非易事。因爲企業內幾乎每一活動都或多或少帶有「推廣」作用，但爲了與其他三P有所分辨，多數學者將「推廣」（Promotion）作以下之定義：

「所有與說服性溝通有關之主要行銷工具及其運用。」

根據目前中外企業在行銷活動經常使用且較爲重要的「推廣工具」（promotoo1），概有以下二十五種：

1.空中廣告（Space Advertising）
2.街頭擴音機廣播（Loudspeaker ad.）
3.直接郵寄印刷品（Direct Mailings簡稱DM）
4.演說（Speeches）
5.展示會（Sa1es Presentation）
6.使用示範會（Demonstration）
7.贈品點券（Trading Stamps）
8.銷售競賽（Sales Contests）
9.贈品（Premiums）
10.免費樣品（Free Samples）
11.特別折扣（Price Spmus）
12.折價贈券（Coupons）
13.海報及廣告卡片（Posters and Sales Cards）
14.銷售點陳列（Point-Of-Sales簡稱POS或Point-Of-Purchase簡稱POP Display ）
15.推銷說明書（Sales Literature）
16.型錄或目錄說明（Catalogs）
17.影片放映（錄影帶、VCD、DVD）（Films）
18.展售會（Trade Exhibits）
19.銷售研討會（Trade Conference）
20.包裝（Packaging）
21.陳列室（Display Room）
22.產品報導（Product Pub1icity）
23.公司報導（Corporate Publicity）

24.公司知名度推廣活動（Corporate Identification Programs）

25.公司承諾（Endorsement）

當然這些推廣工具都各具特色，各有特定潛力與其複雜程度，可供管理上之不同專業使用。

但是，即使是再大的公司，也不可能爲每一種推廣工具提派一位專門人員來負責。通常祇對常用和較爲重要的推廣工具才派有專人負責經營。且從「推廣」的發展歷史來看，是先有「人員推銷」（Personalselling），再有「廣告」（Advertising）和「廣宣報導」（Publicity）活動，至於其他工員的應用機會較少，通常用這三個經理兼辦。

但這種兼辦者通常都作不好，原因是：

第一、本身都忙於自己的專門工作

第二、缺乏專門知識

第三、他們總認爲這些工具祇不過是短期性的激勵措施，不是長期正規的工作。

一直到了一九五〇年代，美國一些企業才開始將其他推廣工具組合起來成立「促銷」或「銷售促進」（sales promotion）的獨立部門來管理，而且正式成爲「推廣」的第四種主要工具。

今天，我們都習慣把「廣告」、「人員推銷」、「文宣報導」和「銷售促進」合稱「推廣策略的四大天王」。

（一）廣告（Advertising/Ad）

指由身分明確之主辦者，用以向顧客溝通觀念、產品、勞務等意思之所有付出代價（paid ）之「非人員」表達方法。

（二）人員實戰推銷（Persona1 Selling；P.S .）

指用人員面對面語言交換方式，以促使顧客購買產品或勞勞之說服溝通方法。

（三）**文宣報導**（Pub1icity）

指經由「非人員」表達方法，大眾傳播媒體，如報紙、電台、電視等，以無代價（Nonpaid）之方式介紹公司之產品、勞務、形象給社會大眾，刺激他們的需求或提高公司的聲譽。

（四）**促銷或銷售促進**（Sales Promotion，S.P.）

指不屬於廣告、人員推銷、及報導之行銷活動，用以刺激顧客或經銷商對本公司產品或勞務之需求。

四、廣告

廣告的定義相當嚴格（如非人員溝通方式，由身份明確主辦者付出代價等），但依然包括甚廣，凡是雜誌、報紙：電台、電視；戶外海報招貼、牌坊、符號、空中文字、廣告汽球；直接郵寄：車輛廣告、卡片；火柴盒、瓶罐、月曆：型錄、名錄、參考認明文件等均包括在內。廣告可用來建立i公司長久的信譽（機構廣告）：也可用來建立某一種品牌的知名度（品牌廣告）；或用來發表銷售、服務、及特定事件之消息（分類廣告）；也可用來發佈廉售消息。因為廣告的種類很多，性質各異，所以很難將其一般特性表示出來，不過以下是值得注意的四種特性：

（一）**公開展現**（Pub1ic Presentation）

與個人推銷不同，廣告具有高度公開性，接收的對象，通常數量很大，由於具有向大眾宣佈提供標準產品之特性，所以獲得同一信息之顧客，都期望其購買動機皆能被公開瞭解。

（二）**廣泛性**（Pervasiveness）

廣告是滲透力很強的工具，其信息可一再的出現，同時也允許顧客接受並比較不同廠商之廣告信息。大規模之廣告常說出廠商的規模、普遍性、及成就，可高度滲透公衆心理。

（三）廣大表意（Amp1ified Expressiveness）

廣告可經由藝術化之印刷、響聲、動作及顏色，製造公司及產品之轟動性印象，獲取顧客歡心。但有時候，其藝術化的成功會沖淡顧客對信息本身之瞭解，不能不小心。

（四）非人性化（impersonality）：

廣告與人員推銷不同，是透過非人員的通路傳播信息，不管是公開性、廣泛性、及擴大性之特性，但終是單方面自說自話的傳播，不一定會獲取顧客的注意力。

第二節　業務高手的實戰銷售（人員實戰推銷）

一般而言，人員實戰推銷也有好幾種方式，例如：

1.地區推銷員之「實地推銷」（field selling）。
2.櫃台職員幫助之「零銷推銷」（retail se1ling）。
3.一位總經理跟另一位總經理在高爾夫球場打球時締結買賣合約之「主管推銷」（executive se1ling）等。

其功能包括促使顧客認知，引起興趣，建立品牌偏好、交涉價格及付款條件，完成買賣行爲及收款，及提供售後信心之強調等工作。人員推銷之特性如下：

（一）面對面（persona1 confrontation）

人員推銷是最靈活、敏感、立即和強烈的銷售說服方式，因推銷員面對顧客，所以能夠清楚觀察到對方，瞭解對方的情緒變化，並做必要調整。

在面對面時，雙方所表現之興趣濃簿，都有增強激勵及傷害對方的可能性，其影響力甚大。

（二）**潛移默化**（cultivation）

推銷人員與顧客之關係可以說純粹銷售關係，到朋友之間無所不談的密切關係。一般而言，推銷人員常處於敬重地位（deferential position），使用藝術手段來追求，絕不強迫或惹怒顧客之惡感，以保持「買賣不成，情義在」之長期關係。

（三）**反應**（response）

人員推銷遠比廣告爲佳，因此佔「見面三分情」之情面便宜，使顧客感到有必要傾聽、注意及反應之義務，至少他也會說句謝謝之類的禮貌話。

廣宣報導

廣宣報導（Publicity）是以新聞事件「新聞事件」（event）的方式傳播公司名字和產品。通常不用支付費用（亦稱「免費廣告」），而可讓顧客覺得所傳達的信息客觀而公正。

因爲報導活動具有很大潛在效果，所以許多行銷人員已學會運用特殊事件以引起記者採訪的興趣，使顧客在不知不覺中受到影響。這種推廣方式雖然稱爲「免費」廣告，但一企業爲妥善安排，可能需增加人員或聘請專業性的公共關係專家來管理，在在會增加公司費用，所以也不能眞正說不花成本。

一項安排適當的廣宣報導對公司非常有利。譬如，當新聞報導熱門電影明星所用的肥皂、衣服、食品等之廠牌，則這些商品立即會獲得顧客青睞。又如某某政治大人物前往參觀某公司，或稱讚某一產品，則該公司信譽及該產品銷路馬上高漲。廣宣報導的特性概有以下幾項：

（一）高度眞確感（High Veracity）

由於新聞報導是由記者說出或寫出的，代表公司外第三者的看法，所以顧客會以爲具有高度客觀性及眞實性。在顧客心目中，新聞報導是屬於「眞實」的客觀信息，而廣告是屬於「老王賣瓜自賣自誇」之主觀信息，影響效果不同。

（二）不設防（Off Guard）

避免公司廣告或推銷人員干擾的顧客，不會排斥新聞報導，因爲這是一種「新聞」（news）化的活動而不是銷售導向的傳播，在心理上不必時時擔心被詐。

（三）戲劇化（dramatization）

新聞報導和廣告一樣，都具有把公司及產品在顧客面前造成轟動的潛在作用，遠比個人之推銷威力廣大。

銷售促進

「銷售促進」（sales promotion）簡稱「促銷」'是指不屬於上述三種主要推廣工具之第四類說服性溝通工具。

促銷可以針對消費者（consumer），經銷商（trade）及公司本身之推銷人員（sa1es forces）而舉辦。

較老式的看法，認爲促銷活動是臨時性行銷活動的集合體，其目的是直接性及短期性地刺激顧客，使之前來購買。不過近年，其使用越趨專業化之後，大家已承認促銷爲「廣告」及「人員推銷」的眞正不可或缺之輔助性溝通工具，其每年費用約佔公司總推廣預算的20%~35%之間，數額不小。

促銷活動的效果比「廣告」及「人員推銷」活動更直接，並可以具體予以衡量，屬於「強心劑」而非「補藥」。雖然促銷工員甚多，但卻具有兩個共同特性：

（一）**突出表達**（insistent presence）

許多促銷工具富有近乎玩噱頭之威力，可以吸引顧客注意並突破顧客.對某種產品（或品牌）之惰性態度。通常告訴顧客有一千載難逢，稍縱即逝之良機，取得特別優待。其對象雖以低所得並在長期之下擁有弱品牌忠誠性之顧客為主，但其一時之涵蓋面很大。

（二）**降低身價**（product demeaning）

有些促銷工具暗示廠家急於求現脫貨，所以若使用之次數太多，則能在顧客心目中引起該產品或品牌是否上流，是否可靠之疑心，不能不小心使用。

第三節　實戰的促銷工具

銷售促進係由一些包羅萬象其短期誘導性質的戰術性促銷工具所組成，用以刺激較早或較強烈的目標市場之反應。

在消費者市場上最常運用的方法為贈券、獎金和競賽;對經銷商和代理商採用購貨折讓、聯合廣告津貼、和免費貨品：對工業用戶採用折扣、贈品和特別服務;對推廣人員則採銷售競賽和特別獎金。

很多不同性質的組織均採用銷售促進工具，包括製造商、經銷商、零售商、商業公會和其他非營利團體，如教會贊助購買者，例如免費樣品、附帶銷售訊息的贈券、與產品有關的獎金。

而非建立消費在特權的促銷方法則包括成套的或系列性的降價，與產品無關之獎金競賽和賭金，提供顧客舊換新與商業折讓。

行銷人員大多傾向於前一類型促銷活動的運用，為的是可以強化品牌在消費者心目中的價值。

不過，該研究所的一項研究中也建議，銷售促進如能與廣告一併進行運用，其妓果可能較大。研究中顯示，購買點展示（POP）加上電視廣告比僅作展示時，多增加銷售量15%。另一研究也發現在介紹產品時，密集的樣本贈送加上電視廣告比僅作電視或電視加上折扣券時，更具效果。

（一）針對消費者之促銷工具（Consumer Promotional Tools）

1.免費樣品（Free Samples）

提供免費試用之產品，以建立顧客信心。樣品可逐戶派人贈送、郵寄贈送間送附叫阻或在廣吋消息函索即寄此爲最有效但最貴之促銷方法。

2.折價贈券（Coupon）

即可抵充贈買款項之證券。可用郵寄、附在他品、插入廣告印刷內等方式送出，廠商及經銷商皆可用折價贈券。他的效果與免費樣品相似，但較便宜。

3.包換包退（Money-Refund Offer）

在包裝上書明：於購後某一段時間內，顧客若不滿意，可要求全額或部分退回現金或更換商品。

4.減價優待（Price-Off）

即可從原訂價格打一折扣優待。其方式有三：

第一是單包減價。

第二是多包減價。

第三是搭配減價（如牙刷與牙膏搭配）。

5.贈品（Premimum）

即用贈送便宜或免費品來鼓勵購買另一產品，其方法有四：

第一是隨袋贈送一小玩具。

第二是贈送可用之「包裝」用具（如東西用完後，杯子或袋子尙可他用。

第三是函索即送，但以能證明購買該產品爲限（如寄回空盒子）。

第四是函索低價贈送，如付五分之一價格，即可買到全額產品。

6.競賽（Competition）

提供機會給顧客參加比賽，以爭取獎品、放行、或用品等。其方法有三：

第一「寄名」抽獎，不一定要買東西。

第二「建議」抽獎（或猜答抽獎）。

第三「購物」抽獎（即每購一次登記一次，即可參加抽獎）。

7.贈晶點券（Trading Stamps）

即贈送購買者點券，點券之點數依購買額而不同，購買者累積點券至一定數額後，可持往指定地點換取贈品。

8.使用示範（Demonstration）

即利用示範者在現場分送樣品並作如何應用之示範動作，常用於化妝品、衣服、廚房用具等之銷售。

（二）針對經銷商之促銷工具（Trade Promotoo1s）

1.添購折讀（Buying a11owance）

指短期性之減價，以刺激經銷商添購新貨色，通常用於新產品上市時，鼓勵經銷商擺列或補償重排陳列櫃架所致之損失。添購折讓可供經銷商作額外廣告、減價優待、或額外利潤之用。

2.清貨折讓（Count and recount a11owance）

指提供一定金額，鼓勵經銷商趕快清理積貨或快速週轉訂貨。

3.買回折讀（buy back a1hwance）

指在第一次勸告經銷商添購新貨色後，提供一定金額供經銷商作無法如期出售時之買回補償：換言之，此一折議等於保證經銷商不會因新貨色之滯銷而受損失。

4.隨購贈送（free goods）

指無價提供一定數量之貨品，鼓勵經銷商推銷該產品，通常「買一打，算十個，送二個」就是此種作法。此種隨購贈送貨品之作法當然不如現金，折讓之有吸引力，因爲此一方法尙須涉及處理該貨品（贈送部分）之成本。

5.推廣折讓（merchandise allowance）

指短期性之補貼合約，以鼓勵經銷商自行在報紙、電台、傳單等方面做「廣告」，或補貼經銷商安排「展示」處所之費用。這些折讓之多寡可依銷售成績之高低而定。

6.合作廣告（cooperative advertising）

指長期性之補貼合約，由製造商付給經銷商一定金額，鼓勵經銷商作定期性之廣告。補貼之多寡亦可依銷售成績之高低而計算。

7.列名廣告（dealer-1isted promotion）

指由製造商或批發商在廣告上列出經銷商之名稱及地址，告知消費者前去購買，並鼓勵經銷商購置存貨。

8.特別推銷金（PM'S or push money）

指給予經銷商或其推銷員（或店員）特別之金錢或禮品，請其特別介紹其產品而非競爭者之產品。譬如，飯店店員每推銷一瓶汽水給五角獎金即是。

不過，有些經銷商不喜歡廠商給其推銷員此種私下之推銷金，因這樣會破壞規矩。廠商也不喜歡如此做，因這樣太貴了。同時所給之推銷金係依銷售總成績而給，不一定眞正依「努力」之結果而給，可能沒有「努力」者也給了。

9.推銷競賽（sdes contest）

指設定一個推銷獎勵競賽辦法，刺激及鼓勵批發商、零售商、及其推銷員努力推銷貨品，成績越高者給予越大之獎金或禮品。此種競賽辦法必須使人人覺得有得獎之機會，才能激起大家熱心參與。

不過有人批評此一手段是對已取得報償之工作（薪津或毛不）再給予報償，有重複之嫌，同時也只有短期作用而已。

10.設備贈晶（dea1er loader）

指贈送裝研給購縣一定數量貨品之經銷商如細小汽車大卡車、陳列櫃等。

（三）**對推銷員之促銷工具**（sa1es-force promotool）

1.獎金（bonus）或側金（commission）：指在固定薪之外，對額外工作努力之叮仰之現金

2.推銷競賽（sales-forces contest）。

擴充行銷通路

一般來說行銷點的增加擴大，也就等於行銷總量的擴大。

譬如說在社區的糖某店勉勉強強零售的商品，如將其放在全國性連鎖的超級市場店舖中，因店舖面積的增加，可預計必能增加幾十倍的銷售量。同樣的，對一個零售店而言，因增設分店或擴大店舖面積，也必能增加行銷總量。

我們若想一蹦而增加幾倍的店舖數量，也許有些困難，但若透過不斷徵求新銷售店，重新開發新店舖，使商品能更接近顧客，則是一個漸進的可行作法。

然而，這種作法，事實上也有其困難。

現在，市場上充斥各種商品，儘管能找到可資利用的銷售店，但往往已多被既有的商品佔滿了，要想擠進去佔一席之地，就必須把某種既有商品驅逐出市場，或者擠縮掉一些既存商品的銷售貨架面積。

然而，自己本身的商品若無相當魅力吸引使用者或消費者，則

必然就，無可能擠進市場。

要想把現有的商品擠出貨架而銷售自有貨品的「魅力」，應如何創造，應當如何方具有足夠的說服力，正是問題的關鍵。必得要讓那些銷售店相，信能得到更多的利益，才是造成「魅力」的主要因素。

要爲使行銷點相信能得到更多利益，大略可以循以下二個方向來進行說服。

（一）第一是要能證明此項商品具有暢銷性

暢銷及週轉性高的商品必定是比滯銷晶的利益大，其前提條件則需要商品的品質良好，企業形象（corporate image）也需有大量的宣傳廣告，以及採取所謂「拉的策略」（Pull Strategy）。製造廠商以創造使用者需求來，爭取行銷點銷售其產品的戰略。另外，「事實」的說服力更重要，「價廉也是說服條件之一。」

（二）第二是強調利潤大

以強調利潤比率大及不花費太高推銷費用，來爭取行銷據點。譬如現行商品確比以前商品利潤多，或者是現行商品的單價高因而不潤幅度大，也是造成行銷魅力之一個要素。因此，強調高價格往往也屬於說服條件之一。

商品的體積容量小，或者易於管理也是有利的說服條件之一。

以上例子都是擴大行銷通路的方法，但也並不全是輕而易舉就都能獲致成功的。

要作到比其他公司貨品暢銷，同時又要也比其他公司的貨品利潤大，且能在暢銷之前就先讓對方完全相信了解，是一件極其困難的事。有時，在事先確實讓別人相信了，可是一旦到了市場上，行銷卻不如想像中那麼暢銷時，則可能會立即遭遇退貨的命運。

然而，有一點必須加以注意的是，每一個行銷點的貨品一旦太過擁擠了，就會對貨品種類的擴增產生警戒心。

一般而言，行銷點，包括一般小零售商店在內，都比較傾向於保守，樂於銷售已知的商品，對於銷售新商品往往會感到有危險性存在，以致普遍產生抗拒心理。

對具有十足魅力的商品，可以說往往已開闢了所有銷售網了，要另再開闢新的行銷點，恐怕已不太簡單。

因此，重要的是如何將現有的銷售網作用有效的利用，以擴增行銷總量，這是行銷通路政策主要努力的重點。特別是在市場激烈競爭情形下，各公司都極力用心注意不被其他的競爭公司擠進自己的銷售網，或者防範被逐出自己辛苦闢建的銷售網。

因此如何維持或強化既有的銷售網是今天多數工商企業所最應重視的課題。

活化行銷通路

把銷售量不高的場所（行銷點）變成銷售量高的據點，是行銷通路策略中最重要的一個部分。

過去暢銷的行銷點並不一定能夠長期保持暢銷紀錄，必須要適應商品及市場變化而適時應變調整的，乃有以致之，一般舊態依然不能適時應變的店，根本無法期望其銷售量有何增加可能。對批發商或者資本性生產財的工業品市場代理商而言這種革新的要求，亦同樣迫切。

再者，一般行銷店都是規模較小，人才不足，商情也較不靈通的小企業，因此廠商或者批發商隨時都有需要對這些行銷點作較多的支援，俾資欲使行銷點（包括批發商、生產財代理店）恢復活力的方法，大略可採行下面二種策略：

（一）第一個可行策略是所謂「刺激策略」

以契約方式給予保障增加利潤、給予折扣，或者用競銷獎金等各種利益方法來予刺激。

亦可利用「達成某一定額銷售量，給予大幅提高級距利潤」的方法提高行銷點的銷售意願。

此類方法往往在短期間內即可顯現其體效果，對具有一定銷售能力的行銷點是很有效的方法，尤其是剛剛介入市場行銷力量比較不強的廠商這類作法通常很能奏效。

但此類方法的缺點是，廠商必須分撥出更多的利潤給行銷點，對供應廠商會造成利潤上大幅的減少，給銷售商更多的利潤，可以說是「實質上的減價」，如果因此而引起激烈的同業價格競爭，甚至演變成割頸殺價局面，固然看起來是增加了銷售量，卻祇是「無利潤」的「假繁榮」並不個是一件好事。

（二）第二個可行策略是提高行銷點素質水準，強化其擴銷能力

如與第一種方法即增進利潤策略比較，第二種方法在短期內比較難於顯現效果，因此需要較多之資金、時間及人力。但對行銷點本身而言，可以因此而獲致長期的「擴銷能力」，仍然具有很大的魅力。

提高行銷點素質的具體作法有幾種，第一種作法是大家耳熟能詳的「教育訓練」，對於一般規模比較小，缺少人才技術的店主、店員，施予各種教育訓練，可以提高其擴銷能力。

一般教育訓練方式有：

1.集中在一起的「集合教育法」。
2.將商品知識和行銷方法的知識等經由廠商派出的業務代表施予實地學習教育的「OJT法」（即On Job Training的簡稱）。
3.利用郵寄說明方式的「DM法」。
4.利用公司內部刊物的「傳閱教育」等。

第二種作法是援助方案的運用：

1.給予行銷點內外裝演資金援助。
2.給予技術援助。
3其他雜棚供應與協助
4.互相提攜的聯合廣告、宣傳單之共同行動。
5.介紹顧客。
6.舉辦同業競賽活動
7.使用電腦連線代管或代處理經銷事務。
8.代辦財務分析。
9.給予指導經營。
10.統一設計制度軟體。

無論如何，「教育訓練」與「協助方案」固需投下大量資金、物力、人力，但從長期眼光看，都是相當有效的作法。

要能展開的復通路附行銷策略時廠向必須要先具有一定水準以上的能力，首先就必須要對本身的業務代表實施「強化教育」

對這類策略活動具有高度勝任能力的業務代表才是名符其實的「銷售工程師」（sales engineer）或「銷售顧問」（consultant saks），但實際上眞能負起全面指導責任的業務人員，在中外市場都委實不多見。

使行銷點發生變化、進步的力量，大都是受到廠商或批發商的影響，本身能夠注意到顧客市場變化，並自求變化以配合時代需要的行銷點還是非常少見，因此，廠商的主動精神最重要。

第四節　價格策略的彈性運用

(一)「降低價格」不如「提高價值」

折扣及附贈獎品的行銷，本質上就是「降價競銷」'這種「廉售方法」應當盡量避免使用，才是良好的擴大行銷策略。

「價格應該訂多少？」本來就與製造產品的品質、性能、設計同樣屬於產品製造計畫的一個重要部份。

但是，現實上有頗多企業都有高度倚恃訂價手段的傾向，尤其是一般業務代表更爲看重一個產品定價水準，故有必要特別提出來說明。

大家都知道，產品價格本身是用數字來表達的，數字是可以比較大小的，那麼要此一數字是大小是小，或者換一句話說，是貴或是廉，是以什麼基準來作比較呢？

一般而言，價格爲高低比較的基準有三：

1.與自己持有的金額或者眞有支付能力的金額（錢袋內的鈔票）比較。
2.與貨品本身應有的價值作比較。
3.類似貨品比較。

就以上三種情形來予以分別分析。

自有可支付的金額就是依那個人的「可任意支配所得」來決定，亦即指錢袋內的鈔票的多寡。

譬如說，現在錢袋裡祇有5,000元，而想買的貨品價格是6,000元，那麼當然會覺得貴，而可能不購買。

因此就一般消費者錢袋的鈔票和價格關係分析，從總體經濟演變過程看，物價確實在上昇，且通貨膨脹現象也在持續，但全體國民所得增加率仍然較高，其結果是消費者荷包內仍然隨時有足夠的鈔票，雖然不一定充分到足以購買所有欲想的物品，但由於信用融資、分期付款等制度，使「購物」不成問題，因此可以認爲全體消費者都有足以購買的鈔票。

過去，汽車大王亨利・福特因利用一貫作業方式，將汽車的價格降低，爲原來的三分之一左右，因此製造出「暢銷汽車」，但那時代消費者一般是比較措掘的。

現在是「高價汽車比廉價汽車更暢銷」的時代，這與消費者金融發達，也有關係，現在「有欲望而不能隨便購買的」大概祇有不動產，因此光靠降低價格而想增加銷售量的效果可能就不會太大了。

其次，與「商品價值」比較。譬如說對無用貨品，我們以「一文不值」來表示：購買住屋時會用「組金比較」：輕型機車以與公共汽車車費比較，若每月付車費六百元，買機車時每月支付分期付款三百元，維修費一百元，扣除餘額還有二百元的盈餘，就是一種價值比較的計算方法。

但是一般消費品，不能如此明確地用數字來說明「價值」，但「價格」卻可以明確數字表示。商品價值的數字化並不容易，如時裝形式的好看，食物口味的好否，耐久財的滿足感等要使購買者予以詳細的價值數字化幾乎是不可能的事。尤其是在今天，對商品價值觀差異極大的時代，要用一個確定的數字表示是有困難的。因此目前的商品價值變得極爲主觀，且這種價值，有如野貓的眼睛，時有變化。

譬如打領帶的人，當他看到別人也打了同樣的領帶時，則對此一領帶的「價值感」馬上就減半：相反的，一旦有人稱讚：「好漂亮的領帶啊！」一句話，又馬上認爲此一領帶比其他領帶價值爲高。

就此一事實逆向思考一下，就變成賣方有「支配價值」的可能，比方對低想要錄影電視節目的購買人，如能說明亦可作爲攝影紀念，那麼就變成雙重用途，「價值加倍」而「價格減半」。

由此看來，「提高價值」比「降低價格」更爲有利，可行性也較高。

（二）生產財也要講求「價值」

至於生產財（或者工業產品）的情形又如何呢？

當我們決定購入時原以爲已作過合理考慮判斷，不會再有價值觀改變問題，但實際上並不一定如此。當一企業購買生產財（原料、設備、機械等）往往需較長時間的計算，看看能獲得多少的利益。例如，因導入電腦、而能達成什麼效果？其成果又有多少金錢的價值等。往往不易計算清楚，換句話說，工業產品的價值，有時候也是很主觀的。如何提高其「價值感」仍然一個重要課題。

（三）與競爭對手比較

第三項要考慮的是「與競爭對手的比較」：

在低成長時代大家皆處在激烈爭奪的大市場中，一旦我們把「價格」降低。使以前沒有購買力的大多數人，變成爲有購買力，則整個市場必然因而擴大。但事實上並非必定如此。

譬如說一家廠商搶先將價格突然降低，在短期間，確實能奪取競爭對手的一部份市場占有率，達成較高的銷售額。然而被奪走既有市場的同業，必定不會了無反應，一旦採行追隨降低價格措施，則又回到原來未降低價格前的市場佔有態勢，祗是價格下降，大家的營業額減少，而市場力量並無改變。

爲競爭而降低價格的策略運用，必須是在同業絕對無法跟進的狀況下，或在同業能力彼此差距很大的情形下，才會產生效果。否則千萬不要輕易使用這種方法。

至此，我們可以作這樣一個推論：

爲了獲取市場佔有率或達成銷售目標，絕不能利用「降低價格」方式。

（四）滿足顧客「知的權利」

當我們辛辛苦苦製造出高水準的好產品，經由配銷通路銷售，但顧客並不知道有此產品，其結果就如同「無產品」亦「無銷售」任何商品若無法銷售，則公司爲製造此一產品，有被採用爲媒體「間接廣告」報導的可能，所以有時候也基於此一目的而特別舉辦活動。

特別是以一般消費者爲對象的活動，來參加展示會、發表會等的消費者，爲數可能不多，自然不能期待有太高的直接效果，但若大衆傳播媒體願做「間接廣告」報導時，其影響力仍然會極大。而且依據「間接廣告」所報導的文章消息，交與尚未閱讀的顧客看，則其推銷員必對顧客較其說服力，因此，銷售促進部門也有必要將此類「間接報告」文章，改造成爲促進銷售的一種有力工具。

電動玩具在日本曾經引起很大的流行，致使日本百元硬幣的流通大且不足，這也是受「間接廣告」效果影響所致。

當然電動玩具本身固有幾分優異性，但剛剛開始流行時，若無電視、雜誌競相報導，就不可能加速引起全國性的大流行。

就新力公司的暢銷貨品，「隨身聽」（wa1k-man）也是因青少年階層的雜誌報導介紹，才引發暢銷熱潮，而新力公司爲希望雜誌能加以報導，也特別開辦以採訪報導關係人爲對象的發表會，如此的努力才造成如此的成功。

第五節　公關在行銷策略中的內涵

一、PR的涵義

公共關係（公關），（Public Relations ./P.R）一般用法多與原意諸多，不同。

一般人經常說：「自我P.R.」（自我宣傳），「P.R.意味很濃」（大有宣傳的味道」），也有些人看電視時不知是廣告，到最後才恍然大悟說：「原來是P.R.啦！」（甚麼？原來是廣告呢!），由此看來P.R.就大有銷售的意思。

Public Relations直譯應爲「公共關係」，就是與公司周遭的所有關係人員謀求更親密圓潤的關係的總稱。因而P.R.活動儘管與銷售額的增加，有些間接效果，但主要還不是直接著眼於銷售。

企業四周的關係者當然包含：顧客、股東、員工、及其子弟學生、往來客戶、金融機關、政府及其他的公家機關、區域社團、競爭同業、大衆報導關係者等。

最近幾年社會全體對廠商的要求與評斷已較前嚴肅，若予忽視，不但會影響銷售活動，連其他的所有廠商活動都會發生重大問題，社會會對廠商要求越高就越需要公共關係，來提高企業的良好形象。

加以廠商規模擴大，亦無形中增加其對社會的影響力，更由於社會全體已認定廠商是社會中的「企業公民」（Corporate Citizen）的一份子，而有高度要求企業倫理性的趨勢，預計未來有需要更加強PR活動的必要。

P.R.活動在一般企業內並不置於銷售宣傳部門之內，而大多將公共關係部門專置於總務或董事長室。

二、PR之運用方法

在「企業廣告」（corporate ad.）及「間接廣告」中常被利用作PR手段。

例如，在廣告之中所謂的「企業廣告」即著眼於P.R.效果；生產財（如機械、工作母機）廠商的廣告都屬於此一類型。

媒體的「間接廣告」是PR活動中最有效的再者「間接廣告」中被媒體採用報導之事實，可能也可視為廠商的P.R.活動成果。

P.R.就是要創造良好企業形象的活動，如保證沒有公害：將工廠外觀整修好看，或者公開工廠內部都是。

再者，各廠商與外部接觸較多的傳達人員、電話總機、守衛等人員的態度都很重要，甚至在某種情形下與外界接觸的其他人員也全都與P.R.有關連。

同時，所有的銷售促進活動都是對外的活動，任何企業都不該有忽視P.R.效果的促進活動。若一企業其P.R.活動做得十分成功，則其商品推銷、廣告、銷售促進、間接廣告等都會被大衆樂於接受，其效率也會提高。

因此，P.R.可以說是為提高銷售促進效率的潤滑油，有「打地基」的意義存在。例如，因接受P.R.活動而對廠商持有良好印象的消費者，自然會對廣告或者推銷活動，減少抵抗作用，較易於提高推銷效果。

最有許多大型企業舉辦運動大會或者文化事業（例如國際性會議等），並完全負擔其經費，而將企業的訊息通過廣告告知大衆，這些廣告，衹有公司的字號，絕無貨品的推銷說明，與銷售的直接關連性很低，主要就是著眼於P.R.效果。

今後，包含工廠對社會福祉的回報這種活動會漸漸增加。

(一)「促售促銷」之綜括性

狹義的銷售促進是行銷（marketing）之中最晚近才被定義的一個活動，可以說是最總括零散而總括性的一種行銷活動，然而，這並不意謂銷售促進的效果或者重要性不高。

反而可以用多種小方法來相互配合，也許會比大方法的應用，更能產生意外的大效果。

更由於推銷活動或廣告等已被充分利用，並且已達相當界限，而今應僅有「銷售促進」還是一個極待開發的寶庫。

而銷售促進本身對推銷活動或廣告、間接報導廣告等的效果助力甚大，今後對企業的重要性勢必愈來愈會增加。

現在多數企業都對新產品開發、銷售通路政策盡最大的努力，也對銷售、廣告花費很大心血，而將這些活動予以綜攬並與銷售牽連在一起的活動就是「銷售促進」，將全體活動予以潤滑、調味，並導引出更出色的銷售效果。

「銷售促進」通常也可以由比較小規模而且輕易就可做起，不但可由公司的重要幹部來做，甚至營業所等基層管理者及推銷員、中小企業乃至零售店都可以活用此一方法。

目前企業所使用的「銷售促進」概念很多但普遍都極其不明確，用法也依企業或依人解釋而不同。

有的企業說「銷售促進」就是「對推銷員激勵」，也有人解釋爲「流通對策」。

也有人將銷售促進解釋爲「包含對銷售的所有促進活動」，將製造產品計畫，以及相配合的市場調查，銷售通路策略及廣告活動都予以涵蓋在內。

(二)「銷售促進」之活動面

依據最其權威的美國行銷協會（簡稱AMA）的定義。銷售促進（Sa1es Promotion）的定義如下：

1.固有的意義是指在行銷活動中，刺激消費者及對銷售作有效率性的活動，除了人銷、廣告、間接廣告之外的陳列、展售會、展示會，實地操作及其他非常性的各種行銷努力。

2.在零售商能刺激顧客矯買意顧的所有方法，包括人銷、廣告、間接廣告。

依此定義，是爲刺激消費者的購買意顧及銷售業者的效率，並不是人問）或間呵呵舉辦的所以叫師叫籠統爲期補救乃提出，如陳列、展售、展示會、實地操作等的實例。

可要再具體一點來說明時，何者才是銷售促進活動，又是很難清楚予以列述。一般而言時常被使用作「銷售促進」工具者，可以整理如圖10-4系統圖：

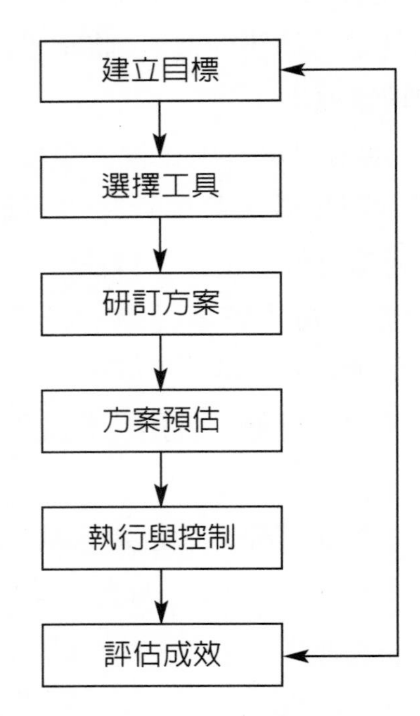

圖10-4　銷售促進系統圖

三、SP企劃實務

行銷人員在規劃SP時，必須先確立銷售促進目標，擬訂銷售促進策略，方能運籌帷幄，決勝千里。茲將促銷企劃之步驟列述於後：

・銷售促進之規畫步驟

首先，我們探討「銷售促進目標」，必先瞭解與配合「行銷溝通目標」與企業之「基本行銷目標」。由此以論，銷售促進之特定目標，必隨目標市場型態的不同而異：

1. 就消費者而言，銷售促進目標包括：鼓勵使用者多加使用和大量購買：爭取未使用者之試用；吸引其他品牌使用者之試用。
2. 就零售商而言，銷售促進目標包括：誘導其儲存新項目或更多數量：鼓勵在淡季購買；鼓勵儲存相關產品項目：排除競爭性的促銷，建立零售商之品牌忠誠性：獲取新的零售出口。
3. 就銷售人員而言，銷售促進目標包括：鼓勵支持新產品或新式樣，鼓勵尋找更多的潛在顧客：刺激淡季銷售。

前述中已敘明：現有許多不同之銷售促進工具可以用以達成不同目標，且有許多新方式仍在翻新或推陳出新之中。

欲選擇合宜的促銷工具，必須考慮市場型態、銷售促進目標、競爭狀況，每一促銷工具之成本，促銷工貟之使用效度等。

以下爲幾個市場與目標配合考慮之可用工具：

（一）針對消費者市場

1.製造商使用之方法

若目標是要抵制競爭者的促銷，可設計一組降價的產品組合，以取得快速的防衛性反應。

若產品有明顯的競爭優勢，目標在吸引人率先採用，則產品樣品（product sampling）方案將是有效的技巧。例如李竿兄弟（Lever Brothers）公司對其新出品稱作信號（Signal）的漱口藥水有強烈信心，因此在一九七八年決定免費購送全美三分之二的家庭價值1500萬美元的樣品。

在推出新消費者品牌時，銷售者典型的作法是採用大量的銷售促進和廣告，以達成早期試用和密集試用的目標。例如，寶鹼公司曾計畫在一九七七年以其福傑（Folger）牌咖啡打進匹茲堡市場，採用了：

（1）給零售商批發價格28%的折扣：
（2）郵寄給家庭買一磅裝咖啡可得35分錢優待的折扣券
（3）罐頭內附贈券可抵10分錢：

(的密集的地區電視廣告，使零售商無法拒絕接受新品牌：

對成熟的品牌而言，銷售促進設計的重點在於防衛目前的市場促有率。零售商一般都不喜歡應付消費者的折扣優待形式及數目，他們反而對商業折扣較有興趣。

根據一九七五年麻省行銷科學研究所專家契佛里（MichelChevalier）和柯漢（Rom1d Curlmn）的說法：

> 零售商認為製造商發起的促銷活動只是「無利潤的品牌移轉」而非增進銷售或利潤。製造商則抱怨由零售商發起的促銷常常破壞公司多年來細心且花錢培養的品牌形象。更糟的是，有些零售商藉其優勢地位，竟將給消費者的折扣自己併吞了。

2.零售商使用之方法

零售商關心的是建立顧客的光顧購買以及吸引更多人進入店中，大部分的銷售促進工具都以這個目標爲主要選擇。

特價品（Specia1s）或廉價犧牲品（Lossleaders）在零售業最常使用，尤其是食品連鎖店。

商業票券（Trading Stamp）於二次大戰後興起，在一九六〇年大為風行，後因大量採用而失去其競爭特色才衰退。

對獎（Sweepstakes）和競賽（Contests）也是相當流行的技巧，其成功與否則視其型式及獎品的數目而定。

（二）針對經銷階段

1.製造商協助經銷商之方法

製造商可使用銷售促進來有效達成許多目標。基本上，要取得批發商和零售商的合作，以執行其行銷策略。

這些中間商則要求一些利益，且其須能直接反應在利潤貢獻上。製造商可提出如購貨折讓（Buying A1lowance）的優待以刺激中間商接受其商品或增加銷售努力。

廣告折讓Advertising Allowance）和展示折讓（Display Allowance）對中間商只有間接利益，因為這兩種作法主要在助長促銷目標。製造商經常要經銷商也作消費者促銷。

若製造商的促銷活動唯一目的是將商品賣出去，那只是一種短視的看法。商業優待須和消費者促消方案協調，以達到長期效果。

2.協助經銷商之推銷人員作法

銷售人員要同時處理許多不同的品牌，並將其推薦給消費者使用，因此製造商常直接激勵經銷商之銷售員。銷售紅利（Sales Bonuses）和禮物獎勵方案（Gift Incentive Program）是用來激勵銷售員替經銷商支持品牌的兩種有效辦法。

（三）針對工業市場

工業行銷者使用全面的銷售促進工具以刺激銷售並與工業消費者建立較鞏固的關係。根據美國哈佛大學夏皮羅（Benson P.Shapiro）

的說法：

技術導向公司經常提供「設計指導」，或許多資料的「使用者手冊」另一些公司提供「特殊的計算工員」（例如特別的游標尺）或工業界特殊用途的「小件設備」（例如卷尺、放大鏡、偵測鋼和鐵的磁鐵等）。由於密切的設計和生產排程活動，使得買賣關係更爲長久，企業間的贈與也更爲通行。

四、產品壽命週期及其促銷方法

一個商品由新產品上市開始到被次一個新產品所取代的期問稱之爲一個壽命週期。在此一期間可分爲幾個階段，在各階段中應當採取不同的適合方法。

大家都清楚，產品壽命週期觀念，與產品規劃乃至其他的行銷手段都有重要關聯。因而「銷售促進」也有必要理解其他行銷手段的施展情況，並與之配合提高效果。

對於產品壽命週期，有人將它分爲三個階段亦有七個階段等不同見解，的不同分段看法。 一般普遍使用的是四階段週期觀念。也有人分爲五階段來分析，將第二階段成長期再分爲低度成長期及高度成長期二個階段。

產品壽命週期概念中有一點必須注意的是，應該將自己的產品定位在，那一個階段上？這是一樁極難明確判斷的事。

例如，一九八〇年代日本汽車工業已明確的屬於成熟期，但其中如推出One Box Car的新產品出來，則從「汽車商品」來看固爲成熟期，但若以One Box Car這種晶型來看則屬於導入期而已。

亦即端看：若消費者將One Box Car視爲「汽車」類看待，則須與已往汽車壽命曲線的延長線相連，抑或消費者認爲是全新產品，視其不同觀點而有不同的判斷。同時，企業的行銷政策也可以改變產品壽命週期，換句話說，企業的努力，可以改變消費者的看法。

另一種情形是，已往銷售額很穩定，已被認為到達成熟期的產品，銷售額突然又增加，例如，保齡球或顆粒果汁等，則應當視為再生的新產品才對。

茲就產品壽命週期的四個階段，來分析：1.銷售與利益；2.市場狀況；3.銷售促進以外的行銷戰略：4銷售促進活動等狀況。

（一）產品導入期

1.銷售利益

這個時期產品剛推出不久，與消費者的熟識關係較少，銷售量也不大。因少量生產，單位成本較高，所得利益，必然也不會太多。事前的開發成本加上本期內的市場開發投資其利益可能呈現負數。

2.市場狀況

一般消費者不但不清楚產品好處甚至連其存在都不一定知道，雖然有些競爭存在，但因有廣大的未開發潛在市場上，不必過分擔心競爭。新產品的購買者以被認為是高所得者為主，有時亦以對流行敏感的年輕人為主。

3.行銷策略

導入期以採取高價格政策者較多，其目的在於求快速回收其投資，且因少量生產，單位成本較高，未來前景難測，及萬一失敗時之損失負擔等。當然也有領先開發成功的公司為防禦其他公司的追隨及謀求造成市場有利地位，故意採行低價政策，但這情形較不多見。

提高新產品知名度及公告產品本身功能，廣告甚為重要。因新產品有報導價值，所採取間接廣告方式利用媒體報導。推銷員是開發新銷路而強化努力的主力。

4.銷售促進

在銷售促進方面，需要動員多種方法。對公司內實施告知活動，加深理解。對推銷員要求積極的援助活動。推銷員固然能推銷不清楚原委，且很難銷售的新產品，但可能更傾向於著力在已熟練的銷售方法及容易銷售的舊產品。爲了防止此種傾向發生則教育、製作推銷手冊、準備銷售用具等輔助措施很重要，而用推銷競賽等方法的激勵，對推銷員的奮鬥意識更具效果。

對銷售店的援助策略也有其效果。「從業員教育」可藉由公司本身的雜誌等來增益銷售知識，同時派遣店員到銷售店共同支援推動對消費者之新產品發表會，或者POP廣告（店頭廣告）等方法以激勵消費者購買意願。

反之，用折扣或銷售量競賽等激勵策略，容易發生對無銷售實力的銷售店「強行銷售」，結果是變成不良庫存品增加，及因不合理的降價銷售，易於致使價格狂跌，需要特別加以注意。

對消費者的銷售促進，除前述與銷售店共同開辦發表會、廣告，現場表演銷售等方法外，尙有配合分發樣品的抽樣調查，新製品試用指標報告（monitor），型錄或小冊子，乃至對意見領袖（opinion leader）郵寄廣告等，對象有限且範圍確定，因此都是有效的方法。

無論如何，在導入期展開多方的銷售促進，以能及早進入成長期是此一階段的重要課題。

（二）成長期

1.在成長期銷售額會加速上昇，但利潤率則因競爭激烈化及行銷費用增加，往往無法提高

以家電製品爲例，當其普及率超過10%時就已可以視爲進入「成長期」。一般而言，中產階段級會受電視機及洗衣機等實際操作宣傳影響而購買，其銷售額增加趨勢強勁，且不會受到景氣變動影響。

2.市場狀況

此一階段的市場通常被視爲極具未來性，以此市場爲目標的新參加競爭公司會大量增多，競爭也就更趨激烈化。

3.行銷策略

產品規畫方面：在成長期會著眼於與其他公司之差異化優勢地位，致力強化機能優點，並以價格作爲差異化的有力手段，各公司都要訂定比其，他公司更低廉的價格，結果會造成業者全體價格降低。

配銷通路政策方面在成長初期及後期，會採取不同手段。在成長初期，一方面要擴大配銷通路，另方面由於新介入企業增多，爲防被侵入，更應確實策劃自己的配銷通路。在成長期爲確保自有配銷通路，宜以「效率」，爲目標，當然也可以採取選擇化措施。在廣告策略方面，爲因應同業競爭激烈化，以宣傳本身產品優點爲銷售中心，並期能滿足自由選擇的需要，以及「商標」的需求；同時所投注的廣告量會增多，表現訴求以本身產品的優越性作論理、說服的表現居多。

就推銷部門而言，成長期是最有朝氣的一個時期，隨著銷售額的上昇，更積極加強對消費者的說服工作，而對銷售店則以市場規模目標做爲推銷重點。

4.銷售促進

在成長期有關銷售促進預算比較易於獲得，各部門活動也較活潑。對推銷員訓練，必須達成預期目標；銷售工具則必需改變爲應付競爭型態；對推銷員，則以競賽之類激勵策略來鼓舞。

有關配銷通路的促進方面，爲確保店頭空間及排除其他競爭公司，可在成長期打出相當強力的手段，例如用競賽方法確保店頭佔有率，加強銷售店意識，用折扣促進增加對本身貨品的採購量及優先訂購。並採取折扣差異制度使用行銷能力的銷售店，能獲得更多利潤。

利用POP廣告或看板，將自己商品強力陳示在消費者面前，推銷員也不僅要推銷商品，使自己商品銷售額增加，同時要加強增進銷售店的銷售方法及經營的方法。

而對消費者，爲開發其選擇性需要，可展開大衆宣傳廣告，使消費者在銷售店頭能聯想到自己所需要的貨品、及爲期有別於競爭同業的貨品，則POP廣告甚爲有效。同時應在成長期推動消費者教育或予以組織化，以提升形象。亦可利用展示會、拍賣會，附贈獎品等方法引導消費者購買行爲獲取新顧客。

商品成長期，而欲加入競爭的新企業，其銷售促進策略應有新的考慮爲進入一既有企業已開發到某程度的市場，必須採取比既有企業更強力的手段才行。

在此一時期乃介入市場的新企業應對推銷員施行徹底的教育及訓練。對配銷通路，宜採行折扣或對銷售店附贈獎品等手段以與既有企業分庭抗理。

另外，在成長期，有一種所謂「老二哲學」的策略，是自己不願意領先冒頭開發新製品，而先注視其他領先開發公司商品銷售狀況，認爲市場有利時，才緊隨其後加入市場。

在這種策略之下，開發費用不多，虧損的風險性亦小，因而被認爲是較爲可行的方法。但若要追上領先開發公司甚或要加以超越，就需要花費相當的資金或努力才有可能。

一般而言，會採取「老二哲學」策略的都以較大規模的企業爲主，相反的，中小型企業，在消費者心目中的形象還很薄弱，要追上領先企業就很困難，結果終究會失敗，由此，如欲採行「老二哲學」策略，這一點規模上的要件必須加以注意。

（三）成熟期

1.銷售利益

在成熟期的商品銷售增加率逐漸鈍化，不久達到飽和點後，再維持段時期然後就開始轉爲緩慢下降。

由利潤面看，若不爲增加銷售額而步入不合理的降價競爭，則可以期待穩定的高收益。

2.市場狀況

在成熟期產品的消費者也擴大到所有階層，也開始出現前所未有新需要層。

此一時期的競爭結果不會造成銷售的增加，僅是激烈的在大牌桌上作爭奪而己，在成熟期因無法適應激烈競爭而敗落的廠商會增加，其結果漸漸形成少數企業寡占的市場，市場也趨向安定。

3.行銷策略

在成熟期，商品本身，並無明顯的實質差距，僅是用花樣設計成附屬潤飾來區分：同時廣大的市場也趨向區隔化，採取因應不同消費者階層不同嗜好的多樣化策略。

廣告的訴求也以氣氛（mood）或形象（image）塑造做爲向消費者訴求的核心。

4.銷售促進

就銷售促進整體看，在成熟期已不像導入期到成長期之間採行大量銷售促進的必要，但要注意防阻以往開發出來的顧客不被其他公司奪走，同時，仍有逐步小量擴大市場的必要。

對公司言，爲要求對目標區隔顧客順利展開推銷活動，應進行銷售技術的再教育，也需要妥爲準備各種銷售用其及資料。

另外要做好過去忽視的零碎市場的開發工作。爲了廣泛展開工作，也要求銷售促進部門以外的一般職員參與協助，而進行全體職員的推銷活動。

此一時期在配銷通路上很容易發生庫存增加的趨勢，因此在採購訂貨上力求消極，而以折扣或銷售競賽等方法來激勵銷售店的銷售。對一般從業員也施行與推銷員一樣的教育或利用公司內部刊物間接的教育，使之能應付市場變化。

而面對成熟期的消費者，由於商品本身的魅力與其他公司產品差距不大，必須要能增添魅力才能引起消費者購買慾，例如，舉辦附贈獎品或遠地的旅遊券等活動，即是一個常用的方式。此一時期也可利用消費者的組織化活動，此增進對公司產品的忠誠度（royalty），同時利用企業內部刊物介紹產品新用途或不同的使用方法。POP廣告亦基於相同目的而運用於店頭。

在成熟期的銷售促進，最大的特色是很少展開大規模的宣傳活動，而多運用小規模的銷售促進策略維持顧客及策劃市場的好轉。

（四）衰退期

1.銷售利益

進入衰退期之後商品銷售額一直減少，無論採行何種方法，都缺乏具體效果。但因爲既到衰退期已無需要從事新投資，也不必要花費太多經費，因此利潤本身並非一定很低。

2.市場狀況

特別是不少其他競爭的公司因放棄市場而退出，形成顧客需求集中在幾個剩下的公司，而可能造成頗高的利潤。

3.行銷策臨

但因屬早晚總會衰退的市場，有必要再開發下一週期的新產品。

4.銷售促進

爲處分消化庫存產品，而舉辦折扣促銷，一般都盡量避免花太多經費在銷售促進上。

（五）掌握促銷戰力之訣竅

1.市場感覺

對於在進行銷售促進規劃時，僅有數字化的各種市場調查資料或統計資料，還是不夠，對於尙未表現在數字上的變化動向，仍須有予洞察的敏感度才行。

2.競爭動向

外部狀況的另一個重要因素是競爭同業企業的動向。

不僅是競爭企業的名稱或數量、各企業的強勢或弱勢、以及未來的可能變化等都需要予以充分的預測。尤其是以銷售促進作爲競爭手段時，更需要發揮強力的效果。所以說，競爭是需要加以充分研究的。

3.其他狀況

此外，需要考慮的外部狀況尙有：經濟情勢、政府的政策、法律、社會動向等。

在生財方面，經濟情勢或政府的動向的改變都會立即反映出需求的變化，尤需特別注意。

法律與銷售促進的關連也很密切，推動附贈獎品或銷售店援助活動時，等別需要注意法律問題。

預期未來上述外部狀況會越發對企業的行動增加影響力。對於以對外活動爲主的銷售促進來說，僅祗把握內部狀況，當然是不能應付外在多變情勢的影響。

（六）促銷競爭力之比較

在實務上，爲作成銷售促進計畫，要掌握狀況並不容易，而且也不易正確掌握。

縱使能夠實際從事調查，但要正確掌握自製產品消費者之理解度，仍需花費相當經費及時間，而且調查的結果（因使用方法不同而會有差異）往往會比一般想像來得更不正確。

正因爲不易正確掌握或正確評估，所以千萬不要期待有十全十美的資訊可資運用。有些公司有關係之人員所提供之次級資料依然有相當的參考價值。

所謂關係是透過個人的業務接觸獲取多方的情報。但往往會因

評價項目 ＼ 競爭同業		本公司	A公司	B公司	C公司	D公司	E公司
人的活動	推銷人數 推銷員素質 新業務開發率 管理者素質						
30%	小　　計						
產品	利益貢獻品數 品質 產品形象 市場價格 付款條件						
20%	小　　計						
配銷通路	營業所數（處） 營業所立地條件 中間商數量 中間商素質 中間商毛利 中間商政策 經銷市場占有率						
促銷	廣告活動 中間商對策 促銷活動						
30%	小　　計						
企業力	品牌形象 收益力 技術開發力 生產能力 市場占有率						
10%	小　　計						
100%	合　　計						

<table>
<tr><td colspan="2">競爭同業
評價項目</td><td>本公司</td><td>A公司</td><td>B公司</td><td>C公司</td><td>D公司</td><td>E公司</td></tr>
<tr><td>對消費者</td><td>認知度
理解度
需求度
購買
愛用忠誠度</td><td></td><td></td><td></td><td></td><td></td><td></td></tr>
<tr><td>對銷售業者</td><td>認知度
理解度
銷售店數
銷售意願
優先批購店數</td><td></td><td></td><td></td><td></td><td></td><td></td></tr>
<tr><td>公司內部</td><td>推銷員素質
推銷員數量
推銷員工作意願</td><td></td><td></td><td></td><td></td><td></td><td></td></tr>
</table>

資料來源：日本產業能率大學「行銷戰略及銷售促進」

個人立場不同而產生差距，甚至流於主觀。加以此類情報並未予以數值化，縱然能把握「是怎麼樣」，但仍無法清楚其分量如何。

根據這些資訊，我們可以加以調製成以下分析表：

下表10-1是「銷售競爭力比較表」，與所有行銷活動整體的競爭同業做一比較，從表中可一目瞭然與A、B 、C 、D等各公司比較之下，本公司的強弱勢，對於其他公司亦可看出其政策的強弱勢。

若據此而進一步予以引伸，也可以作成表10-2「銷售促進比較表」，以資參用。

五、實施SP計畫的重點的工作

銷售促進的工具有很多種，而且每一種都不盡相同，在實施時需要有專門的知識。

一般在使用銷售促進工具時，大部分都委由專家或外面的企業來辦理，由企業內的銷售促進負責人本身處理的情形則不多見，通常大部分實際業務都假手他人來實現的。

例如，就公司內的促進，有關推銷員教育、訓練多由銷售部門主管人員（營業所長等）代爲實施，涉及較專門性內容時，都是由公司內的教育訓練部門職員或委託外的講師實施。對中間商的促進，也由推銷員實施。

POP廣告或DM等也有專門的企畫公司，由廣告文案製作者、設計者等專家來推敲設計，再由印刷公司承印。

對消費者的促進若無銷售有關部門共同協力，就無法實現的工具（如消費者的組織化或部份附贈獎品促銷活動等）爲數甚多。

因此，在公司內，需要銷售銷部門主管或推銷員，廣告部門等人員協助。

2.提高商品說明之可理解程度

告知商品特性、使用方法。尤其在超級市場等從業人員不多的銷售點，更可以發揮很大威力。

3.創造氣氛

製造店頭的氣氛及商品的吸引力。

4.使媒體廣告與商品串連

無論廠商花費多大廣告，若不能讓消費者在銷售場所聯想到，貝l對銷售的增進實無任何益處，因此喚起消費者對廣告產品的串連相當重要。

5.秀發顧客行動

銷售現場的商品，最能誘發消費者立即採購的直接行動動機，這是除卻POP以外其他廣告媒體所無優點。如上所述，POP廣告的效果既是多方面的，且與顧客決定購買點密接，最能發揮強力效果。

因此許多企業也想利用POP廣告做爲有力的銷售促進方法然則，問題是，一般零售店對POP的利用率並不高，以商業發達的日本爲例，一般零售店對POP的利用率從10%~30%：根據美國調查的資料，店頭的POP利用率亦僅爲15%，這些調查數字顯示：廠商花費不貲所製作的POP廣告，大部分均被糟蹋丟棄。

POP之所以未被普遍使用的理由，大概有以下幾點：

第一，是零售店店頭空間狹窄。

一般廠商供應的POP廣告，幾乎都缺乏足夠的空間可以全部張貼，而會影響商品陳列或阻礙通行的POP廣告，更是不可能被使用，對零售店而言僅能「弱水三千，我取一瓢飲」篩選少數在短暫期間交互運用一下而已。

第二，與零售店的商品陳列政策及形象不合。

尤其在最近，不僅百貨公司或部份專門店，甚至連一般的零售店，在商品陳列及裝飾上都強調自己店舖的風格與特色，廠商強迫交付的POP廣告祇要與整體形象不合者，通常都不被使用。

第三，是對煩雜性的厭惡。

在零售店祇爲暢銷商品的陳列而忙碌，要再爲POP廣告的設置場所及煩雜的維持措施忙碌，總會感覺麻煩，特別是廠商爲競爭而將POP廣告大型化，或設計複雜化，更會增添忙碌不堪的零售業者的嫌惡感。

零售店對POP廣告的態度，基本上並不重視。基於此一事實，廠商必須製作出更好的P。P廣告，並能盡量站在零售店的立場作細膩而周到的競爭效。

用考慮，例如，製作幾種POP廣告，可以分別配合零售店的特性及空間來使，用，使推銷員成爲零售店店頭管理的顧問，負責協助解決從設置到售後服務等一切經營問題，或者乃能爭取到零售店的衷心支持。

總之，POP廣告必須要能充分表現本公司製品優點，並能兼顧零售店的銷售促進貢獻力才行。

（三）宣傳單廣告

宣傳單是一般家庭主婦計畫購買物品時，最常利用的情報來源，根據調查，在日常生活中感覺「宣傳單有用」的回答率接近50%與其他廣告比較，似乎較易被接受，其效果亦僅次於DM（郵寄廣告），因此甚受業界重視。

一般宣傳單，通路係由廠商統一製作，再交付中間商及零售店使用？古巴宣傳單廣告的一般優點有：

1.花費不多。
2.可以添加很多內容。
3.眞有即效性（與其他廣告或者DM比較，從配送當天開始就會發生很大效果）。
4.不受地域及規模的大小限制。

而由廠商自行製作的宣傳單更具有以下好處：

（1）大量製作，可以降低每張單位成本。
（2）可以充分利用各經銷店的地區信用及實績。
（3）有關地區的選擇及手續性業務，可委由零售店代辦。
（4）由廠商製作的精美廣告宣傳單，可以提高零售店形象。

然而由廠商自己製作的宣傳單也有下列缺點：

（1）因限定於特定廠商的產品，而給人有貨色不多的印象。
（2）成爲一般性商品說明，無法配合地域特性而作適當表現。
（3）因聽任零售店處置，廠商難於管理。
（4）爲加印各零售店店名，要花費不少經費、時間與精力。

（5）可能降低零售店的利用意願。

再者，除了要加印店名在宣傳單上之外，其他內容之分量（版面空間的分配）或者費用之分擔也是問題。

一般而言，配送宣傳單而要向零售店收取費用是為了提高零售店的參與感與樂用宣傳單的意願。但必然會因此增加零售店的負擔，因其負擔費用，廠商即可按照零售店要求將店名印入宣傳單內，此項費用又稱之為「宣傳單贊助金」。

（四）型錄及說明書：

耐久消費財等之「購買決定」的第一階段通常是由型錄及說明書之取得開始，這些消費者倚為參考的工具，其強力效果不容忽視。

然而，一般廠商都是祇會用心製作型錄與說明書，但很少用心去研究如何利用型錄和說明書。

其結果是，型錄與說明書等在經銷商（店）處所堆積如山，蒙塵經年，無法分辨新舊，最後是未被利用而「壯志未酬身先死」被淘汰掉了。

第六節 廣告的意義

廣告（Advertising）之定義可說是「透過媒體進行的收費大眾傳播」，亦即廣告是透過媒體來進行訊息的傳遞與溝通（Advertising is the communication and participation of information through the media）因此，廣告就是溝通。商品需要溝通，企業形象需要溝通，唯有藉著廣告策略與廣告企劃方能創造成功的行銷利潤與行銷市場佔有率。

就行銷廣告而言，廣告企劃書已成為定位廣告策略不可或缺的重要戰典。透過此種戰典爲核心，廣告公司方能使得廣告主力集中於巨額預算的廣告宣傳活動。因此，廣告公司必定花費許多心血與經費以製作相當水準的廣告企劃書。

商品的推廣計畫包括下列四個主要部份：廣告、促銷活動、人員實戰推銷與公關。而廣告策略最重要的環節即是廣告表現與廣告媒體。茲將廣告表現策略與廣告媒體種類分述如下：

一、廣告表現策略（Advertising Present strsategy）

廣告就是溝通，亦即商品銷售與購買的溝通訊息。廣告最重要的任務與目的就是刺激並吸引目標消費群嘗試使用商品或服務，不能刺激消費者購買慾望與興趣的廣告，都是在廣告表現策略上出了問題。

因此，廣告表現策略即在確定商品定位（Product Positioning）與市場定位（Market Positioning），並找出商品在廣告上的問題點與市場行銷的機會點，進而尋找廣告訴求的市場空間，也方能爲商品打開市場。

一套完整的廣告表現策略應包括下列四大部份：（一）目標消費群（Target .Audience）：（二）定位策略（Positioning Strategies）：（三）文案綱要（Copy Platform）；（四）表現調性（Tone and Execution）。

目標消費群就是「廣告訴求對象」（Who to Sell），定位策略就是「廣告訴求定位」（How to Sell），文案綱要就是「廣告訴求內容」（what to Se11）表現調性就是「廣告訴求方式」（Way to Sell）。因此，廣告表現策，略亦即3W+凹的實戰策略。

擬定廣告表現策略之步驟：

（一）目標消費群。

（二）定位策略。

（三）文案綱要。

1.主標題。

2.副標題。

（四）表現調性。

二、廣告媒體（Advertising Media）

可分爲以下幾種：

1.電視。

2.廣播。

3.報紙。

4.雜誌。

以上四間爲廣告媒體之四大天王

5.電腦動畫。

6.車廂內、外廣告。

7.戶外看板。

8.空中汽球與飛船。

9.外牆廣告

10.DM。

第七節　廣告定位策略（Advertising Positioning Strategy）與孔隙戰略

廣告企劃源自「創意」（Big Idea），因此，當廣告人在創作廣告時，必須先確定產品在顧客生活中的特殊定位（Positioning

)。這個「定位」是潛意識的心理訴求，存在於顧客的思想領域。任何產品都可藉三種不同的「定位」策略，以達到抓住顧客心中的地位與份量。（一）產品對顧客的用途：仁」與其他同類產品的比較；但」顧客使用後產生感情上的滿足。

一、廣告創作工作計畫（Ads Creative Work Plan）

1.KEY FACT（商品資料）。
2.PROBLEM THE ADVERTISING MUST SOLVE（廣告需要解決的難題）：
（1）問題點（Problem）。
（2）機會點（Chance）。
3.ADVERTISING OBJECTIVE（確定廣告目標）。
4.CREATIVE ADVERTISING STRATEGY（創造性廣告策略）。
（3）Prospect Definition（目標對象）。
（4）Principal Competition（主要競爭對象）。
（5）Promise（對消費者的承諾）。
（6）Reason Why（提供的理由）。
5.（IF NECESSARY）MANDATORIES &POLICY LIMITATIONS Account Date Copy Supervisor。

二、擬訂廣告策略的六個步驟

1.步驟一：徹底瞭解並計畫欲廣告的產品或服務。
2.步驟二：確認並定位目標市場，亦即廣告訊息的訴求對象。
3.步驟三：是廣告策略的精髓，即是「獨特的推銷見解」USP的感性定位。

4.步驟四：額外銷售重點可支持及強化廣告策略爲針對單一目標的，訴求定位。

5.步驟五：表現廣告策略的技巧及方法。技巧就是將廣告訊息做最佳表達的方法與語氣。例如配樂、消音。

6.步驟六：使廣告策略與所設定的廣告目標產生直接關係，亦即以傳播效果（Communication Effects）測定廣告效果。正確說明廣告策略及訊息如何達致廣告目標才是測定廣告妓果的最佳方法，因爲絕大多數廣告目標都是直接測定廣告策略中所傳播之廣告訊息的效果。

討論課題

1.試以行銷通路為批發商所控制為題，分組研討如何突破通路大戰，開創出行銷商戰的利基與優勢！

2.假如台灣市場之價格戰已出現劣勢競爭，試研討如何再定位其行銷商戰之利基與優勢！

3.企業商戰之絕招是否可以採用「否定競爭者之廣告策略」，以削弱競爭者之市場利基，試研討其原因與對策！

4.試以「否定市場競爭態勢與再定位策略」為主導戰略，分組研討台灣市場筆記型電腦（Note book Computer）之行銷商戰理念、戰術與戰略，並完成整套市場爭霸企劃案！

媒體 \ 月份	1月	2月	3月	4月	5月	6月	7月	8月	9月	10月	11月	12月
電視 TV	TVBS		超視		東森	民視		華視 1-20"	中視 1-10"	台視 1-20"		
廣播 Broadcasting	飛碟 News 98		中廣					中廣	ICRT	ICRT		
報紙	工商時報	蘋果日報	民生報	經濟日報	中國時報	聯合報			民生報	工商經濟		
雜誌 Magazine	錢雜誌		新聞周刊					錢雜誌	錢雜誌			
車廂外廣告（內）	251	252		236	310	260	278	10部公車				
電腦動畫廣告										和平東路羅斯福路交叉口		
網路廣告 Internet						電子商務	E-mail	電子商務				

第11章 策略行銷規劃

本章學習目標
e-Learning Objective

◆學會做策略行銷企劃案。

◆瞭解策略行銷企劃之架構與內容。

◆學會思考策略行銷企劃之內容與步驟。

◆學會製作策略行銷企劃案之目錄與封面，並將之裝訂成冊。

◆瞭解行銷企劃案必須經過詳細說明、溝通、協調與說服得到高階行銷副總與CEO的完全支持與行銷預算，方能執行成功。

◆瞭解召開行銷會議並解說行銷企劃案之重要性與必然性。

第一節　策略行銷規劃的意義與內涵

以策略行銷的觀點而言，策略行銷規劃必須涵蓋下列各項關鍵焦點因素（Key Focus Factors/KFF）：

一、市場競爭態勢分析（Market Situation Analysis）

二、行銷目標（Marketing Objectives）

三、行銷問題點與行銷機會點（Marketing Problems & Opportunities）

四、行銷策略（Marketing Strategies）

五、行銷預算（Marketing Budget）

六、行銷企劃案執行計劃（Marketing Implementation）

七、行銷績效評估與控制（Marketing Performances Evaluations & Control）

茲將策略行銷規劃架構與流程管理以圖再詳細敘述如下：

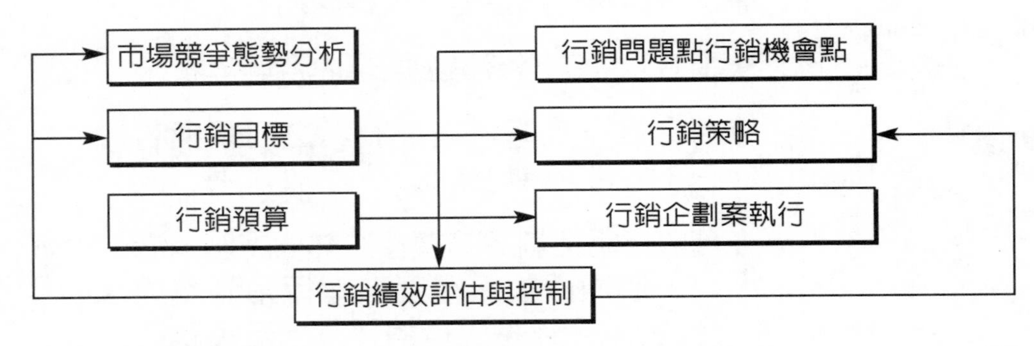

作者註：策略行銷管理之兩大關鍵成功要素（Key Success Factors/KSF）即是預算（Budgeting）與執行（Implementation）

資料來源：許長田 教授教學講義與PowerPoint Slide投影片

1.文化大學

2.曾任教於台灣大學推廣教育中心之講義與投影片

3.英國萊斯特大學MBA Programme University of Leicester(UK)

4.澳洲梅鐸大學MBA Programme Murdoch University (Australia)

http://www.marketingstrategy.bigstep.com

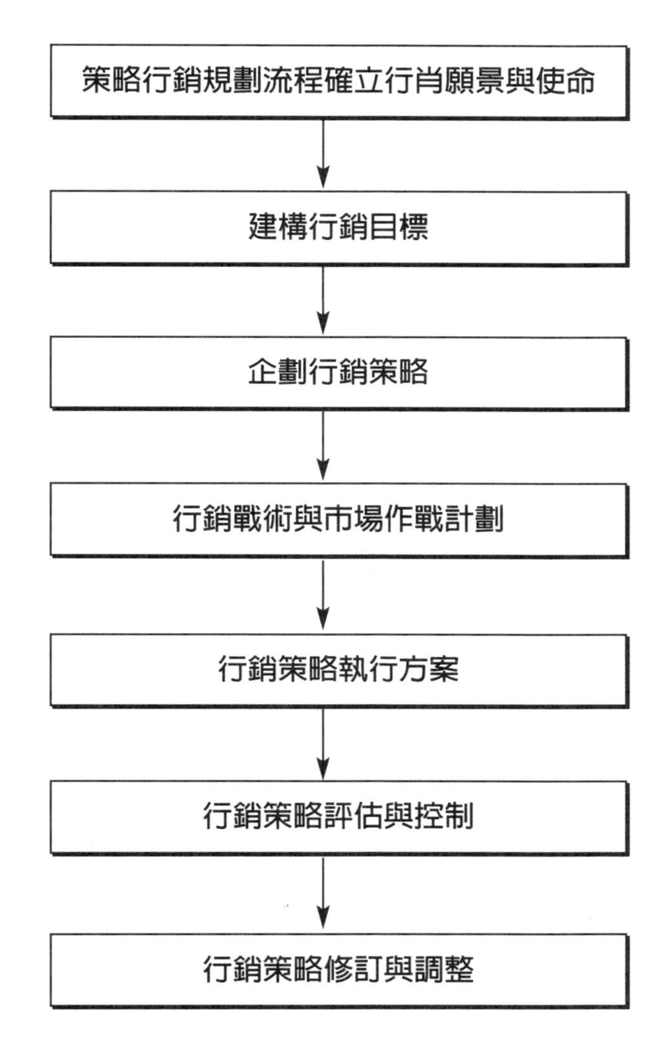

作者註：策略行銷管理之兩大關鍵成功要素（Key Success Factors/KSF）即是預算（Budgeting）與執行（Implementation）

資料來源：許長田 教授教學講義與PowerPoint Slide投影片

1.文化大學
2.曾任教於台灣大學推廣教育中心之講義與投影片
3.英國萊斯特大學MBA Programme University of Leicester(UK)
4.澳洲梅鐸大學MBA Programme Murdoch University (Australia)

http://www.marketingstrategy.bigstep.com

第二節　行銷戰術之企劃實務

當擬妥最佳的行銷戰略企劃後，行銷經理即應著手擬訂行銷戰術（Marketing Tactics）。站在行銷經理人的立場，此時必須決定公司的行銷組合與行銷定位。茲將行銷戰術企劃架構流程列示如下圖：

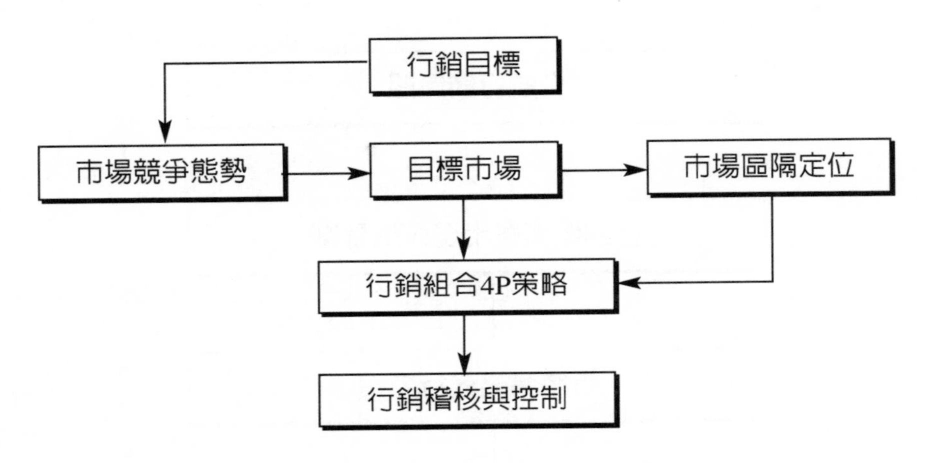

行銷戰術企劃架構流程圖

當進行企劃行銷組合時，行銷經理人需對產品企劃、溝通企劃與分配企劃三者進行整合與協調。在產品企劃方面，需分析公司的產品線、產品計劃、產品品質、訂價策略及新產品上市計劃，俾使此項產品能夠滿足顧客需求，及擁有市場上的競爭地位與市場作戰利基。

至於溝通企劃可分為人員實戰銷售與非人員銷售企劃兩種。非人員鋪售企劃則包括廣告、促銷及公關的整體企劃。

分配企劃則包括實體分配（Physical Distribution）之物流策略與行銷通路的分析、掌握。其中物流策略包括貨物運送、存貨控制、倉儲、保險、運輸、停車場材料需求規劃（Materials Requirement

Planning/MRP）、企業資源規劃（Enterprise Resources Planning/ERP）物料管理、防護性安全包裝、及訂單處理等系列活動。同時，並需選擇有效的運輸工具及決定最適當的配貨管道與舖貨點。此種末端式行銷通路乃行銷通路戰之大突破。例如統一超商（7-ELEVEN）的關鍵成功要素（Key Success Factors/KSF）就是在行銷通路的末端以強勢的物流管理而贏得行銷通路大戰的龍頭寶座。

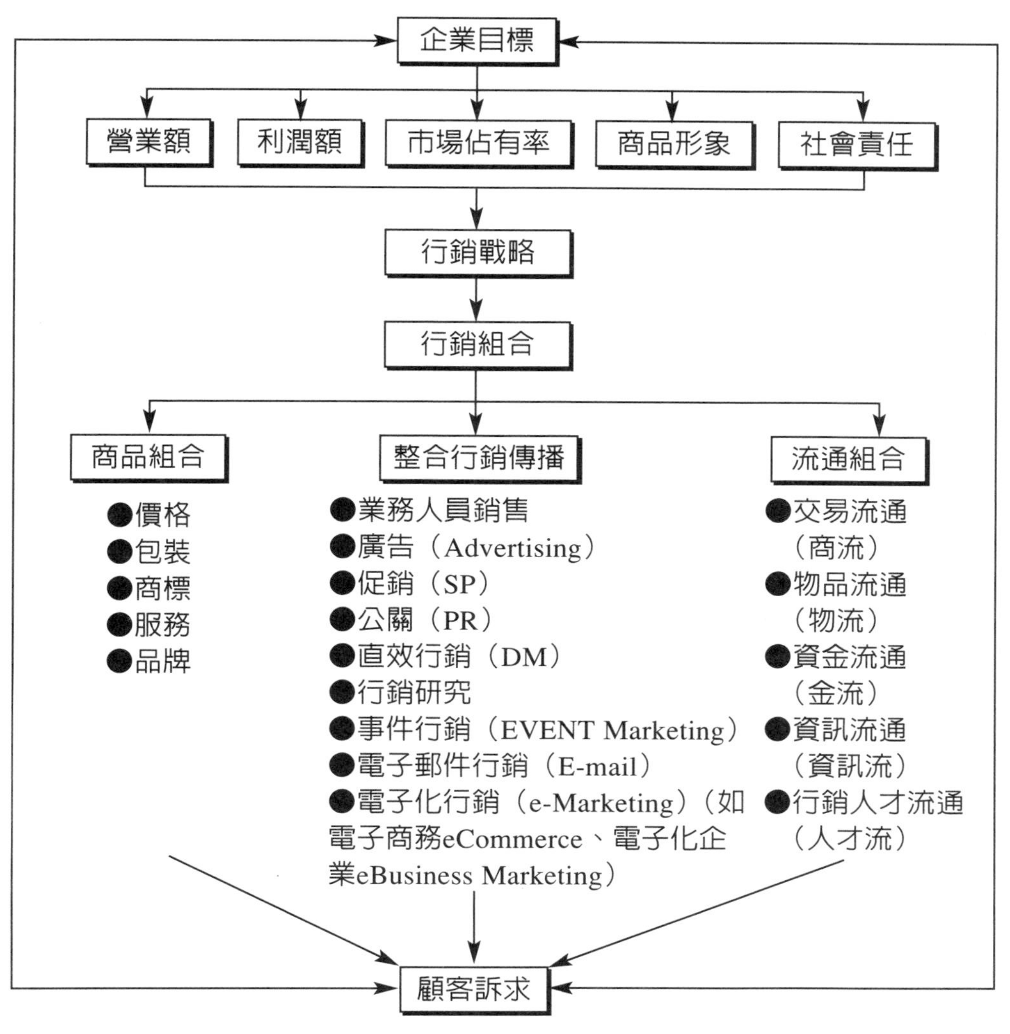

行銷戰略之作戰系統圖

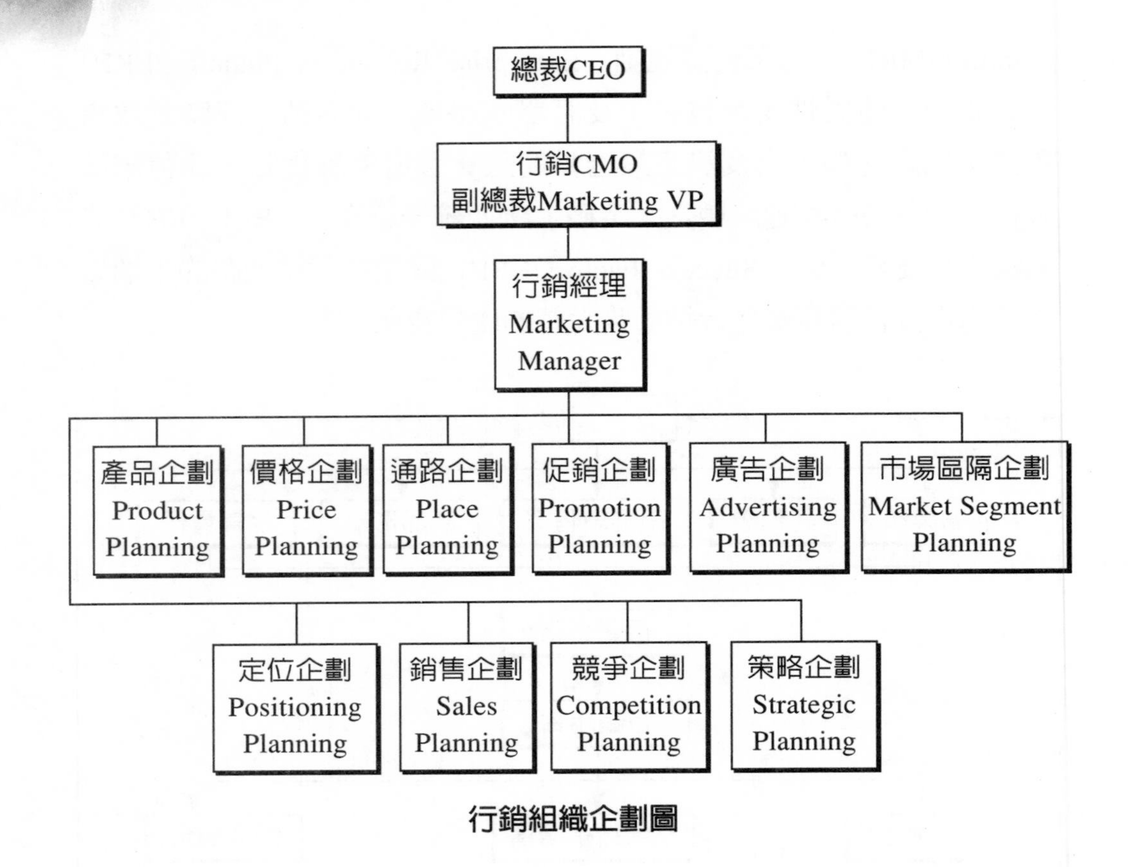

行銷組織企劃圖

上述這些企劃活動，必須進行整合與協調，然後才能擬訂計劃，此套行銷作戰計劃尚需呈送主管評估及修正，定案後才正式付諸實行。因此，在行銷作戰計劃執行前，必須經過詳細溝通與協調。

最後，當公司設有預算制度時，在行銷計劃定案之後，即可著手分配預算與評估行銷成果與行銷時間。

行銷組織（Marketing Organization）乃行銷部門之直線系統與幕僚系統之組合。

在行政系統中，最常見的都是由行銷副總經理掛帥領導（亦稱爲行銷副總裁／ Marketing Vice President），下分廣告、企劃、銷售、公關、策略、競爭、促銷、定位、產品企劃與開發、訂價策略，通路革命與實體分配之物流等十二大工作內容。由以上觀之，行銷策略之分析、規劃控制與實戰運用必須涵蓋行銷策略思惟（Strategic Thinking）與策略領導（Strategic Leadership）模式與經營理念所引導的行銷文化（Marketing Culture）。

茲將行銷策略之實戰分析、規劃控制與實戰運用的領域應涵蓋下列各項主要課題（Critical Issues）：

一、目標市場分析、規劃與控制，亦即目標市場企劃決策（Target Market Planning Decision）

其主要內涵包含以下四大關鍵成功要素（Key Success Factors/KSF）：

（一）市場定位（Market Positioning）

選擇最適當之目標市場，以便在激變的市場競爭態勢中找出市場空間（Market Space）與市場利基（Market Niche）。

（二）切入市場的機會點（Market Opportunity）

在確定市場定位後，以顧客層的區隔方式與訴求，找出商品或服務切入市場的有效機會。

（三）切入市場的滲透策略（Market Penetrating Strategies）

思考應以何種方法最快而且最先切入市場，以佔有市場的優勢。此又稱為「先佔先贏策略」（Preemptive Strategies）亦稱為「卡位策略」（Rollout Strategies）。

（四）市場經營的企劃戰略（Market Planning Strategies）

依企業本身之優勢（Strength）與劣勢（Weakness），並評估市場切入的機會（Opportunity）與威脅（Threat），重新定位市場的競爭態勢，以確定企業應居於市場領導者、市場追隨者、市場挑戰者或市場利基者的定位。

二、切入市場的滲透策略，亦即企劃行銷組合（Marketing Mix）亦可稱為行銷組合之分析、規劃與控制

其最主要的核心內容包括以下各項：

（一）產品策略—最基本的策略

1.良好產品之品質、功能、效用、利益

2.產品生命週期（Product Life Cycle/PLC）之企劃並由產品與市場的互動關係加以整體規劃。

3.產品延伸與擴張，由消費者或使用者的顧客需求點加以規劃。

4.產品生命週期之管理，亦即市場競爭的決勝祕訣，可歸納爲以下兩大利器：

（1）產品生命週期管理機制

（2）產品生命週期策略調整

5.產品組合與產品系列之決策。

6.品牌之命名與知名度的提升。

7.產品包裝（內包裝與外包裝）之設計與規劃，必須符合產品定位與產品訴求客層的需要。

8.產品標籤或貼紙之設計。

9.產品企劃與策略發展。

（二）訂價策略—最痛苦的策略與最危險的策略

1.訂價決策之特性

價格是行銷策略中最無戰力的策略，不但危險而且必須具備相當大的勇氣做最痛苦的決定。

2.訂價的主要目的

（1）滲透訂價策略（Penetrating Pricing Strategy）——其目的在

滲透新市場，立即提高市場行銷量與市場佔有率，並能快速而有效行銷利潤反而退爲次要目標。

（2）吸脂訂價策略（Skimming Pricing Strategy）——其目的在立即賺取豐厚的市場行銷利潤，正如海綿吸水或奶油蛋糕的脂肪一般，從中吸取高厚的利潤。亦即此種訂價策略以在極短的時間內，立即賺取暴利，而市場行銷量與市場佔有率可能無法相對提高。除非師叫勢的師師客師對需要才能快速賺取暴利，而且能快速提升市場佔有率與市場行銷量。

（3）拼價策略（Price-Cutting Strategy）——拼價策略最主要的機會點在於下列兩種情況：

①產品在目標市場遭受極大的競爭與威脅，爲了自保並保護原有市場的佔有率，此時可運用拼價策略。

②在產品已失去原有的優勢與產品定位時，爲了出清存貨與滯銷品，此時可運用拼價策略。拼價策略最主要的法實與作戰法則爲：

③拼價格，一定要拼個徹底，一定要拼低底價，將競爭者殺掉並封死競爭者的行銷通路。

④拼價期間，以一個月至一個半月爲限，事後應評估市場之競爭態勢，適時調整價格。因爲天底下絕對沒有一種產品永遠拼價成功的。

（三）通路策略——銷貨之策略

1.通路架構系統與中間商。

2.通路中的主要角色——批發商、零售商。

3.經銷商之管理與輔導。

4.通路之選擇與通路之長短、密集度之決定。

5.通路革命「直銷」（Direct Marketing）的突破。

6.通路發展之趨勢與經銷制度之建立。

7.通路重疊的對應策略。

8.如何切斷競爭者的通路。

(四)實體分配策略(Physical Distribution Strategy)——物流策略(Logistics Strategies),亦即貨物流通的實戰策略

1.實體分配系統(Physical Distribution System)。

2.實體分配中的經銷商系統。

3實體分配中小賣點的企劃與管理。

4.國內市場實體分配的物流戰略。

5.物流成本的控制與管理。

(五)推廣策略——行銷實戰策略(再定位爲「整合行銷傳播策略」(Integrated Marketing Communications Strategy)

1.人員實戰推銷之訓練。

2.Top Sa1es一流推銷人之實戰技巧

3.Top Sales是市場情報員,必須掌握市場與商品的動態情報。

4.Top Sales對顧客心理的瞭解與掌握

5.銷售管理與銷售預測。

6.銷售戰力(Sales Force)與銷售市場區隔(Sales Market Segmentation)。

7.Top Sales人員業績突破與推銷人員管理

8廣告目標與廣告策略。

9.廣告表現策略與表現調性。

10廣告文案企劃

11.廣告媒體計劃與媒體戰略。

12.平面廣告的設計與電視廣告影片CF(Commercia1 Fi1m)之腳本與製作技巧。

13.執行廣告之方法與策略。

14.廣告預算與執行成果評估。

15.促銷Sales Promotion（SP企畫）。

16.商品發表會與商品促銷活動。

17.促銷組合戰略。

18.對顧客的促銷與對經銷商的促銷活動之整體企劃。

19媒體文宜與DM（Direct Mai1）之企劃。

20.新聞稿報導與媒體記者現場採訪報導。

（六）公共關係（Public Relations/P.R.）策略——影響行銷的重要人文策略

1.政府機構公關。

2.行政機構公關。

3.企業界公關。

4消費者公關。

5.社會層面公關。

6.經銷商公關。

7.大眾傳播公關（即媒體公關）

行銷策略之涵蓋層面實在很廣，但可歸納為下列最重要的幾項內涵：

（一）市場定位（Market Positioning）

1.**目標市場區隔**

2.**目標市場利基**

3.**目標市場之切入機會**

（二）行銷組合（Marketing Strategies Management）

1.**產品策略**

2.**訂價策略**

3通路策略

4.推廣策略

（三）行銷策略管理（Marketing Strategies Management）

1.行銷策略企劃

2.市場競爭策略。

3.市場情境分析與競爭態勢分析

4.市場S.W.O.T.戰略分析（S為Strength優勢，W為Weakness劣勢，O為Opportunity機會，T為Threat威脅）

企業各部門如能充分配合行銷部門，則行銷策略的作戰行動將會一致，而能爭取有效顧客與提昇市場佔有率。換言之，公司里的各個部門必須認清他們所採取的每一行動，而不只是行銷人員的行動，均對公司爭取及挽住顧客的能力有密切關係。

在行銷機能的整合中，應明智地尋求產品（Product）、價格（Price）、行銷通路（Place）與推廣（Promotion）等四大組合策略的配合與協調，並與自顧客建立堅強的公共關係。因此，價格必須與產品的品質一致：行銷通路應與價勝、產品品質一致；推廣又應與價格、產品品質、行銷通路一致。更進一步地說，公司方面爲顧客所做的各種努力與服務，又必須在時間與空間上取得協調一致。因此，推廣活動不要在產品倘未出現在經銷商店裏，前即展開。同時，經銷商在未開始銷貨前，必須先接受專業行銷訓練與鼓勵。

爲了達到這種整體化的行銷作戰，許多公司在行銷部門內再設立「產品經理」（Product Managers）與「市場經理」（Market Managers）。產品經理負責企劃與協調其特定產品所需的各種必要投入因素（Inputs），以便能，藉此產品企劃的運作系統成功地推出系列產品。市場經理則負責企劃與協調公司在某一地區市場，或某一目標顧客群，其所需的所有產品與服務，並能適時供貨於顧客能購買到的舖貨點（即小賣點）。總而言之，一個「行銷導向J的公司乃是發展出有效措施，以協調各種影響顧客力量的公司，其可帶來既滿意又忠實於公司的好主顧，亦即能眞正抓得住顧客。

整體行銷策略雖然無法提供長期行銷策略行動的明確指示，(因行銷策略必須隨市場之變化與顧客之動向而改變，否則將慘遭行銷策略失敗的困境)，但卻可作爲日後在市場上的各項決策作策略性參考情報與準備計劃；例如它可設定以科技創新來提高新產品的邊際效益，以樽節開支來因應財務危機，或是以購併相關產業以進行多角化經營，來追求長久的成長與永續經營（Going Concern），這是企業再生最上乘的行銷戰略。

第三節　策略行銷的STP整合

行銷定位（Marketing Positioning）的理念來自消費者心理的定位。廣告大師歐吉沛認爲，任何一個廣告作品都是一項品牌印象的長期投資。由於每家公司都試圖建立自己的特殊商譽，而導致「一窩蜂」的做法，以致沒有幾家公司能成功地行銷商品。

行銷定位即是針對潛在顧客心理的一套「抓心策略」，如何將商品定位於潛在顧客的心目中，最主要的方法就是先定位在消費者心理，也就是「消費者心理的定位」。

以往的行銷、廣告策略過分強調發掘商品本身的特點與建立企業的形象；而今日行銷定位，則是要找出競爭者的優點與缺點或市場上任何有利之切入機會而善加利用，方能擴張市場，爭取市場佔有率，進而更可控制市場或鞏固舊有的市場利基。

行銷定位就是要第一個抓住「在疲勞轟炸的廣告訊息與商品情報中被注意到」的行銷技術，它著重商品觀念與行銷技術的突破，重視涉及影響他人心智的策略，簡單明瞭。因此，行銷定位必須定位在顧客的心中。

一、行銷定位的實戰步驟

行銷定位策略的活化術，主要在尋找市場空隙，然後鑽進去塡滿，亦即找出市場切入的「別有洞天」與「打洞策略」（Digging Space Strategy）。茲將行銷定位的實戰步驟分述如下：

（一）目前的市場競爭態勢，消費者心目中如何定位本公司產品或服務？

分析市場競爭態勢，並透過行銷研究與市場調查，以研判市場中的顧客到底在想什麼？需要什麼？有一支很流行的歌曲：「我很醜，可是我很溫柔」，其在消費者心目中的定位一定是趙傳唱紅的流行歌曲，而不是其他歌者所演唱的，這就是行銷定位的妙招。

（二）本公司希望產品或服務有什麼特殊的定位？

可歸納以下幾種思考模式：

1.目前在市場上，本公司商品是怎樣的定位？由市場實際狀況尋求在目標市場中的角色與功能。

2.行銷人員想要怎樣定位？如何定位到消費者心中是行銷定位最高的策略。

3.市場上的競爭者又是如何定位？千萬別模仿競爭者的定位模式與思考方向。

4.廣告策略是否能配合行銷定位？廣告創意與廣告表現必須與行銷定位一致，否則在廣告活動中必遭慘敗的命運。

在瞭解目前所處的競爭態勢中，可依據行銷研究所蒐集到的資訊加以研判，並依照目標市場的顧客層或目標消費者，產品差異點以及競爭者的市場定位等三要素，擬訂出最適合自己並能長期從事市場作戰的有利位子。

（三）如何成功地掌握最適合自己的市場利基？

其主要的定位心法是：

1.別人不做的，我做。
2.別人沒有的，我有。
3.別人做不到的，我做得到。

（四）是否有相當的財力以攻佔並控制所定位的優勢？

成功的行銷定位策略，其所遭遇的最大阻礙與瓶頸，即是去嘗試根本無法達到的目標。所謂「有多少錢，做多少事。」就是這個道理。

（五）對於所定位的市場位置能長久落實嗎？

定位是一種對市場顧客印象與認知的長期累積。因此，一旦確立了定位，除非市場發生極大的變化，定位必須隨之改變，否則，便應持續不斷地全力以赴。不然，定位便無法徹底落實，顧客也會產生混淆與搖擺不定。

（六）廣告創意是否與定位相吻合？

廣告是行銷策略的具體表現，定位則是廣告訴求的背後意圖與意識型態，例如白領階級的定位與藝術家的定位是顯然不同的。因此，廣告創意與定位策略必須相結合，方能發揮行銷定位眞正的效果。

行銷定位策略可酒蓋產品定位策略與市場定位策略兩大實戰策略。

茲將產品定位朋市場定位策略分別叫下：

二、產品定位策略（Product Positioning Strategies）

公司所從事的各市場區隔，都必須爲其發展一套產品定位策略。若每一種競爭性產品在市場區隔中，都佔有一定的地位，則每種產品定位的消費者知覺皆非常重要。所謂產品定位，係指公司爲建立一種適合消費者心目中特定地位的產品，所採行產品企劃及行銷組合之活動。

產品定位的創新理念可歸納爲以下三項：

1.產品在目標市場上的利基如何？
2.產品在行銷策略中的利潤如何？
3產品競爭優勢如何？

根據作者許長田教授在行銷領域的實戰經驗，茲將產品定位的實戰步驟以流程圖敘述如下：

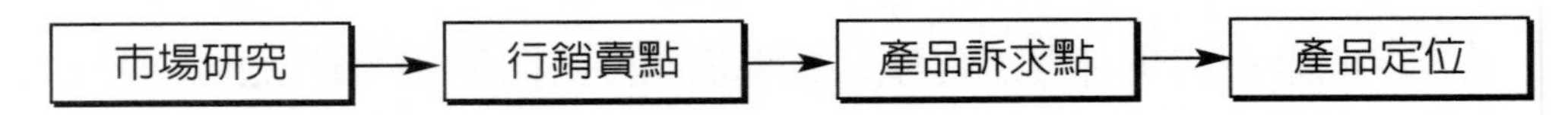

1.市場研究（Market Research）
2.行銷賣點（Marketing Unique Points）
3.產品訴求點（Product Appeals）
4.產品定位（Product Positioning）

「產品定位」這個字眼在1972年因AI Ries與Jack Trout而普及，在“廣告年代”（Advertising Age）雜誌之一系列的文章中，稱爲「The Positioning Era」(定位新紀元)。後來，他們又合寫一本著名行銷學著作“Positioning：The Battle For Your Mind”。Ries與Trout視產品定位爲現存產品的一種創造性活動。以下即是產品定位之定義：

> 定位首創於產品。一件商品、一項服務、一家公司、一家機構，甚至是個人……皆可加以定位。然而，定位並不是指產品本身，而是指產品在潛在消費者心目中的印象，亦即產品在消費者心目中的地位。

產品定位可能利用產品品牌、價格與包裝上的改變，但這些都是外表的改變，其目的乃在於鞏固該產品在消費者心目中之有價值的地位。因此，消費者對於心理的定位（Psychological Positioning）與現有產品的再定位（Repositioning），比對潛在產品的產品定位更感興趣。對於再定位而言，一開始行銷人員就必須發展出行銷組合策略（Marketing Mix 4P's Strategies），以使該產品特性能確實吸引既定的目標市場。產品定位人員對於產品本身及產品印象同樣感興趣。

Ries與Trout在心理定位方面，提供一些明智的建言。其先由觀察那些包含類似產品，但卻無法在消費者心中得到任何區別的市場著手。然而，在一個「訊息充斥」的社會中，行銷人員工作是在建立產品的個性。其主要的論點是，消費者根據心目中一個或多個層面來評估產品。當消費者考慮那家汽車出租商提供最多的汽車與服務時，其所謂的優先順序為Hertz' Avis和National。因此，行銷人員的任務是依據某些顯著的購買層面，使產品在消費者的心目中列為第一優先，此乃因為消費者總是記得最好的那一個。例如，每個人都知道林白（Lind Bergh）是第一個飛越大西洋的人，哥倫布是第一個發現美洲的人，幾乎無人知道誰是第二個。而且，消費者也較喜歡購買最好的那一個。

產品定位第一要素就是馬上塡滿消費者的心，使消費者因心中已有所屬而無空隙再接受其他的產品。

若市場已存有一個強而有力的品牌時，則可採用市場挑戰者策略（Market Challenger Strategies），其主要的市場作戰策略為以下二種：

（一）劣勢策略（Weakness Strategy）

即自稱：「我們的產品與市場領導者一樣好或將會比它更好。」例如，租車業Avis（艾維斯）在其卓越的商戰中，謙稱「我們是第二者，雖然屈居第二位，但將試圖更加努力，以迎頭趕上。」(We are No. 2 but we wi11 be No 1 Someday)。因此，此種策略又稱爲市場作戰的老二戰略 (No .2 Strategy)。

(二) 打洞策略 (Digging Strategy)

亦即找尋市場空隙並去發現另一個市場層面，據此可與市場領導者的品牌區分清楚，不需要做正面競爭，亦即行銷研究人員在消費者的心目中尋找一個未被其他品牌所佔據的市場空間 (Market Space) 或市場空隙 (Market Gap)。

因此，在可樂市場的競爭態勢中，七喜汽水 (Seven-Up) 的廣告訴求定位爲「非可樂」，意思是：它是汽水的碳酸飲料，而不是可樂飲料，避開與可樂市場的大哥大可口可樂與百事可樂做正面競爭。如果做正面市場競爭，一定是死路一條，一定被可口可樂與百事可樂在競爭市場中壓扁。因此，當消費者需要一個非可樂的飲料時，他們一定會首先想到七喜汽水。這是產品定位最高桿的策略。

行銷定位的活動，並不是在產品本身，而是在顧客心理，亦即產品定位要「定」在顧客心理。因此，「產品定位」並不意味著「固定」於一種位置而不會改變。

然而，改變是表現在產品的名稱、價格與包裝上，而不是在產品本身。基本上這是一種表面的有形改變，目的是希望能在顧客的心目中，佔據有利的「情有獨鍾」之地位。

因此，行銷定位的法則可歸納爲下列各項：

1.在行銷廣告中一再強調產品是「最好的」或「第一的」，並不能改變人們心中根深蒂固而刻骨銘心的深刻印象，非得有出奇致勝的突破策略方能奏效。

2.定位的法則乃強調「產品在顧客心中是什麼」，而不是「產品是什麼」。亦即從顧客的眼光和心目中來看產品，而不是從生產者或行銷者的角度來判斷。

3.最好的定位策略就是搶先攻下顧客心中的深處，穩坐第一品牌，後來者通常是無法居上的。

4.要找到市場上的「利基」（Niche）與生存空間。有時候產品「不是什麼」反而比產品「是什麼」更爲重要。產品「不怎麼第一」反而比產品「多麼好、多麼第一」來得有效。例如七喜汽水（Seven-Up）就完全否定了在市場上「標榜可樂產品」的可口可樂及百事可樂之市場優勢，搶盡軟性飲料的市場風采與業績。

三、市場定位（Market Positioning）策略

所謂市場定位（Market Positioning）即是在目標市場上找出市場空隙，然後鑽進去填滿，並尋出有利的市場優勢，以籃球卡位的方式，卡住自己有利的位置及卡死競爭者在市場上的位置，使得競爭者在市場競爭中因無法發揮優勢競爭而只能屈於劣勢。

茲將市場定位的有效策略再詳細敘述如下：

1.產品大小的市場空隙。

2.高價格的市場空隙。

3.低價格的市場空隙。

4.顧客性別的市場空隙。

5.包裝的市場空隙。

6.顏色的市場空隙。

7.品牌的市場空隙。

8.服務的市場空隙。

9.通路的市場空隙。

10.口味的市場空隙。

11.用途的市場空隙。

12生活型態的市場空隙。

13.效用的市場空隙。

14.獨特的市場空隙。

15.再定位的市場空隙。

在市場定位中，由市場對新產品產生的反應，行銷人員便能發現該公司的產品定位是否有效。早日獲得市場的認可是成功的關鍵，一旦佳評如潮，產品就能在市場上取得衝力與作戰力，造成良性循環，成功便隨之而來，而產品便擁有積極的正面形象，顧客紛紛蜂擁而來。相反地，假如產品被市場冠上一頂「失敗者」的帽子標幟時，要想復元就倍加吃力了。

市場定位是由顧客對市場的認知而決定的。顧客一旦對產品有了先入爲主的印象，任何人也無法改變他們的決定。然而，行銷人員卻可以去影響市場定位的過程。只要瞭解市場的運作，行銷人員便可以設法影響顧客對產品的認知，創造更強烈的產品形象，採取適當的步驟，使公司與產品在顧客心目中都更值得信賴。

顧客信任的程度是整個市場定位的關鍵。市場上充滿這麼多的新產品與新科技，顧客不但不知道那家廠商值得相信與信賴，甚至對於這些新產品所牽涉到的種種科技也不瞭解。因此，顧客會感到疑慮與恐懼。在迅速變化的市場中，行銷人員必須找出平息顧客疑懼與對抗競爭者的策略，才能建立市場定位。以「安心」沖淡「恐懼」，以「穩定」對抗「不確定」以「信心」抵銷「疑慮」，並建立可信度、領先地位和品質的服務形象。除了第一流的產品之外，還要爲顧客提供一帖「安心靈藥」，使顧客對公司的產品與市場定位安心。

新力電視機，即是因爲提供更高品質且更高價格的產品。有些名牌產品的廠商，在市場競爭的成熟期，都會推出較低價的產品，以充分利用其市場優勢。

（一）**產品繁衍策略**（Product-Proliferation Strategy）

市場挑戰者可以在市場領導者之後，推凶許多稍加欲進的產品，因此給予購買者更多的選擇權。當高露潔牙膏與三色牙膏投入市場時，使得原有市場的競爭態勢產生極大的變化，也因此使顧客在挑選黑人牙膏以外，有更多的選擇機會。

（二）**產品創新策略**（Product-Innovation Strategy）

市場挑戰者可以藉由產品的創新，以攻擊市場領導者的地位。拍立得及全錄成功的原因，正是因為分別在照相與複印的領域中，不斷地推出卓越的創新。因此，消費者將從市場挑戰者的產品創新策略中，獲益良多。

（三）**較佳的服務策略**（Improved-Services Strategy ）

市場挑戰者可以提供顧客新的或較佳的服務。IBM成功的原因，正因為它認清顧客對於軟體與服務的興趣比對硬體的興趣來得濃厚。Avis（艾維斯）對Hertz（賀茲）的攻擊策略亦是如此，其定位口頭禪說：「我們僅是第二，但我們將更努力。」此乃是基於對顧客的承諾，並且提供比Hertz（賀茲）更清潔的車子與更迅速的服務。

（四）**通路創新策略**（Distribution Channel-Innovation Strategy）

市場挑戰師發現或服一個叫銷通路雅芳（Avon）能夠成為一個主要的化粧品公司，乃是利用逐戶推銷方式，而不在傳統的商店中和其他化粧品公司相互競爭。美國天美時公司能夠有輝煌的成果，乃是利用大量的配銷通路，而不利用珠寶店來銷售其低價的天美時手錶。

（五）**降低製造成本策略**（Manufacturing Cost Reduction Strategy）

市場的挑戰者可能利用較有效率的採購，較低的人工成本和更現代化的生產設備，來達到比其競爭者更低的製造成本。該公司可以利用較對手低的成本，作更具攻擊性的訂價，以達成獲得市場佔有率的目的。此策略是日本能夠成功地入侵世界上各個不同市場之主要關鍵。

(六) **密集廣告促銷**（Intensive Advertising Promotion）

在挑戰者利用增加廣告及促銷費用的支出，來攻擊領導者。當Hunt在蕃茄醬市場緊跟隨Heinz時，他建立每年640萬的支出水準來對抗Heinz的340萬。Miller公司也同樣地在Budweiser上投下大筆的支出，企圖在美國啤酒市場上達到第一的領導地位。然而，鉅額促銷費用的支出，未必是個有意義的策略：除非，此挑戰者的產品及廣告訊息能夠顯示出他強過於競爭者的某些優勢。

如果挑戰者僅仰賴一個策略要素，就企圖改善他的市場佔有率，少有成功者。它的成功必須仰賴於設計一套能夠不斷地改善其市場地位的整體策略。

並非所有居次位的公司都會攻擊市場領導者。領導者對於被任何努力所搶走的顧客，是不會輕易放棄的。若挑戰者的引誘是較低的價格、較佳的服務，或是增加產品的特色，則領導者能夠很快地配合，以分散這些攻擊力；而且，領導者在全面的戰役中，可能具有更大的持續力。一場激烈的戰爭其結果可能是兩敗俱傷，所以挑戰者在發動攻擊前，必須三思。除非是挑戰者能夠在重要的產品創新與行銷定位兩層面上強化優勢，而再度開發出新產品。事實上，比市場領導者的產品更好並不夠，有時甚至不需要，最重要的是，在市場領導者尚未建立領導地位以前即緊隨於後，馬上找出有利的市場空間，一旦市場領導者造成領導地位後，市場追隨者應立即將產品與市場領導者的產品拉在一起，造成「我也是」的平地平坐的市場定位。有句話說得很對：「形勢比人強。」就是這個道理。如果顧客想到某種特定的產品或行業，除了無法打破的市場領導者的知名度以外，接著顧客一定想到市場追隨者的產品或行業。如此，市場追隨者便可行銷成功。

四、市場挑戰者（Market Challenger）

在相同的產業中，位居第二、第三，甚至更低名次的廠商，都稱爲居，次者（Runner-up）或是追隨者。然而，有些居次者仍然喔有很大的勢力。諸如福特汽車、柯尼卡照相軟片、百事可樂、箭牌口香糖、美爽爽化妝品、肯德基漢堡等公司。這些居次位的廠商，有兩種策略姿態可供其採行，他們可以攻擊市場領導者與其他的競爭者以掠奪更大的市場佔有率。因此，居次位的行銷作戰策略可改變角色，而成爲市場挑戰者。

市場策略目標及其競爭者定位決定了市場挑戰者的角色扮演。一個市場挑戰者首先必須確定他的作戰策略目標，大多數市場挑戰者的策略目標爲增加市場佔有率，因爲他們認爲此可增加其更大的獲利能力。決定選擇擊到競爭者或是掠奪其市場佔有率的策略目標，將產生正面攻擊的作戰策略，亦即市場挑戰者的最上乘市場作戰策略爲專門攻擊市場領導者的弱點。以下即是市場挑戰者可採用的市場攻擊型態：

市場策略目標及其競爭者定位決定了市場挑戰者的角色扮演。一個市場挑戰者首先必須確定他的作戰策略目標，大多數市場挑戰者的策略目標爲增加市場佔有率，因爲他們認爲此可增加其更大的獲利能力。決定選擇擊的作戰策略，亦即市場挑戰者的最上乘市場作戰策略爲專門攻擊市場領導者的弱點。以下即是市場挑戰者可採用的市場攻擊型態：

（一）攻擊市場領導者的弱點

這是一個高風險，但具高潛在利潤的策略，而且在市場領導者並非眞正的領導者，亦無法完善地爲市場提供服務時，此策略更富有意義與效果。）此項策略必須嚴密地審視消費者需求或是不滿足之處。如果市場挑戰者發現有重要的地區，未有人提供服務，或是服務不夠完善，則可做爲一個策略性的目標市場。YSL香煙在香煙市場的競爭中之所以能夠成功，乃因其發 ？現了許多消費者（尤其是女性消費者），想要一種較淡的涼煙。此項策略創造了另一種市場空間，並能將市場挑戰者的角色改變爲另一種市場中的市場領導者。

（二）攻擊規模不足以鞏固其市場，而且財力不足的公司

消費者的滿足與創新的潛在需求，都必須嚴密地加以審視。如果一旦發現其他公司的行銷作戰資源有限時，甚至可以採取正面的攻擊策略。

（三）攻擊行銷能力與財力均不足的地區性

許多汽車公司與香煙公司之所以有今日的市場規模，主要的依據，並非是爭奪彼此的顧客，而是利用「大魚吃小魚」的市場兼併策略。因此，選定競爭對手與選擇策略目標是互相關聯的結合。如果攻擊的對象是市場領導者，則市場挑戰者的策略目標可能放在掠奪市場佔有率。因此，BIC在刮鬍刀市場上攻擊吉利（Gillette）的策略，是尋求更大市場佔有率。如果所攻擊的公司是地區性的小公司，則其策略目標可能是令它無法生存，亦即將其殺死在競爭市場上。

市場挑戰者的致勝法實爲蒐集競爭者的最新資訊。競爭資訊的整合與市場情報分析的系統，必須注意下列各項問題：

1.誰是主要的競爭者？
2.每一個競爭者的銷售戰力、市場佔有率以及財務狀況如何？
3.每一個競爭者的目標及其假設如何？
4.每一個競爭者的策略如何？
5.每一個競爭者的優勢與劣勢如何？

6.在面對環境、市場競爭及內部發展的情況下，競爭者末來的策略，可能有何改變？

因此，市場挑戰者亦應尋求創新突破的總體行銷戰略，例如產品創新、品質策略、產品系列側翼攻擊、多品牌策略（又稱爲單一品牌策略）品牌擴張策略、大量密集廣告、實戰推銷、促銷戰略、市場競爭力、行銷生產力的提高、品牌經理制度之建立、行銷通路中的經銷網之鞏固與強化等，方能立於不敗之地。同時，配合直接針對市場領導者的劣勢加以攻擊，則市場挑戰者進可攻，退可守，可行銷戰場上，可決勝千里。

茲將市場挑戰者的市場攻擊策略詳述如下：

（一）價格折扣策略（Price-Discount Strategy）

市場挑戰者的一個主要攻擊策略即是以低於市場領導者的價格，提供產品給購買者。例如富士軟片利用此策略去攻擊柯達軟片在目標市場的越地位，其軟片品質可媲美柯達軟片，且其價格較柯遠低一成（10%）。柯達爲了維護其市場地位而不因此降價，結果使得富士軟片達到極高的市場佔有率。然而，價格折扣策略者要有效果，必須有三個假定前提：

1.市場挑戰者必須說服購買者相信它的產品與服務可媲美市場領導，自者。

2.購買者必須是對價格差異極敏感的價格型顧客，而且只爲低價而樂於轉換供應商。

3.必須是市場領導者忽視競爭者（市場挑戰者）的攻擊，或拒絕減價。

（二）廉價品策略（Cheaper-Goods Strategy）

另一個策略是以更低的價格，提供市場一個平均或低品質的產品。這種策略必須是在市場區隔中是有足夠數量，而且對價格的降低有興趣的顧客時，方能行得通。然而，由此策略建立起來的廠商，亦可能會遭到更低價格的廉價品廠商之反攻擊。在防禦方面，他們一直在設法逐漸地提高產品品質。

（三）名牌產品策略（Prestige-Goods Strategy）

市場挑戰者可以推出較高品質的產品，並且採取比市場領導者較高的，訂價策略。普勝電視機在台灣市場能夠掠奪。Sony之市場佔有率即是以此策略而達到成功行銷之目標。

市場挑戰者可能發現或發展一個新的行銷通路。雅芳（Avon）能夠成為一個主要化妝品公司，乃是利用直銷系統（Direct Marketing）的推銷方式，

而不在傳統的商店和其他通路如百貨公司專櫃、美容沙龍與別家化妝品公司相互競爭。

（四）降低製造成本策略（Manufacturing Cost-Reduction Strategy）

市場挑戰者可能利用較有效率的採購、較低的人工成本和更現代化的生產設備與技術以達到比爭者更低的製告成本。該公司可以利用較競爭對手更低的經營成本，擬定更具攻擊性的訂價策略，以達成立即獲得市場佔有率的目的。此策略是日本能夠成功地入侵世界上各個不同市場的主要關鍵。

（五）密集廣告促銷（Intensive Advertising Promotion）

市場挑戰者可利用增加廣告及促銷費用的支出，加以攻擊市場領導者。例如黑松歐香咖啡在台灣市場投入比麥斯威爾咖啡更龐大的廣告經費與促銷預算，其目的即在企圖建立台灣市場穩固的知名度，而達到市場的領導地位。然而，鉅額促銷與廣告費用的支出，未必是個有意義且有效的策略，除非市場挑戰者的產品及廣告表現策略能顯示出他強過市場競爭者的某些優勢。

如果市場挑戰者僅仰賴一個作戰策略，就企圖改善其市場佔有

率，很少有成功的情形，其成功的條件必須仰賴於設計一套能夠不斷地改善其市場地位的整體作戰策略。

五、市場利基者策略（Market-Nicher Strategy）

市場利基者最主要的致勝策略即是定位策略（Positioning Strategy）與再定位策略（Re-Positioning Strategy）。在競爭激烈的目標市場中，唯有採取定位與再定位策略，方能否定市場領導者、市場追隨者與市場挑戰者的優勢，進而取得有利的「市場空間定位優勢」（Positioning Advantages of Market Space），方能反敗爲勝。

幾乎每一個產業都有一些不起眼的小廠商，在市場中的某些部分實施專業化，而且避免與主要的廠商發生市場衝突與市場重疊。這些較小的廠商佔有市場中某些安適的地方，且藉著專業化來提供有效的服務；而且這些市場可能被主要的廠商所忽視。

市場利基者必須設法發現一個或多個既安全又有利可圖的市場利基（Market Niche）。一個理想的市場利基必須具有下列各項特色：

1.此利基具有足以獲利的規模與購買力。

2.此利基具有成長的潛能。

3.主要的競爭者對此利基提不起興趣。

4此廠商有足夠的技術與資源，可以有效地服務此利基。

5.此廠商可利用其已建立的商譽來保衛自己，以對抗主要競爭者的攻擊。

市場利基戰術的主要觀念是專業化，廠商必須隨著市場、顧客、產品，價格、通路、推廣、品牌來實行專業化。以下即是市場利基者可運用的專家角色：

（一）最終使用專家（End-Use Specialist）

廠商專爲一類最終使用顧客提供服務。例如，一家企管顧問公司可以選擇在行銷管理、財務管理、人力資源管理、資訊管理、知識管理、專案管理、績效管理、國際企業管理、策略管理、國際行銷或品質管理市場實施專業化。

（二）垂直整合專家（Vertical-Size Specialist）

廠商可以在生產、分配循環中的某一垂直面，實施專業化。例如，一家銅器公司可以集中於生產銅器原料、銅器零件或銅器製成品。

（三）顧客規模專家（Customer-Size Specialist）

廠商集中於對小型、中型或大型的顧客推廣行銷活動。許多市場利基者專門服務那些被主要廠商所忽略的小客戶。

（四）特定顧客專家（Specific-Customer Specia1ist）

廠商只限於行銷給一個或數個主要的客戶。許多公司將其所有的產品只行銷給一家特定的公司或特定的顧客。例如統一蕃茄醬只賣給統一超商連鎖店。

（五）地理區專家（Geographic Specia1ist）

廠商僅在某一個地區、區域進行行銷活動。例如有些麵包店只行銷該區域的社區顧客。

（六）產品或產品線專家（Product or Product-Line Specialist）

廠商只生產一種產品線或單一產品。例如有些電腦廠商只生產硬體或鍵盤，或只生產軟體。

（七）產品特色專家（Product-Feature Specialist）

廠商只生產某一類型或某種特色的產品。例如有些家電廠商只生產VHS錄影機與錄影帶。

（八）依訂單而生產的專家（Job-Shop Specialist）

廠商只生產顧客訂單所指定的產品。例如有些服飾店只供應顧客指定的特殊服裝與款式。此亦稱爲「客製化生產」（Customerized Production）或接單生產BTO（Build To Order）。

（九）品質價格專家（Quality/Price Specia1ist）

廠商定位在市場的兩極（高級市場與低級市場）並從事行銷活動。例如百貨公司專櫃的化妝品，定位於專業化的高品質與高價格的市場；而夜市地攤的化妝品，則定位於低品質與低價格的市場。

（十）服務專家（Service Specia1ist）

此種廠商提供一個或多個別家所沒有提供的服務。例如超級市場提供送貨到府的特殊服務。

市場利基者在目標市場的主要風險是，該有利的利基可能會消失或是遭受攻擊。這也是多元利基（Multiple Niching）較優於單一利基（Single Niching）主要原因。公司嘯著發展兩個或更多的利基以增加生存的機會，甚至可採用整體多元利基策略以滿足並服務整個目標市場。

在市場競爭態勢中，幾乎每一種產業都有許多小型廠商，其在市場的策略即是尋求大公司忽略或放棄的市場區隔，並全力滿足與服務此區隔市場的客層，以期佔據既安全又能獲利的市場利墓，此即爲市場利基者!的實戰策略。

茲將市場利基者的市場作戰策略分述如下：

（一）產品定位游擊戰

市場利基者可採用獨特性產品專攻小市場，即可大發利市，另一方面因爲其只在某個獨特市場的範圍，不會威脅到市場的老大而遭到圍堵市的惡運。例如奇士美化妝品在市場上已建立起相當的知名度，並佔據市場的一片天空。

（二）高價位游擊戰

在台灣市場有許多產品即因採用高價位策略而大發利市，例如勞力士、滿天星的手錶在台灣市場的行銷績效，簡直使人目瞪口呆。在這個富裕的社會中，高價位市場確實提供了許多從事定位游擊戰的機會。因爲高價位在市場上能創造鮮明的知名度。然而，市場利基者必須第一個佔領高價位的市場空間，否則將會面臨一場苦戰。

（三）蠶食市場游擊戰

由於小企業的行銷戰力有限，無法與競爭者正面競爭，只有穩紮穩打地經營，逐步侵蝕競爭者的地盤，等待時機成熟，再發動全面作戰。例如全家便利商店（Family Mart）在台灣市場的作戰策略，即是逐步侵蝕連鎖超商市場而一舉成功。

（四）特定市場區隔游擊戰

從事定位游擊戰中，小公司可從目標市場中找出不大不小的市場空隙，不但進可攻，而且退可守。市場空間大到可以賺取行銷利潤，小到不會惹火了市場的老大而被其反擊。例如長壽香煙的特定市場爲中年男性的市場區隔，並不會影響到進口洋煙的市場佔有率，另一方面亦可賺取特定市場的行銷利潤。

（五）打帶跑游擊戰（Hit-And-Run）

市場利基者可採用擾亂性質的打帶跑游擊戰，機動性地發動間斷性的「打了就跑」的偷襲戰術，以擾亂競爭者的市場集中，並瓦解競爭者的市場優勢與挫敗競爭者的銷售士氣。例如供應商可聯合零售連鎖店舉辦特殊的促銷活動，並在選擇性的區隔市場採取降價措施，另一方面對特定通路或零售連鎖店加強公關活動，以期使產品的陳列可擴大展示空間，或其他優惠待遇。例如芝蘭口香糖即採用此策略而能成功地行銷市場。茲將市場領導者、市場追隨者、市場挑戰者、市場利基者的作戰策略列表分述如圖：

綜觀以上所述，進一步將行銷企劃的策略思惟與創意架構圖敘述如下：

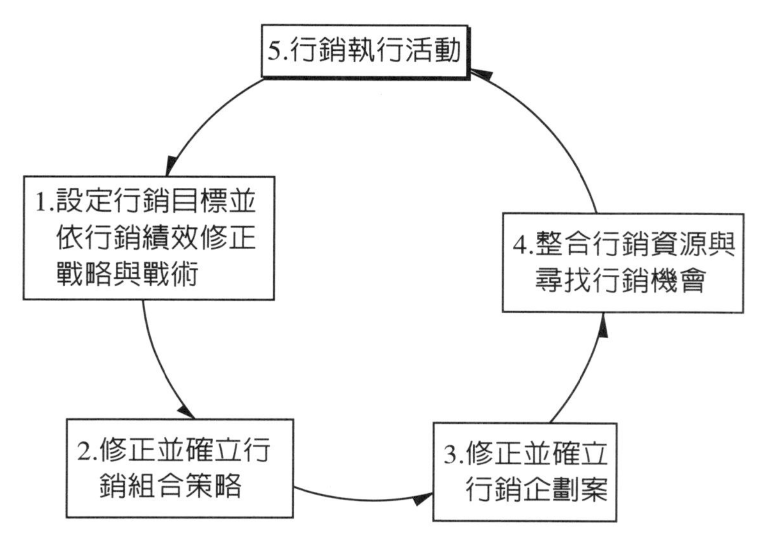

行銷企劃的策略惟思與創意架構圖

第四節　行銷規劃的內涵與步驟

以「策略管理」（Strategic Management）的觀點而言，行銷的本質就是「市場爭霸戰」與「創造顧客價值」。因此「企業策略規劃」（Corporate Strategies Planning）簡稱「企劃」（Planning）在策略行銷管理的角色與功能即是關鍵成功的策略焦點。因此，企劃行銷策略（Marketing Strategies）乃針對目標商品或服務所滲透之目標市場做整體作戰所擬訂之長期戰略與短期戰術。長期戰略大約以五年以上之時間來規劃作戰方針；而短期戰術較著重於三年甚或一年之內的突破行銷術。例如走直銷與門市之行銷通路大部份情況都會在三年之

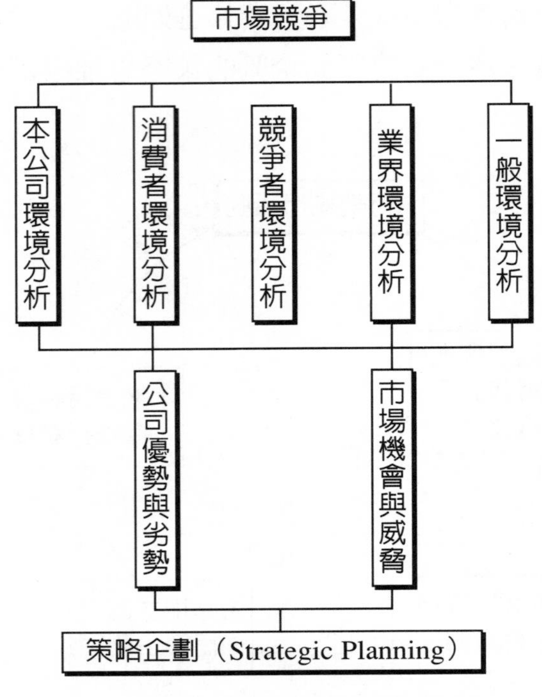

市場定位作戰策略實戰表圖

內建立行銷網路與競爭利基。

因此，企業在擬訂行銷策略前，必須要先有行銷目標與行銷策略理念方能企劃出因目標不同而有不同之行銷策略。

以下就是行銷策略規劃必須要有之行銷策略理念：

1.目標市場區隔。

2.定位策略。

3.服務的理念。

4.服務傳送系統（服務之物流活動）。

5.行銷策略與行銷系統之整合。

6.經營策略。

由於行銷策略乃由企業整體經營策略而來，因此，行銷策略不能脫離經營理念與經營策略而獨立。

進一步地說，行銷策略不能憑空想像，亦不能套公式一成不變，必須隨市場之變動與顧客之喜惡反應而加以修正與執行。

然而，行銷策略最主要之運作管道就是透過廣告及促銷之整體而具體的活動。

因此，廣告策略又必須根據行銷策略與行銷目標加以設計謀略。換句話說經營策略、行銷策略與廣告策略是連成一體的系統。因爲廣告乃是行銷策略最具體之表現。行銷策略用於廣告作戰中的比例約佔70%~75%左右。由此可見，行銷策略絕大多數應用於廣告策略中見眞章，例如七喜汽水（Seven-Up）之行銷策略爲定位競爭，因此，七喜汽水便否定了原來之可樂市場，而由廣告策略之表現開拓出非可樂之行銷再定位策略。

擬訂行銷計劃（Marketing Plan）是企業非常重要的經營實戰策略，可以幫助公司探尋經營努力的方向及達成經營目標的方法。此亦爲整體行銷戰略的作戰核心。

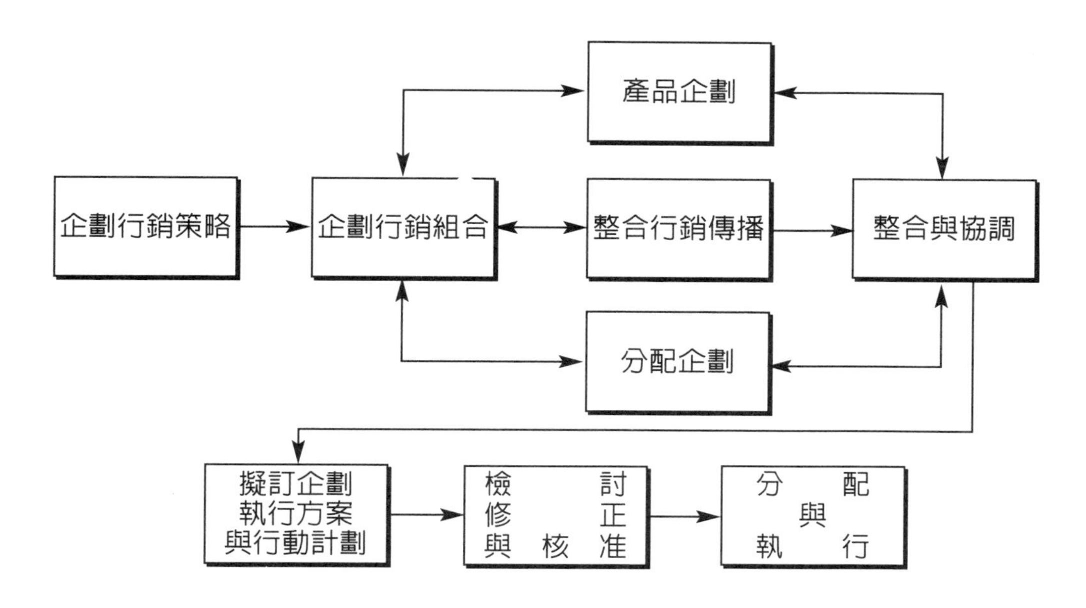

擬訂行銷計劃之實戰架構圖

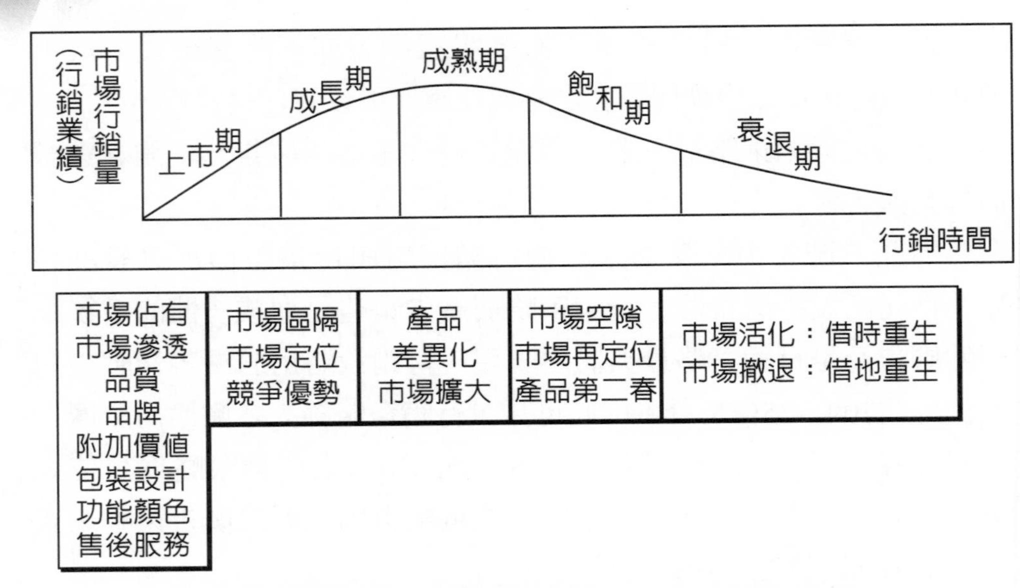

產品生命週期各期的行銷策略在市場上之競爭態勢圖

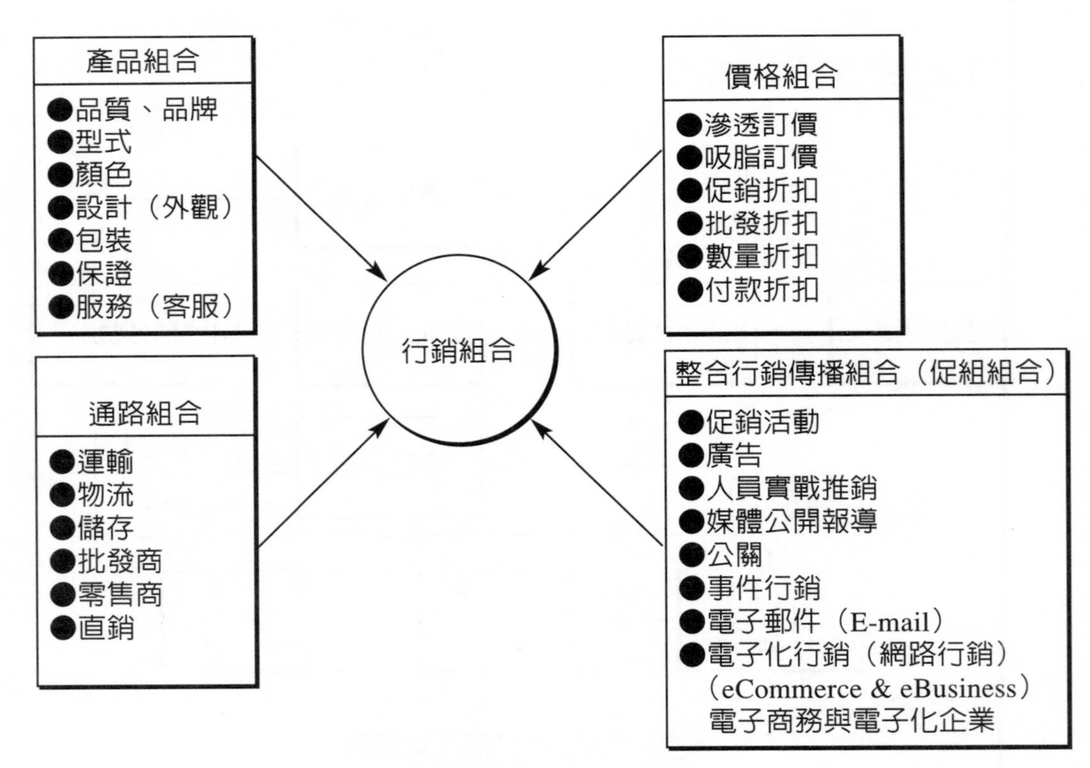

如何擬訂行銷計劃圖

基於以下兩點：爲了掌握時間及爲了發揮資金效益，公司應投注心血擬訂行銷計劃。

擬訂行銷計劃的整體步驟如下：

一、思考下列問題的答案

1.本公司開發市場的目標何在？
2.本公司想開發及行銷何種產品？
3.誰是本公司的潛在顧客？顧客在那裡（目標市場區隔的區域分佈）？顧客的財力及購買力如何（所得狀況）？
4.目前產品的配銷過程如何？
5.目前產品是透過業務代表或經銷商銷售？
6.目前產品如何訂價？（依據那些因素？）：
7.競爭同業的做法如何？
8.本公司目前的市場佔有率如何？
9.原先是否制定有行銷計劃？其成功或失敗的因素何在？
10.本公司爲行銷計劃所界定的成功標準是什麼？

二、市場研究

如果公司的行銷企劃人員對於步驟一的大多數問題未能立即提出具體的答案及解決方案，則必須先找到市場研究方？的答案：必要時不妨透過專業的市場研究機構或市場調查公司，協助找尋答案。無論研究結果是如何，應謹記在心的是：一切以公司的目標爲主。

三、擬訂行銷計劃

行銷計劃的實戰內容應包括：

（一）確立行銷目標：

1.市場行銷總金額與行銷量：針對某一（或某些）目標客戶得到多少業績，扣除多少成本後，至少應該有多少的利潤。

2.市場佔有率：即以多少成本掠取多少市場佔有率？

（二）寫明所要行銷的產品特性、效益、定位，以及產品能滿足顧客的何種需求。

（三）說明顧客的地理區域分佈以及所得情況並敘述顧客的基本特徵與購買型態。

（四）說明產品的配銷過程，亦即貨物流通（物流）的實體分配（Physica1 Distribution）

（五）說明目前的訂價過程及依據，提出價格保持不變或建議有所變動（調整價格）的原因。

（六）擬訂行銷通路（行銷通路大革命→直銷與間銷大突破）。

（七）擬訂產品推廣的整體組合策略（Promotion Mix Strategy）：

此又稱爲整合行銷傳播（Integrated Marketing Communications / IMC）

1.廣告策略如何創造。

2.SP促銷活動如何規劃。

3.人員實戰推銷如何強化銷售戰力（Sales Force）

4.公關如何配合。

5.新聞報導如何運用。

6.EVENT事件行銷如何企劃與執行。

7.直效行銷如何企劃與推展。

8.E-mail行銷如何企劃與執行。

9.網路行銷與電子化行銷如何企劃與執行。

10.電子商務與電子化企業（eCommerce & eBusiness）B-2-B與B-2-C之企劃與執行方案。

（八）指出競爭因素對本項行銷計劃的影響。

（九）說明目標市場的同業競爭態勢，並擬訂打敗競爭對手的具體方案。

（十）設計整體行銷作戰系統與競爭行銷策略企劃。

四、「行銷計劃書」（Marketing Plan）的實戰內容

行銷計劃書涵蓋下述各項內涵：

（一）市場競爭態勢分析（Market Competitive Situation Analysis）

綜合報告與總體環境、競爭者、顧客、供應商、經銷商及其他問題相關的趨勢與要點，並指出主要之問題點（Problems）及機會點（Opportunities），因應策略必須詳細說明及評估。

（二）行銷目標（Marketing Goals & Objectives）

擬訂未來年度的主要行銷目標，並將之轉換爲可以衡量及能夠達成之數量與金額。此銷售配額（業績責任額）係依業務人員之表現及地區銷售潛力訂成。

（三）行銷策略（Marketing Strategy）

擬訂某一特定時間內用來指導行銷戰力之目標、政策及規則。而行銷戰力包括下列三個層次：（1）行銷費用水準（Marketing Expenditure Level）（2）行銷組合（Marketing Mix）（3）行銷資源整合與分配（Marketing Resources Integration and Allocation）。

（四）行銷作戰方案（Marketing Program）

擬訂產品、價格、通路、推廣等行銷組合之時間、空間、人員之作戰法。

（五）行銷預算（Marketing Budget）

擬訂整個行銷計劃所需之經費支出及可能收入之估計數字。

【個案實例】

年度行銷預算（Annual Marketing Budget）

行銷收入		行銷支出（行銷成本）	
1.行銷業績	NT$ 1億3千萬	1.廣告費用	NT$ 1千5百萬
2.商標權收入（權益金）	NT$ 1千5百萬	2.促銷活動費用	NT$ 5百萬
3.加盟收入	5百萬	3.業務人員Sales 底薪+獎金（含Sales 名片印製費）	NT$ 4百萬
		4.DM製作費	NT$ 2百萬
		5.公關費	NT$ 5百萬
		6.發E-mail費用	NT$ 2百萬
		7.電子商務網路費	NT$ 3百萬
行銷總計：1億5千萬			總計：3千6百萬

營收NT$ 1億1千4百萬

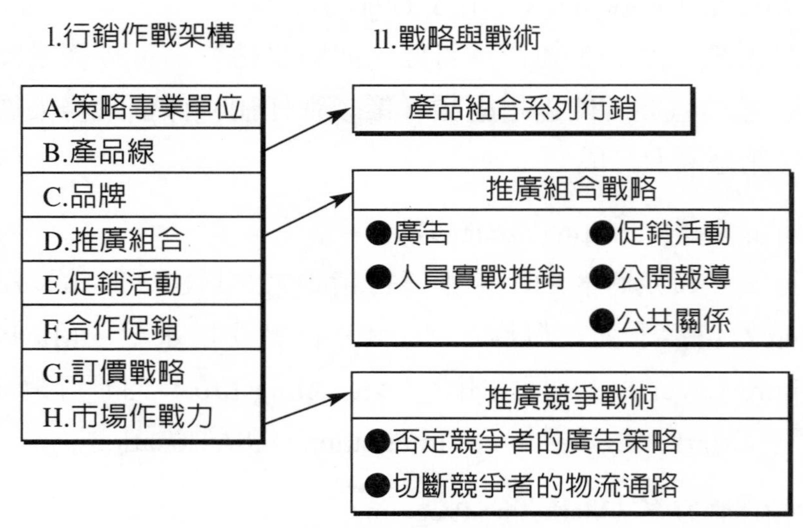

行銷企劃內容查核表

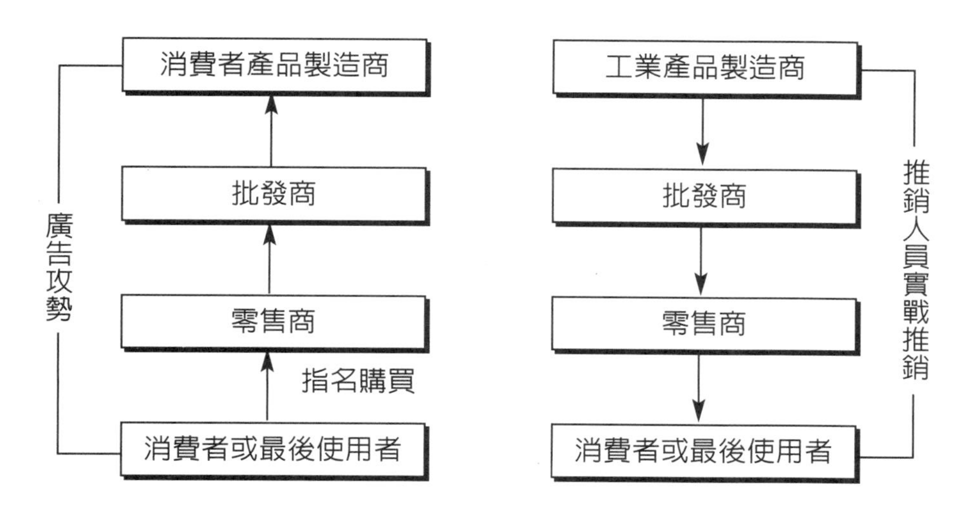

工業產品市場（生產財）與消費產品市場（消費財）行銷通路之比較圖

第五節　行銷企劃個案研究

◎SONY化妝品行銷企劃書

（一）前言

企業商戰應組合「實戰推銷」、「滲透促銷」與「戰略行銷」作整體企劃，方能提高企業戰力而克敵致勝。在行銷企劃的策略上，應強調「創意」並以敏銳的市場分析，簡捷清晰的思考，做正確的判斷方能決勝千里。

1.本案企劃精神

化妝品市場已趨向市場成長期之後半期，快接近成熟期，但在台灣市場尚未到達飽和期。因此，SONY化妝品尚有適合存發展的定位空間。本企劃案即在分析消費者及市場競爭態勢，並找出SONY化妝品之市場空隙，以作整體行銷作戰的系列活動。

2.本案整體企劃概念

（二）現階段化妝品市場環境分析

1.市場分析

（1）就消費者使用化妝品之習慣而言——台灣高度成長的經濟條件，直接改變了消費習慣，對日常生活的要求，已趨於強調精緻化，民最要最敏感的考慮條件——「價格」，在生活型的消費者心中已不是很重要而成爲其次。

（2）就化妝品市場現狀而言——化妝品市場在國內是一個大市場，屬開發中市場，尙未飽和，尤其保養、護膚系列列產品，市場潛力尤甚。雖然消費方式受資訊影響，而不斷提高在品質方面的要求，但據市場調查結果，依舊有相當大的競爭價値及潛在市場，且化妝品消費群持續成長，從以前的高收入者，擴大至今高中以上學生及少女使用化妝品保養美容者比比皆是，形成一股流行風潮，SONY化妝品系列即可迎合少女消費群與學生族的口味而能佔有一席市場。

（3）就品牌狀況而言——台灣市場化妝品品牌衆多，如蜜絲佛札資生堂、佳麗寶、POLA、CROCODILE 、倩碧、蘭寇、雅閫、美爽爽……且各品牌皆有屬於自己的消費群，但游離群及非品牌忠誠度的消費者亦不在少數，市場空間在整體上仍屬樂觀。 SONY化妝品應求取定位式的利基市場。（即適合SONY化妝品生存條件及發展優勢的市場定位）。

2.消費者分析

（1）根據市場調查的問題顯示，目前想使用或已使用其他品牌化妝品的消費者，皆有下列特徵：

①年齡層在16歲以上~50歲以下的女性（尤以職業婦女、學生族、家庭主婦爲典型，但以職業婦女居多）。

②都市生活者（生活人型的消費者）。
③具現代生活感覺者。
④十分重視社交圈的標準，且自信心強。
⑤注重生活品質，強調品味、精緻、個性、休閒。

〈市場調查個案〉

下列個案即描述標準潛在消費者對化粧品使用行爲：
許妙音小姐26歲

大專程度，在貿易公司上班，家境中上，住公寓。因公司較注重禮儀，男士要求襯衫領帶，女士則要服裝整齊，由於出入社交場所機會多，而潮漸注重自己的儀表，同時也改變了以往對化妝品奢侈的觀念。有時更會與公司同事討論使用化粧品的心得、感覺、觀點。聽到好的，常常也會購買回家試試，平時或上班使用保養品，上淡妝；而出入較正式的宴會時，會使用較名貴的化妝品。在訪問時，詢問她是否聽過SONY化妝品，回答說「沒有」，再問：「是SONY化妝品有試用品，你願不願意試用？回答說：「願意」，能試用非常令她的口味，她的消費習性常在試用後購買。因為她原來也是試用資生堂化妝品後才購買。

（2）消費行爲

①購買理由——有專業用法的特色，新品牌、價格合宜，高品味。
②購買行爲——百貨公司專櫃介紹、TV資訊、DM報紙、雜誌媒體、同事、朋友的體驗證明推薦及美容院、沙龍介紹推銷。
③使用方式——使用同一品牌系列成兩種或兩種以上品牌

精品交互使用，即同時擁有多種化粧品品牌搭配服飾、髮型或出入場所而交替使用。

④品牌忠誠度——屬關心度高的化粧品，需常常有人提起印象，否則將使消費者開始懷疑所使用的化粧品是否爲最好的、最新的，而產生記憶反興趣衰退，終將淡忘品牌。

3.商品分析

（1）SONY化粧品系列分明，分保養系列、色彩系列，適合不同肌膚的且特定消費者選用（油性肌膚、乾性肌膚、中性肌膚）。

（2）SONY品牌賣相（販賣印象Sales Image）佳。

（3）系列價位約在5,900元以上，價位適中。中高年紀（25歲以上）的單身貴族或上班族皆有消費能力選購其一單品或做系列產品的購買。

4.本公司定位分析

本公司行銷通路採直銷及專櫃、沙龍、地區代理商（現改爲直銷、百貨公司、美容專櫃、地區代理商），初期談妥東光百貨、欣欣百貨、流行頻道 （FM STATION）專櫃，台中代理商、台南代理商亦在洽談中，俟最後敲定簽約。

直銷方面已談妥幾位Creative Product Saleslady CPL，人數應再增加。

5.競爭分析

（1）就化粧品而言，系列化的產品是必然的趨勢，SONY化粧品系列在起步上雖是新引進產品，位在競爭的條件上仍具有優勢。

（2）價格屬中等價位，與佳麗寶……消費額類同。

（3）市場上已成功的有CROCODILK、POLA、PLAYBOY等品

牌化粧品保養品成功切入市場的模式。

（三）問題點與市場機會

1.問題點

（1）化粧品屬於爲資訊化市場，使用者需先有強烈印象，造成心中一般「熱愛」（Booming），才有可能於多種化粧品中選上SONY化粧品。

（2）商品包裝雖佳，但尚無獨特吸引消費者的商品形象（Product Catch）

（3）刺激印象讓消費者達到認同，需要一段時間，所以先期投資回收時問將會較延緩。

2.市場機會

（1）可藉SONY於國人心中高級品的印象，切入生化科技，強調其爲最流行的天然產品——「保養護膚、美容化粧品」，可發揮印象連續的作用。

（2）化粧品市場由於最近幾年競爭特別激烈，已到競爭白熱化的程度，競爭刺激後使用化粧品人口增加，市場亦隨之擴大，有許多新興，消費者等待再刺激爭取。

（3）系列產品一次購買，全套享受化粧保養「美」的品味。

（4）由市場區隔方法，可將SONY化粧品保養系列及少女系列分別向目標市場同時進軍。少女系列訴求對象（16歲~28歲女性消費者），保養系列訴求對象（23歲~50歲女性消費者），其中有部份市場可，能會同時購買保養系列及少女系列。因此，從16歲~50歲的女性消費者皆爲SONY化粧品的顧客，均能接受SONY化粧品。

3.解決問題點的方案

（1）針對問題點可藉由舉辦SONY化粧品發表會及化粧大會，提高消費者對化粧品的品牌印象產生「想要買來試看看」的購買誘因與品自牌認知。

（2）SONY化粧品包裝或POP均爲黑底白字，應強調各賣點及專櫃的商品佈置、陳列、賣場氣氛的塑造，Cata1og及招牌、海報亦須「秀出SONY化粧品的獨特魅力與整體美的感覺。

（3）運用廣告宣傳，引起消費者對SONY的品牌忠誠與信任。

（4）鞏固各賣點之商品資訊，並將SONY化粧品普及化（定期舉辦美容及化粧研習會或發布美容流行資訊）。

（四）「SONY化粧品保養系列」

1.引起並加強對SONY化粧品品牌之信任度與關心

（1）行銷策略

①強調SONY IS SONY高級品，愛美價格（普及價格）。

②對職業婦女（上班族）、單身貴族的購買做機動性而有計劃之直接銷售（Direct Sales），加強公關PR活動（Public Relations），（如傳播界、媒體、新聞稿宣傳、報紙雜誌、記者招待會、作秀），並舉辦促銷SP活動（Sales Promotion Campaign）。

a.強調SONY化粧品爲世界性產品，係屬日本SONY企業體多角化經營的產品系列之一，無論保養化舵品或色彩化粧品，其品質均屬世界第一流，廣爲世界仕女所歡迎。完全爲日本原裝進口。

b.全面提高品牌出現頻率，如到各百貨公司流行商品專櫃或其他，詢問是否有SONY化粧品或到美容院及美容沙龍洗頭、做臉、保養時，順口指定要SONYy化粧品。

（註：這招往往能使賣點考慮進貨SONY化粧品）

c.建立美容會員制度，直接傳播最新美容訊息

（售後服務及第二波的人潮介紹）。

d.舉辦展示SONY化粧品試用販賣會。

e.建立「SONY有一份個性美的自然形象。

f.保障銷售賣點的利潤，使其有進貨SONY化粧品並銷售之意願。

（2）廣告策略

①提升SONY化粧品之新產品格調，針對市場區隔之主消費者的形象及需求作直接定位之訴求。

②強調SONY化粧品運用科技，突破傳統化粧品的製造方式，採天然成分運用遺傳因子生產，其高滲透力，充分發揮化粧品的功區能。

③建立「SONY有一份個性美」的清新形象。

④用明星來代表名牌（以此方式成功的運用如佳麗寶，塑造鍾楚紅成爲佳麗寶之星）。

（3）廣告表現戰略

①SONY化粧品保養系列＋天然的＋跟妳一樣愛美＋在人生的舞台上，「美」抓得住你

「SONY有一份屬於妳自己的個性美」

②「SONY印象度告」TV．CF概念製作。

2.鞏固購買點及SONY化粧品普及化

（1）行銷策略

①同級產品（競爭對象）——高級品，愛美價。

②全省愛美不分你和我活動——試用品索取。

（全省各縣市分配數量送完爲止，告知在全省那一個地區代理經銷商有銷售SONY化粧品，大家都能買得到、買得起，只要顧客「妳」願意使用SONY化粧品）。

CD購買點的統一形象建立（招牌、海報、Cata1og蓋上賣點地址、電話、商號）。

（2）廣告策略

①「SONY有一份個性美」形象普及。

②SONY爲高品質，但卻有一份給愛美者的普及價

③由代表明星說明，爲什麼「SONY有份屬於自己的自然個性美」，提高社會公信力。

④POP、DM、Cata1og海報的普及於各購買點上，普及了「SONY化粧品有一份自然魅力的個性美」的流行訊息。

（3）廣告表現戰略

自然的＋美的化身（代表廣告明星）＋愛美價（普及價）＋試用期限+＋認識各購買點＋有限數量的心理誘導，

流行風潮（話題／口碑）。

SONY化粧品普及化（全省各縣市，認識品牌並忠誠SONY化粧品牌）。

（五）廣告預算

註：因還未確定全省所分布的賣點有幾家，故其製作數量和費用暫時保留。

1.促銷活動

（1）舉辦「SONY有一份屬於妳自己的自然個性美」試用活動，爲期週於北、中、南各○○○購買點

贈品製作

各類贈品○○個○○元品

DM製作○○份○○元

價櫃場地佈置○○家○○元

（2）①「SONY有一份屬於妳自己的自然個性美」

促銷期

貼紙○○張○○元

②DM列架○○個○○元

③精美海報○○份○○元

總促銷金額○○＋○○＝○○元

2.廣告製作費預算

（1）TV

形象20″ ○○支○○萬元

10″ ○○支○○元

預算金額○○元

（2）平面稿二份

形象一份

促銷一份

預算金額各4萬元×2=8萬元

3.廣告媒體運用

（1）CF（Commercia1 Film）二檔，雜誌二期、三家報紙一檔，初期以形象為主，為期約三週於此三週期間分佈購買點，並舖貨。

（2）CF（Commercial Film）一檔，雜誌二期二家。報紙一檔，中間則以形象與訊息，吸收有興趣者認識產品及購買點。此時，以廣告明星為輔，介紹產品，強化說服力。

（3）雜誌二家一期，廣告促銷追蹤，徵求使用者，並建立較完整的口傳系統（耳語運動）（Whisper Campaign）。

◆ 如果有化粧品試用品，是否願意試用？

◆ 消費者所獲得的化粧品資訊來源。

◆ 消費者對化粧品的品牌反應。

◆ 消費者選購化粧品的價格反應。

◆ 消費者挑選化粧品的依據條件。

（一）SONY產品說明會要項明細

1.企業體說明

（1）公司規模組織。

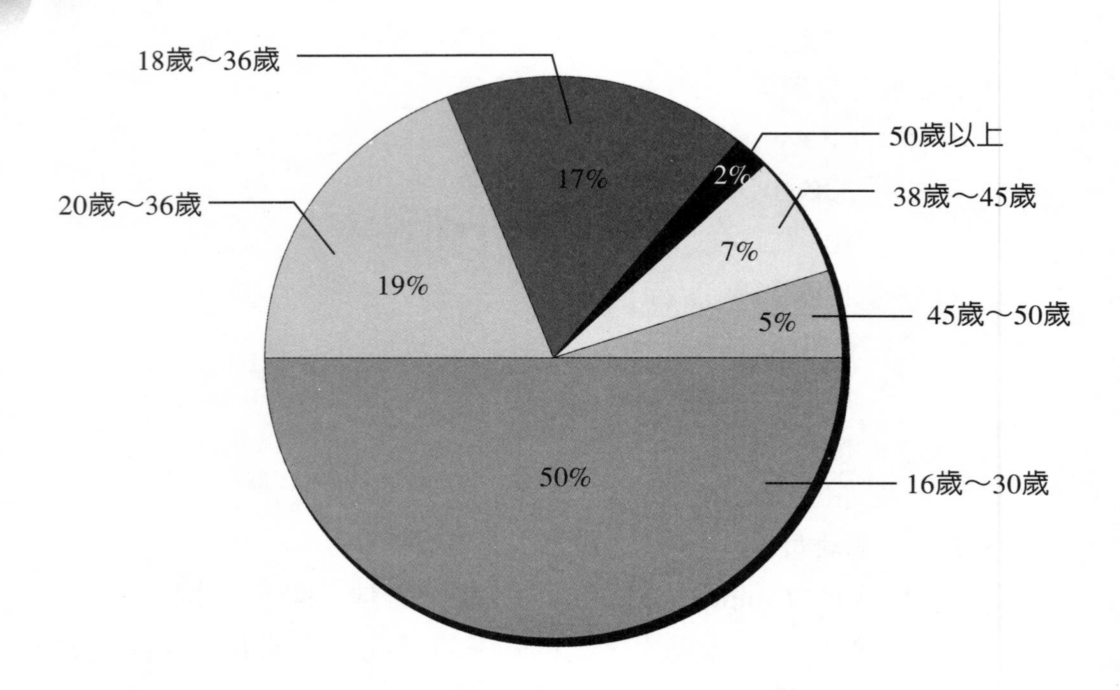

圖　使用化粧品年齡分佈圖

（2）公司營業範疇、業種、產品種類、今後發展傾向成長率。

（3）經營理念方針。

（4）自認在業界的定位與核心競爭力。

（5）對消費者的基本態度（對消費者要求的處理方式，對消費者教育的積極作法）。

2.商品特性說明

（1）經歷

①有關開發自發售情況（商品Idea來源，發售年月日，發售後的改良或變化情況）。

②商品的壽命週期。

（2）品質、性能特性（主要競爭品牌，亦列入比較）

①原料：成份、素材、有何添加物、生產方法、加工方

法、商品外型。

②五官感覺上的特性：觸覺、嗅覺、聽覺、風味、視覺。

③顯著的特徵：有專利的部分是那些、有無執照、來源證明、許可字號。

④主要機能概要。

⑤主要用途是什麼。

（3）該產品佔公司總營業額的比重。

（4）關於品質性能的實際評價（公司內部、消費、同業悶、在國外）。

（5）命名的由來意義。

（6）有幾種包裝（容量）及各級價格（廠價、經銷價、零售價）。

（7）各種包裝容量的銷售比例如何。

（8）Marketing Cost比例如何。

①廣告費。

②銷售促進費（SP）。

③市場調查費。

3廣告商品的銷售狀況

（1）市場佔有率目標（%）。

（2）營業額目標（元）。

（3）利潤目標（%）（元）。

4.廣告商品的通路狀況

（1）物流路線圖。

（2）直營分公司及營業所的分佈狀況（地區別）及家數。

（3）總經銷（大批發）的分佈狀況（地區別）及家數。

（4）地區經銷（中批發）的分佈狀況（地區別）及家數。

（5）零售商的分佈狀況（地區別）及家數。

（6）各種銷售點（專賣店、百貨公司、超級市場、其他）的銷售比例。

5.促銷策略

今年是否會舉辦促銷活動，有無初步構想？費用有多少？（廣告費與贈品費、製作費各有多？）

（二）廣告策略表現方式明細

1.由聯廣聽取說明會後，收集相關資料，擬定廣告計劃策略及廣告表現方式。

2.提案內容包括項目

（1）平面方面

①海報（色稿）。

②型錄說明書（色稿）。

③雜誌稿（色稿）

④報紙稿（色稿）。

⑤戶外看板（色稿）

⑥車廂或車體廣告（色稿）。

（2）立體方面

①電視CF（腳本）。

②廣播（講稿）

3.修正案：針對提案內容，經過廣告主與廣告公司之間的溝通後加以修正，經過一次或二次的修改後，由廣告主確認交廣告公司執行廣告計劃及廣告表現。

4.廣告計劃與廣告表現確認項目

（1）平面方面之色稿。

（2）立體方面之電視CF腳本、廣播講稿及表現方式。

5.平面製作物製作執行

（1）海報、型錄——照片拍攝、完稿、交付印刷、看打樣、完成印

刷。

（2）報紙雜誌稿及戶外看板、車廂（體）——發媒體、打樣、製作等。

6.立體製作物製作執行

（1）CF交製片公司製作腳本、溝通拍攝方式、執行拍攝工作、完成交片。

（2）廣播講稿交錄音公司執行錄製、完成交帶。

①訴求對象：以東光百貨商圈之消費客層為主。

②效果預測：此次促銷活動必可提高消費大眾認知SONY化妝品之形象及知名度，進而有興趣試用或購買SONY化妝品，增加東光百貨SONY化妝品專櫃銷售業績。另一方面，將增加SONY化妝品品牌忠誠顧客並提高市場佔有率及銷售量。

討論課題

1.請研討一套行銷企劃案之封面與目錄設計之技巧！是否軒要具備美工完稿之技巧，試詳細研討！

2.行銷企劃案關係著行銷策略能否運作成功，其最主要之關鍵問題為何？試以下列諸要素研討之？

（1）經營者理念與管理風格。

（2）企業財力。

（3）市場競爭態勢。

（4）行銷定位策略。

3.試分組討論以下兩個實例個案之行銷企劃案，並詳細完成其內容、目錄與封面設計！

（1）台灣市場香煙行銷企劃案。

（2）台灣市場行動電話行銷企劃案。

第12章 策略服務行銷

本章學習目標
e-Learning Objective

- ◆瞭解新產品上市前應準備之行銷利器。
- ◆瞭解市場研究必須在新產品上市前推出整套市場開發計畫。
- ◆瞭解新產品土市時，必須強化品牌知名度與商品認知率，以提昇產品形象（Product Image）。
- ◆能夠以週全的思考模式，擬訂新產品上市之整體企劃案。
- ◆能夠擬訂市場作戰計劃以打擊任何競爭者之仿冒行為。

第一節　新產品上市策略之理念與意義

一、新產品上市行銷技巧

新產品上市策略必須著重新產品之行銷過程與市場潛力預測，茲將其技巧分述如下：

1.市場調查及預測：顧客是誰？在何處？想要什麼？
2.政策決定：決定銷售、價格、流通、廣告、服務等促銷方式。
3.銷售程序之選定：直接銷售？間接銷售？流通機構？及其他銷售程序之選定。
4.市場之檢討：何處有市場？以何處爲目標？更以市場與產品潛在性格來探討市場大小。
5.產品路線的決定：產品路線的決定，包括產品的形式品種、機能、品質、價格等的探討。
6.基本的行銷計畫：包括目標、成本、邊際利益、預算等。
7.產品計畫：包括產品的外觀、機能、品質、大小尺寸、樣式、做法等。
8.基本銷售計畫：包括賣給誰？何時？何處？什麼物品？只賣什麼？應如何賣等。
9.廣告和促進銷售計畫：什麼樣的產品在什麼樣的市場，以什麼程度價格，使用何種促銷方法？
10.銷售的訓練計畫：對誰？以什麼機能？何時？何處？靠誰？什麼樣的技術？使用何種手段訓練？
11.產品的服務計畫：檢討作成的計畫，何處？以何種方法爲產品服務？訓練、操作或漏印指導書等。

12.人事計畫：負有何種機能的責任，達成目的要什麼樣的助力。在銷售活動方面，進行需要人員計畫和評價方法的檢討。

13.綜合銷售計畫：根據產品計畫和銷售路線，由誰？何時？在何處？實施什麼樣效果的綜合銷售計畫。

14.第一線銷售組織的計畫：關於銷售實施的計畫，集努力之大成，包括人員、地區、顧客、適當的產品、場所時間。

以上所述是極平常的行銷過程，依企業規模、產品種類等，而有種類的變化。

二、新產品推出應注意事項

（一）推出新產品時容易失敗的事項

1.市場的調查與分析不夠充分。
2.產品不良。
3.開發費用不日成本昂貴。
4.時機不對。
5.競爭條件的變化（價格降低等）。
6.行銷計畫不完善。
7.產品的品質組劣。
8.生產及銷售的調整，關係不平衡。.
9.缺乏銷售人員。
10.銷售通路狹窄。
11.研究人員缺乏經營觀念。
12.經營者對於產品的展望性意見不合。
13.研究人員對技術變化有偏見。

14.銷售管理者對新產品的理解不夠。
15.推出新產品前的事前準備不夠完備。
16.過分相信新產品的科學性評價。
17.輕視市場。
18.打入市場的時期，比其他廠商緩慢。
19.屬於高技術產品，因此，招攬不到顧客。
20.全公司缺乏經營觀念。

（二）久消費財的開發留意事項：

1.專業品：市場情報，情報的評估，競爭的範圈，銷售之研究，技術開發組織，研究的強化，各企業間的提攜，自己公司的開發，技術導入等。
2.競爭品：銷售員的強化，產品開發組織、長期計畫、產品廢止計畫，廣告宣傳的強化，銷售之系統化，其他公司製成品的動態以及銷售重點，研究預算、減價等。

（三）非耐久消費財的開發留意事項：

1.專業品：新範園、新用途、關聯範園、競爭品、思想戰略、行業的轉換、獨佔企業等。
2.競爭品：銷售的強化、廣告的強化、印象戰略、包裝研究、材料轉研究、市場佔有率的擴大、專業品等。

（四）生產財的開發留意事項：

1.專業品：產品的特性、產品的循環過程、代替品的出現、市場獨佔、後開發廠家、成本管理、研究成果的評估、技術的組織化及合理化、管理技術等。
2.競爭品：通路的強化，產品定位，專業目標市場等。

第二節 產品企劃的步驟

欲以科學的方式有效地展開產品企劃的話，務必經由下列諸項步驟和程序：

1.構想階段：

以消費者的立場，提出舊產品改良或新產品開發的構想，是產品企劃的要旨。

產品企劃勢必要經過下列構想階段的活動：

（1）確認問題的所在。

（2）環境的明確化。

（3）實踐創造、系統性的研究。

2.評價階段：

爲達成有效的經營，評價產品企劃的內容是不可或缺的步驟。

3.研究階段：

爲使產品具體化，必須研究產品企劃上的諸事項。

4.企劃階段：

經過構想、評價、研究等步驟，決定加以生產時，產品企劃即邁向行銷組合（Marketing Mix）的階段。

5.決定階段：

對於全盤性的產品企劃，作最後定論的階段。

6.實施階段：

以幹部的意見爲準，各有關單位進行實施的階段。

7.控制階段：

由經營、綜合觀點而論，使企劃業務逆行的階段。

第三節　產品生命與各階段的產品特性

一、產品企劃的構想來源

（一）公司內部的構想：

1.由調查、技術、企劃、推銷、研究開發部門等的提案。

2.由一般職員或推員的提案。

3.綜合和分析顧客的要求或不滿。

4.新產品構想的提案制度或集體思考等自由會議。

（二）交易關係方面的構想：

1.和批發商、零售商、代理店、特約店等交易與交涉中，所獲取的資料。

2.批發商等的提案。

（三）競爭廠商方面的構想：

1.由競爭者的顧客中得到的意見和抱怨。

2.從競爭品、目錄、展覽會等獲取的構想。

3.由外國的產品或目錄獲得的構想。

（四）消費者方面的構想：

1.消費者的意見或提案。

2.消費者的不滿。

（五）其他的構想：

1.由發明家、顧問公司、大學或研究室、廣告公司、市場調查機關等提供的資料。

2.同業或業界雜誌、政府機關、大眾傳播關係等機構得到的資料或提案。

二、產品企劃活動

下圖12-1是產品企劃活動的具體實例：

第四節　新產品企劃

一、產品企劃

產品企劃（Product Planning）是指處理產品誕生至報廢的企劃活動。

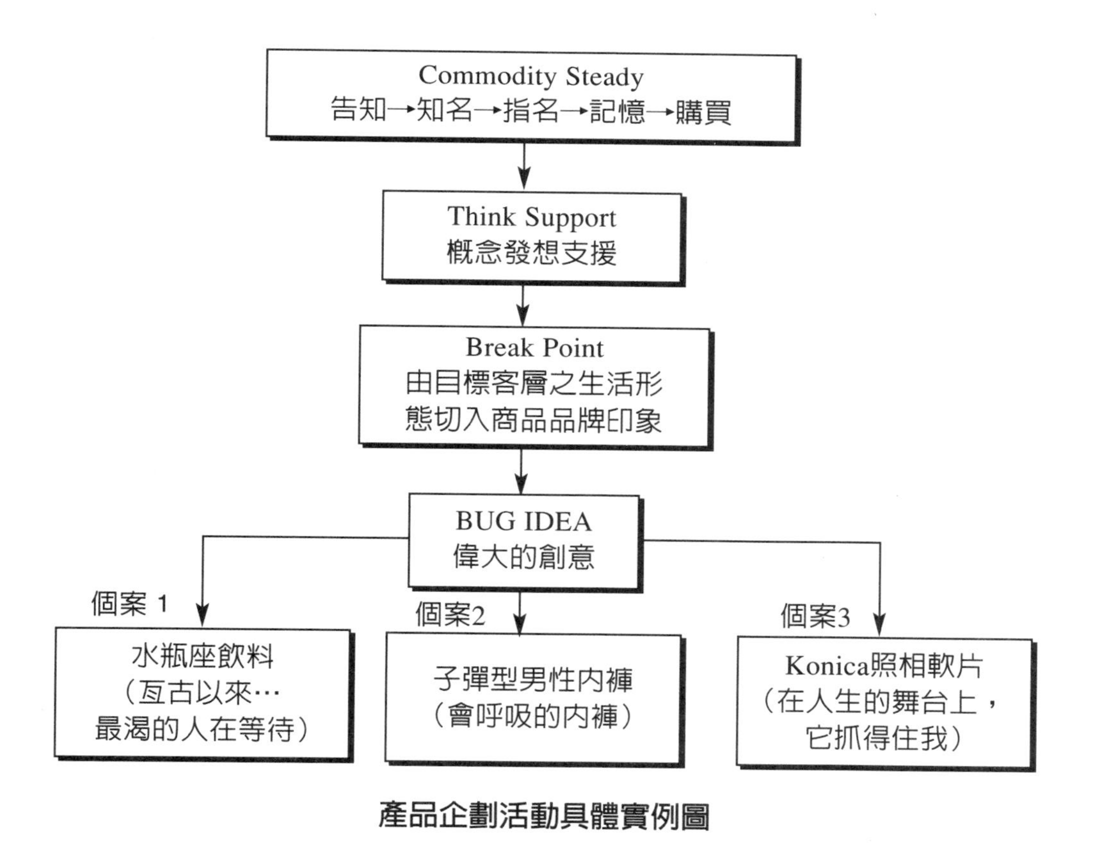

產品企劃活動具體實例圖

產品企劃又可稱爲商品企劃（Merchandising）或產品計劃。

1948年美國行銷協會將商品計畫（Merchandising）解釋成下列與行銷有關的計畫活動。

1.適當的產品或勞務計畫。

2.適當的地點計畫。

3.適當的時機計畫。

4.適當的數量計畫。

5.適當的價格計畫。

1960年該會在注重產品管理（Product Management）和產品壽會（Life Cycle）的觀念之下，訂定了下列參考價值極高的定義。

這些定義對於產品計畫的瞭解幫助極大。

1.新產品的創造與發明。

2.構想的審查。

3.研究活動和產品開發的調整o

4.產品的包裝和商標的決定。

5.產品上市。

6.產品的市場開發。

7.產品的改良及調整。

8.發掘產品的新用途。

9.產品修理和提供服務。

10.產品的報廢。

二、產品企劃〈11〉

產品企劃的主要內容在於研究新產品，選擇和開發商品化。除此以外，尙有改善藉產品和開發新用途的重要一面。

總而言之，產品企劃務必和企業的發展保持密切的關係。

（一）市場細分化和產品差別化的計畫

行銷活動中能深刻地影響產品壽命的有市場細分化和產品差別化的計畫活動。

下表12-1扼要地述明此兩者之間的關係：

（二）產品層次之內涵

菲利浦・柯特勒（Philip-Kotler）將產品觀念分成三種層次。此三層意義，其最基本之層次可謂之「核心產品」（Core Product）。核心產品係指產品所提供之基本效益，即顧客眞正買到之東西。例如婦女買化妝品，並不是買化妝品之物理化學屬性，而是購買希望或美麗：消費者買照相機並不是買機械之組件本身，而是購買快樂、懷舊。行銷者之工作在銷售核心效益，而非產品特徵。

（三）產品之三種層次

形式產品（F。rma1Pr。duct）是核心產品之外包裝，也是行銷者所提供之有形提供物，即是顧客所買之實體或服務，它包括產品

表12-1　市場細分化與產品差別化之關係

戰略 項目	市場細分化	產品差別化
經營理念	消費者導向	生產、產品導向
主要因素	產品企劃	廣告、銷售促進
產品壽命階段	成熟期	試銷期、成長期
目　　的	增加附加價值	規模的經濟性的擴大
	確保特定市場	占有率
市場對象	垂直的	水平的
需　　要	選擇性需要	第一次需要

特性、包裝、晶牌、式樣、品質等。

其實消費者所買的不僅是產品之實體，他還從美好挺襯衫之購買中獲得了美觀、自尊等等，而不是僅徒具形式之加工布料。同樣的，婦女購買一瓶貴夫人香水不是買香水本身，而是購買媚力及羅曼蒂克，圖書館之借書者是在追求娛樂或知識，而非只使用書籍或雜誌。因此，銷售訓練顧問艾爾瑪．菲勒（Emer Philer）說：「牛排店不僅賣牛排，而且賣炸牛排時，那引人垂誕之滋滋聲」。製造商除了賣產品本身也賣它們之象徵價值，人們買一產品之理由，不僅是因爲它的功用，更因爲它代表某些意義」。產品是個人特質、目標及社會型態之心理象徵，人們是精於象徵意義之判斷者，一般都採購可加深其自我印象及自我觀（Self Concept）之產品。總之，消費者是追尋效益而非實體項目。

事實上，消費者從購買中可獲得一組之滿意。例如購買微波爐可獲得如下之效益。

1.迅速備妥可口之雞鴨。
2.擁有微波爐之驕傲。
3.高地位之感覺。
4.許多其他效益。

只要消費者感覺這些效益大於購買所需之金錢、時間及心理成本，則消費者將感到滿意。故本質上企業及非企業機構之任務乃在傳遞這些滿意給消費者及其他大眾。

總之，產品是所有能滿足顧客之需要或慾望之有形及無形之組合體，它包括包裝、顏色、品牌、尺寸、價格、製造商、經銷商之聲望及服務……等等。因此，各種品牌是各自不同之產品，大同公司之蝴蝶瓏彩色電視機不同於大同替東芝生產之彩色電視機。

（四）產品企劃的基本原則

所謂產品企劃是指企業產品或產品的精成，順應消費者、市場需求與動態，使其機能化，也可稱爲機能化市場開發活動企劃。

其內容著重於舊產品的改良、產品新用途的開拓、新產品的開發。

1.改良舊產品的著眼點：

從多種角度來鑽研產品，對於材料、設計、樣式、包裝等的改良著重於更廉價、更富於機能性、效用性更高的方面。

2.開拓舊產品的新用途：

對於舊產品並不予以改善或改良，而將目標放在開拓新用途的方面，這在謀求企業利益上，扮演著極重要的角色。

從各式各樣的角度如地區、階段、年齡類別等方面來進行調查消費者， 有助於新用途的開拓。

行銷人員應企劃一般的使用者、銷售業者對產品使用的反應，所提供的檢討表。茲將產品企劃實戰內容詳細敘述如下：

產品策略中之產品目標與策略體系應具備強而有力的戰略概念。因此，產品策略應根據產品目標及外在環境（包括產品生命週期及流行週期）釐定之。而產品目標又源於行銷目標，後者引伸自公司之目標，構成不同層次標公標爲成長講求的增此時高階管理當局可能研擬如下兩種成長策略：（1）兼併其他公司，（2）增加公司之營業額（內部成長）。前者主要是法律及財務部門之責任，後者則是行銷部門負主要實任。因此，增加營業額成了行銷部門之主要目標，此時行銷部門可發展不4同之行銷組合策略以求達成增加一定營業額之目標，這些行銷策略可以是行銷組合中之產品、定價、促銷、或分配通路之任一項，亦可爲其混合策略，例如公司可以：

（1）利用廣告及人員推銷，積極的促銷現有之產品線。

（2）擴張其分配系統。

（3）調整價格以增加銷售量。

（4）導入新產品。

第（4）項行銷策略是產品管理機能之直接責任。因此成爲其主要目標，根據此目標可發展出許多不同之產品策略。如從市場面或技術面創新，再根據所選擇策略採取必要之產品戰術。

當然，公司之產品目標及策略不僅是源於產品管理之狹窄領域，例如，一衰退產品之繼續上市，可能是由於要利用一些生產設備去維護銷售機構，或爲服務現有之分配通路。而有些新產品之發展則源於超額產能之利用，或爲調度營運資金之方便而生產。總之，公司產品策略應以主觀條件配合客觀環境之需要而訂定之。

第五節　產品開發理念、戰略與架構

假設某企業基於公司開發政策與市場的強烈需求，推出新商品，那麼此階段最重要的工作，便是如何把商品導入市場；換句話說，是如何把上市行銷的戰略概念確立一個順序，而且不要把此戰略的架構想得太深，綜合以往一般經驗，大致可分爲下列三個作業程序，見圖12-2：

（一）4P'S之策略內容

1.商品概念的剖析：該商品擁有的效用＝商品概念＝經過仔細過濾後所選出最能產生效用的概念。

2.商品定位的確立：從別的廠牌或公司自營的競爭商品中給予新商品最佳的定位，把最能開拓市場的商品定位確立出來。

3.消費對象的確定：新商品新選擇的消費階層，以最能獲得市場

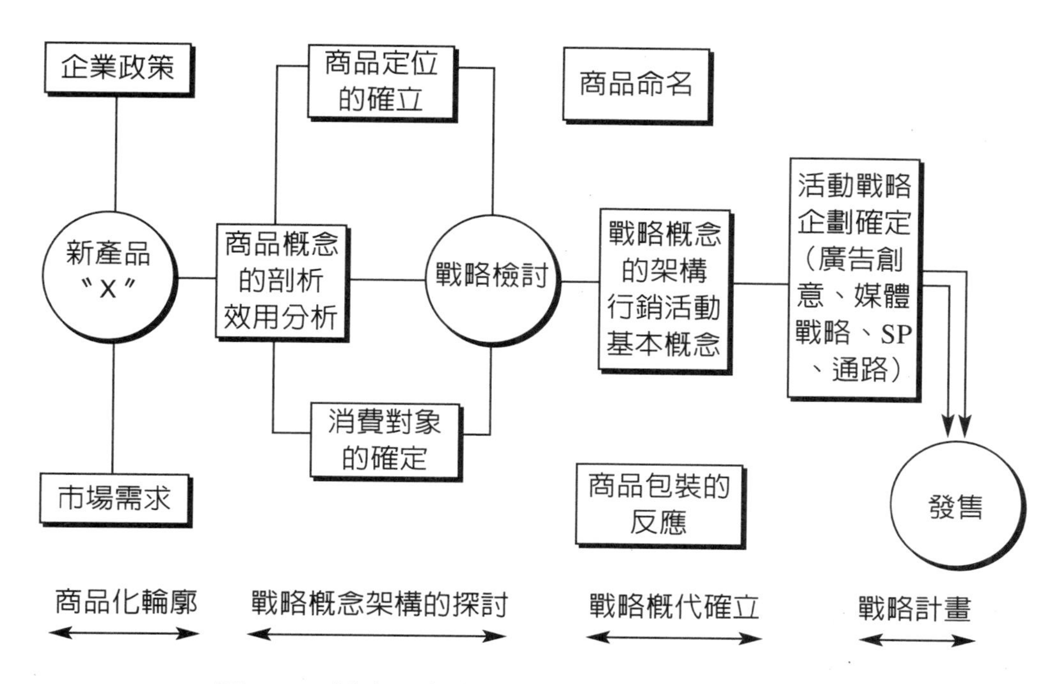

圖12-2　新商品上市的行銷戰略概念架構與程序

的對象為主。

此種作業方式，在每個小階段的效用分析時，係經過團體座談會，以及對消費者賞施調查，再依消費者所表示的分量比重加以濃縮比較而得，因此此產品的效用分析可用一句話來做結論——「外出時方便用的液體美容牙膏」。以此做概念的剖析，不也是挺簡單的嗎？當然，商品不一定是指新開發的商品或是舊商品的改良，也可能是正在銷售的商品，因此商品效用的歸納方法或因人而有不同，但以此能有所比較分析，也是好的抵礪方法。

（二）**商品概念的剖析**

由於年輕職業婦女的增多，午餐後刷牙的習慣風氣可能打開，則此攜帶用水性牙膏的開發具有時代意義。以上簡單的假設商品所強調探討的幾個觀念，希望由實例剖析帶給讀者全盤性的了解與認識。

嚴格說來，在衰落階段某一點，企業必須考慮到淘汰產品的問題。當某一產品已步入生命週期末期而勢須淘汰時，行銷人員必須壯士斷腕，因爲這樣一來，可以將大量企業資源釋放，轉用於其他更有利的產品上。

此處所謂的商品概念，是指商品全盤性行銷戰略的基本概念，與單純針對商品本身導出的概念是不同的。以此商品概念爲中心，再透過商品定位的確立與消費對象的確定雙層過濾，形成尖銳的戰略概念，而在過濾時考慮的臨時也能直接變成戰略概念。

戰略概念確定後，緊接著便是促銷策略的企劃與新產品銷售路線的安排，所謂促銷戰略，包括廣告表現戰略、媒體戰略與流通路線等，而在戰略概念中，原本居重要地位的包裝與命名，其重要性也日益加強。

通常，具效力的銷售活動，商品本身已經媒體化，在戰略概念確定後，綜合言之，就是商品化作業的延長，就意義上說，製造商品，也就等於製造戰略。

商品概念，簡而言之，就是商品所具有的物理或心理上的價值與效用，可分爲三類效用來探討：

1.實質的效用：該商品所具有的機能與特性價值。
2.感覺的效用：商品本身所醞釀出的價值感，例如，設計的要素影響使用時的感覺。
3.象徵的效用：使用該商品所得的自我滿足的快感，或所具有的社會價值功能。

爲了更進一步地分析說明，我們假設開發一新產品「攜帶用水性牙膏」，以實例的方式來解說。攜帶用水性牙膏的效用亦可三分，其實際效用本可分爲六項：藥效、攜帶性、清爽感、牙的美容、牙的健康與禮貌等，但歸納合併，又可把藥效與牙的健康歸納成牙的健康，把牙的美容與禮貌歸納成牙的美容。而牙的健康與美容又可濃縮爲一個效用，因此在六個效用中，只存有三項，但「清爽感」這個效用乃各種牙膏所必備，嚴格說來，此商品的效用只可濃縮歸成二類，一是牙齒的健康美容，一是攜帶性。

商品定位在產品企劃中的地位，就是分析過競爭品牌後，設定自己商！品的地位。而競爭品牌不僅指其他廠牌，有時也包括公司內部的類似競爭產品。例如，南僑化工公司同時生產有快樂、親親香皂，還代理了旁氏冷霜香皂，汽車廠商也大都有此類情形，在不斷擴張的企業中，要如何確定商品的地位，是非常重要的課題。

表現商品定位的表現，在方法上並無一定的路線可循。又以前述美容牙膏爲例；過去使用的牙膏以膏狀或粉末的爲主，後來由於品牌種類的增i加，眞有不同效用或意義的牙膏陸續被開發出來，單就牙齒美化言，就有使牙齒漂白、去除口臭、防止蛀牙、防止牙齦腫臉等多種範圍效能。若將各種商品品牌按印象來分類，則又可分成衛生性、藥品性、化妝品性三類。

目前在市面上的牙膏，大多數屬於衛生性或藥品性質，屬於化妝品性質的少之又少。

由此分類來看，則似乎化妝品性質的牙膏開發潛力較大，因此前例攜帶用水性牙膏似可朝此方向發展。然而像此種商品定位還是必須愼重，化妝品定位所考慮的因素要特別深入，如圖12-3的分析，冀求所探索的市場能明顯化。

此處所謂「消費對象」'是指行銷策略中心的對象，不單指購買層或使用階層。例如，女性用化妝品的使用階層很廣，年輕人、中年婦女以至於老年人都是其購買層，但在廣告戰略及創意表現上皆以年輕女性爲準，因爲女性總希望永遠年輕，也希望能把失去的青

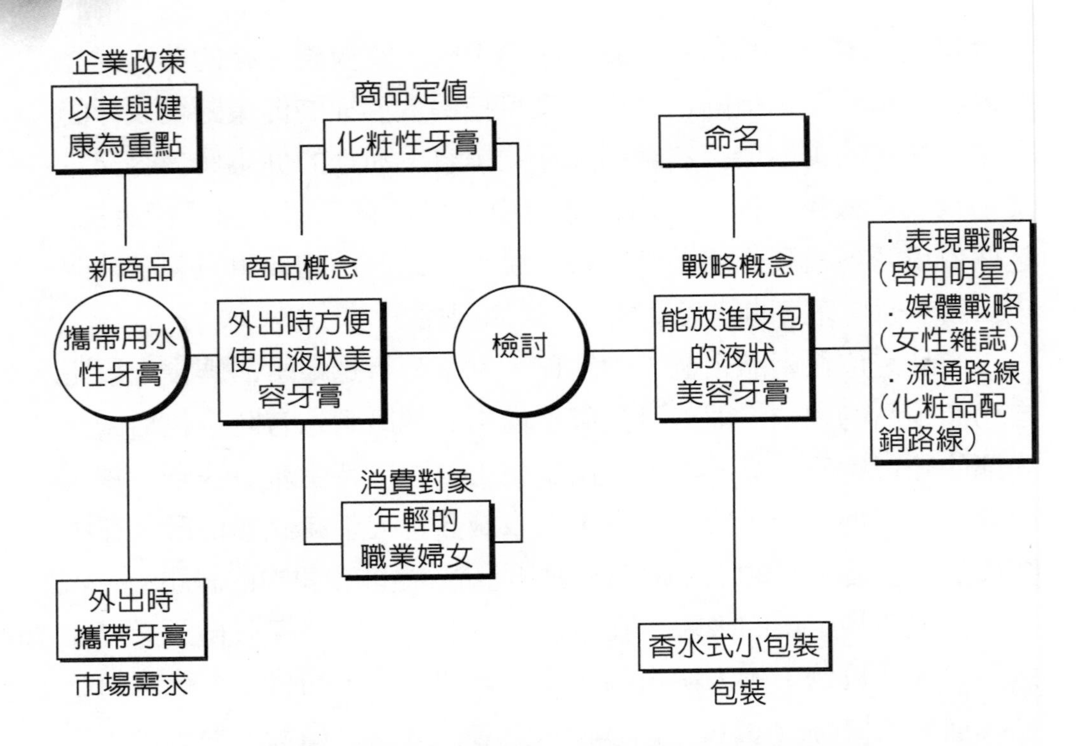

圖12-3　新商品「攜帶用水性牙膏」的戰略概念

春找回來。能抓住此種心理狀況，在策略表現上才能達到效果。

（三）**消費對象的選定**

除了找出消費層外，進一步還要分析其性別、年齡別、職業別、所得高低以至於上述的特殊心理狀況等。邁入80年代之後，人性的表現更加強烈，因此在消費層的分析上，有時更需顧及人性意識與志向，而有實質志向派、感覺志向派，或是愼重型、糊塗等較抽象的消費分析。

再以牙膏爲例，以牙膏味覺爲主的歸之爲「嗜好派」;以防止口臭、清除殘渣食物、使牙齒潔白的歸入爲「禮貌派」：防止蛀牙、腫脹的，則歸爲「藥效派」。按此分類，我們假設的商品——攜帶用水性牙膏歸入禮，貌美容派比較恰當，則此派所屬消費階層是那個年齡層次？那種職業類別？都是必須仔細分析。如果分析結果是屬於年輕職業層，則戰略概念就以此爲中心，種種行銷活動也以此概念爲出發，加以配合。

（四）行銷戰略整體運動

以上從商品概念檢討到商品定位與對象的確立探討，三者綜合就自然會形成種種行銷活動的基本架構。

再以攜帶用水性牙膏爲例，商品概念是外出時方便使用的液體美容牙膏。強調外出也強調美容，商品定位則定在化粧品性質的牙膏。因此對象的選定可爭取年輕職業婦女的支持選購。據此架構，在命名上可用時髮高級的名稱，包裝設計上也可尋求年輕女性喜愛的香水式包裝及以輕便易攜帶爲主。

廣告策略也依循此概念架構，在媒體選擇上，以受女性歡迎的雜誌或圖12-4新產品定位的流程步驟女性節目爲主，廣告模特兒也選用年輕貌美的明星。流通路線可走化粧品的流通方向。促銷活動也可比照化粧晶類系列活動。總之，確立了戰略概念，以後種種行銷活動都以之爲主，加以配合。

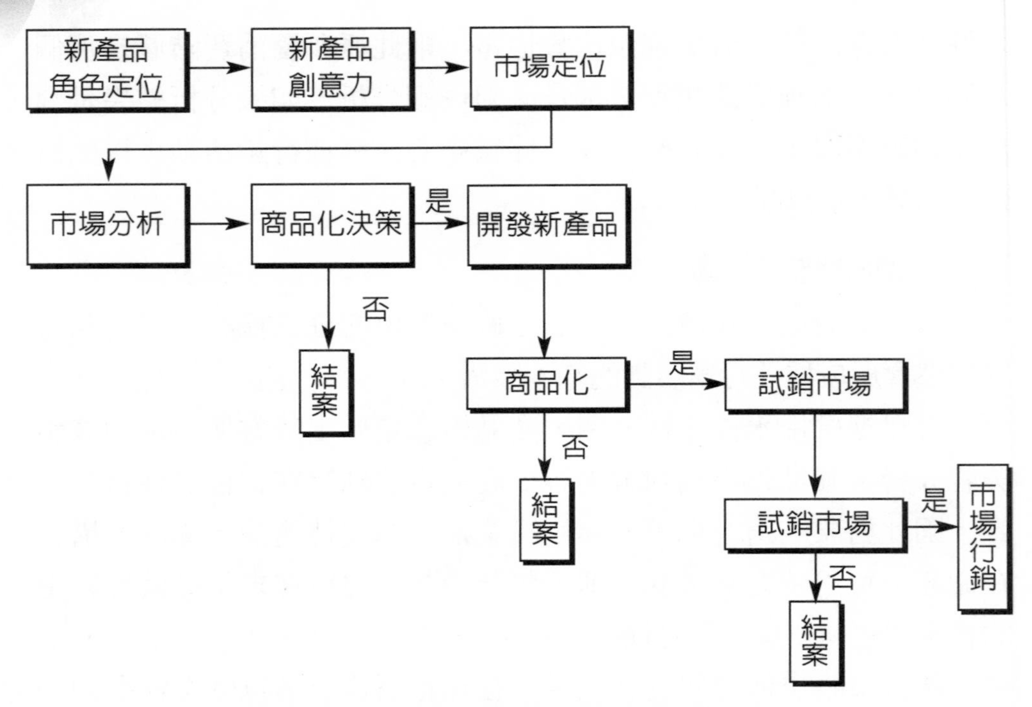

圖12-4　新產品定位的流程步驟

討論課題

1. 試以「聲寶牌」「轟天雷聽電視」之產品定位為實例，請分組研討其新產品上市之市場拓展計劃
2. 試研討新產品上市之目標市場客層如何規劃與市場區隔之技巧!
3. 試以「零售連鎖加盟J為實例，此種行業要上市前應做何種市場調查與行銷策略，請分組研討之!
4. 新產品上市前，假如產品知名度不夠高，請研討如何運用廣告、促銷活動與公開之整合戰力，以刺激新產品之品牌知名度與商品認知率！

第13章 策略電子化行銷

本章學習目標
e-Learning Objective

◆瞭解電子商務e-Commerce之意義

◆學會電子商務行銷之實戰操作

◆瞭解電子化企業e-Business之意義

◆學會電子化企業行銷之實戰操作

◆瞭解供應鏈管理SCM之意義與內涵

◆瞭解供應鏈管理在電子商務中的角色與功能

◆瞭解客戶關係管理CRM之意義與內涵

◆瞭解客戶關係管理CRM之實戰操作

◆瞭解客戶關係管理在電子商務中的角色與功能

第一節　電子商務的意義與內涵

際此二十一世紀全球化與企業e化的新世代，全球企業與全球行銷（Global Marketing）都已邁入電子化行銷（e-Marketing）的新領域。當然，全球電子化已經引爆空前勁爆的電子商務行銷大戰。以往的行銷法則與行銷策略都已被（Information Technology）資訊科技的e-Marketing 所顛覆。另方面，電子化行銷也引爆企業e化的潮流。

電子商務的定義如下

所謂電子商務（e-Commerce）係全球資訊科技系統隨著科技變革，管理技能更新，成本與效益分析，而衍生成的策略管理與行銷管理的電子化知識應用。

茲將電子商務在策略管理中的角色與流程管理，以圖再詳述如下：

由上述觀之，策略行銷企劃案的關鍵成功要素可分為下列三項策略焦點（Strategic Focus）：

1. 高階經營管理團隊必須核准與支持策略建議與預算（Approve Strategy and Budget Management of CEO Top Management Team）
2. 擬訂行銷策略執行計劃與行動方案（Launch Implementation Plans and Action Programs）
3. 評估與控管行銷績效（Evaluate and Control Marketing Performances）

電子商務（e-Commerce）在策略管理中的角色

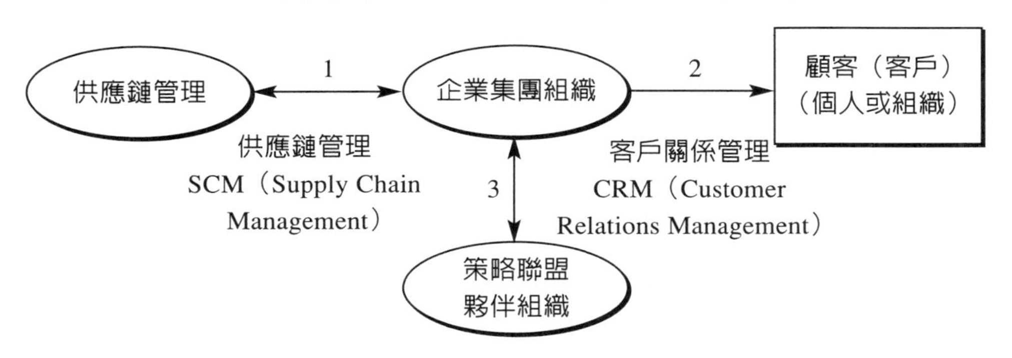

作者註：1.電子化供應鏈（Electronic Supply Chain）
2.網路商店入口網站（Web Storefront）
3.網路支援聯盟與聯網組織體系（Extranet Supported Alliance & Consortia）

資料來源：許長田 教授研究心得與上網實戰經驗
http://www.webhacker.com
http://www.marketingstrategy.com

一、個案研究

如何應用廣告策略綱要，擬訂完整而具創造性的廣告策略（創意廣告策略）。

1.活動主題：如何縮短櫃台前客戶等候的時間。

2.主題選定理由：

（1）本分行由於新開戶、金融卡客戶大增，及午餐前後櫃員輪休，每日下午2：30以後，常有客戶抱怨等候時間太長，有損本分行形象。

（2）銀行業務為「人的服務」，因此，本分行應主動縮短櫃台前客戶等候時間，達到真正的銀行行銷（Bank Marketing）的成效。

3.活動目標：

現在狀況：目前客戶等候時間約10~12分鐘。

目標：經Q.C.C.活動改善爲5分鐘之內。

4.活動期間：95年5月1日~95年10月31日。

5.業務行銷目標：提升銀行業務與服務品質，增強行銷能力。

6.活動計劃表：「計畫線」請以虛線塡入「日期」欄的上半格部分，「計畫線」應與前塡報「品管圈登記卡」一致，「實施線」請以實線塡入下半格。

7.圈會開會狀況。

8.活動經過：

（1）現狀調查分析（數據查檢表、特性要因分析、柏拉圖分析，以圖表記入，可利用方眼紙繪製圖表黏貼）

9.成果檢討：

（1）有形成果：以數值品質、效率……之提高或成本、錯誤之減少等，作改善前、後比較。

①減少櫃台工作量、降低顧客抱怨，提升銀行之形象。

②增加使用率爲17.8%。

（2）無形成果：（包括品質意識提高，QC手法活用之增進，團隊士氣向心力之提高）

①提升華銀形象，服務多元化。

②行員全體參與，培養團隊精神。

10.標準化：（將有效的對策，逐修予以道具化、具體化、圖表化）。

（1）開設活儲戶，即申請金融卡，推廣至一人一卡運動。

（2）密碼切記不可變更，掛失即與本行連絡，辦理掛失手續，將損失降至最低。

（3）加強櫃台及有關承辦人員在職訓練，培訓新手、灌輸專業知識，整體提升行員素質及工作效率。

表13-1　縮短櫃台前客戶等候時間改善前檢查表

時間 項目	93年3月 3/1～3/7	93年3月 3/8～3/15	93年3月 3/16～3/23	93年3月 3/24～3/31	合計數	累計數	合計 百分比	累計 百分比
客顧因素	20	17	10	4	51	51	40.47%	40.47%
行員因素	2	4	5	3	14	65	11.11%	5158%
機器因素	10	12	14	8	44	109	34.92%	86.50%
其他因素	4	3	8	2	17	126	13.50%	100%
合計	36	36	37	17	126		100%	
比率	28.57%	28.57%	29.36%	13.50%	100%			

收集時間：93年3/1~3/31
抽樣總數：7,497件

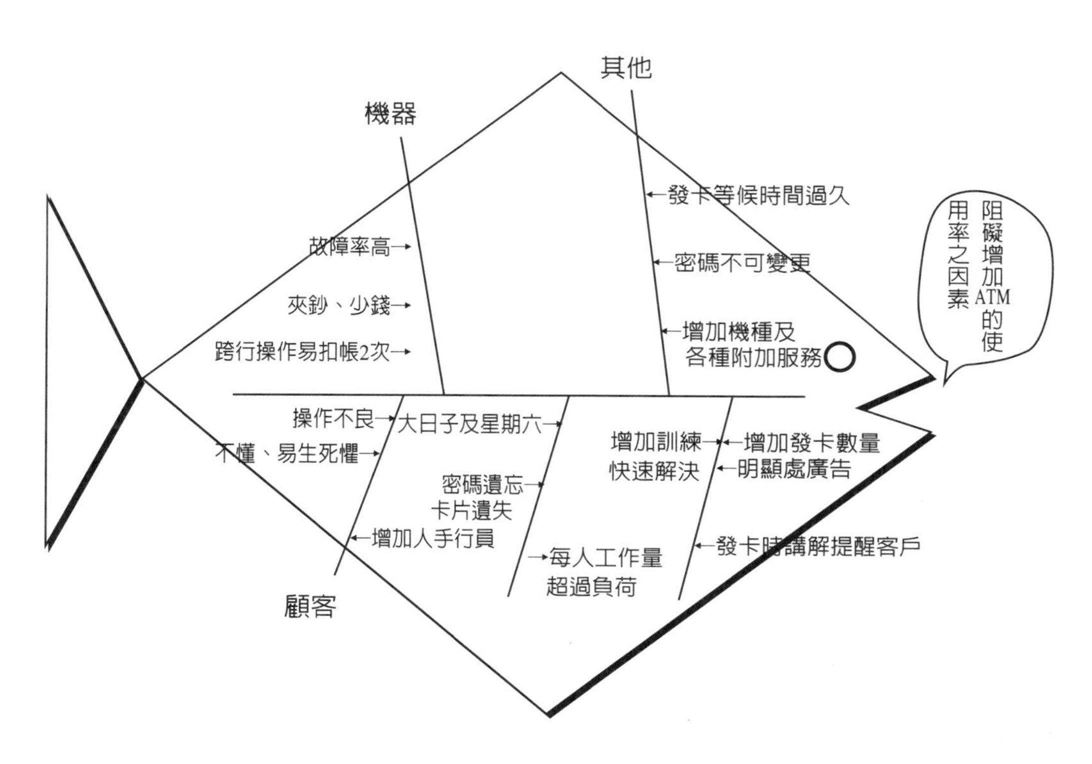

圖13-1　魚骨圖（要因分析圖／因果分析圖）

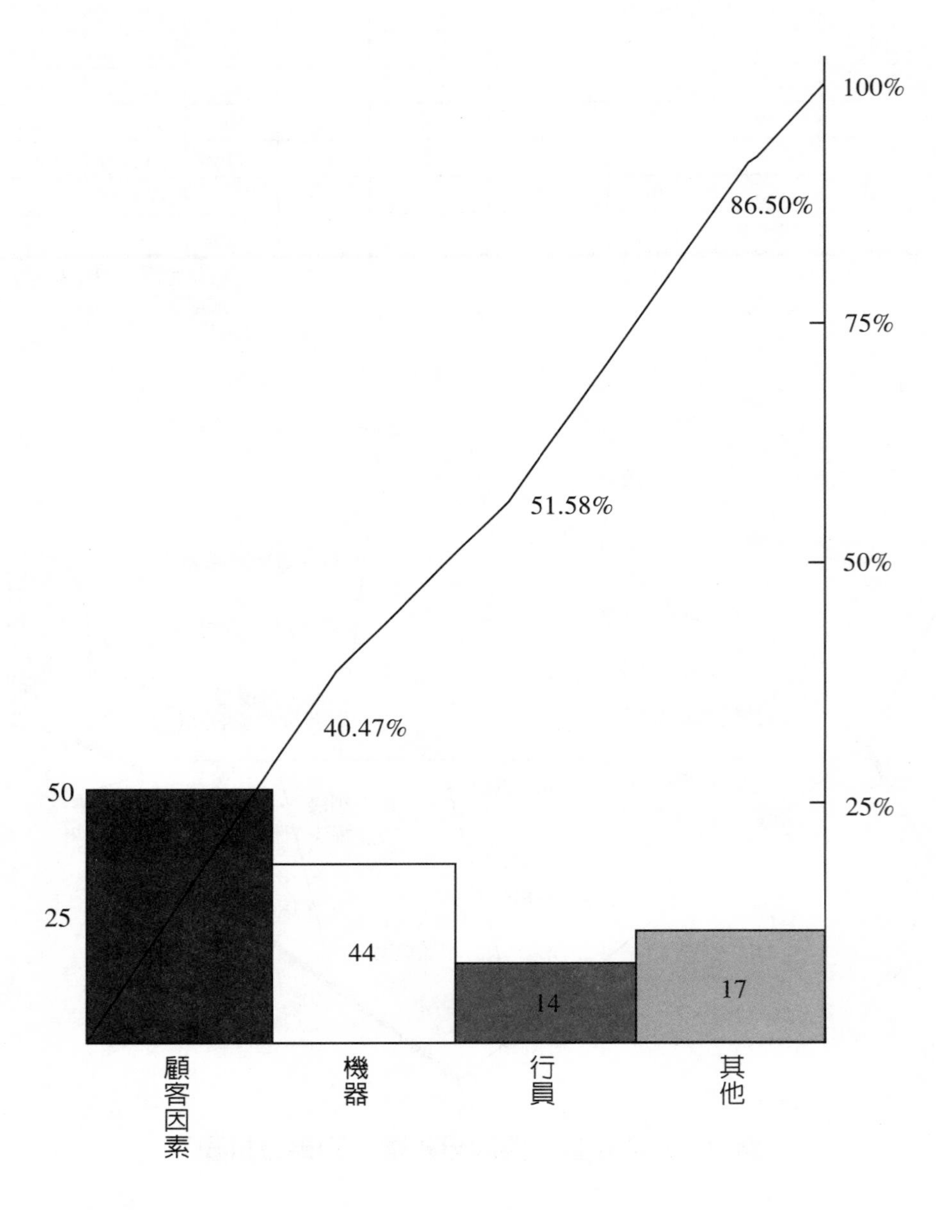

圖13-2　柏拉圖

表13-2　**改善對策計劃實施表**

不良項目（及／或原因）		對策方法	試行期間	效果
行員	專業知識不夠 人手不足	減少休假 增加人手 行員接受訓練	1個月	改善
顧客	操作不良	ATM附近張貼說明 及行員講解	1個月	滿意
機器	故障、少錢、多扣帳	故障時立即與ATM中心連絡，確認本行機器：多錢時，立即轉帳給客戶：發卡時，櫃台強調本行服務精神與態度。	2個月	提高效率
其他	密碼易忘卡片易失	卡片密碼不能變更：不可告之於任何人，勿造成個之損失。	1～31個月	改善

表13-3　**業務計劃進度表**

活動項目	進度																	
	3月			4月			5月			6月			7月			8月		
	上	中	下	上	中	下	上	中	下	上	中	下	上	中	下	上	中	下
現狀分析																		
對策擬訂																		
對策實施																		
效果確認																		
標準化																		
檢討會																		
報告書作成																		

▬ ▬ ▬ ▬ 計劃　　▬▬▬▬ 實績

表13-4　改善對策實施計劃表

不良項目	要因分析	對策方法	實施期間	對策評價		
				A	B	C
1.客戶因素	1.發薪日及大日子客戶多 2.證券交易收盤後 3.ATM補登 4.介紹金融卡使用法 5.現金收付量大	1.A.薪水戶請他改用金融卡，或請客戶錯開發餉日	4～8月	v		
		1.B.增設一部自動提款機	爭取中 3～8月		v	v
		2.互相支援	5～8月	v		
		3.至支存櫃台辦理	3～8月	v		
		4.說明貼在櫃台前	4～8月	v		
		5.建議客戶改用支票或跨行連線				
2.人為因素	1.知能缺乏 2.E.C.多 3.電話多	1.請櫃員集中精神並勸習實務	3～8月		v	
		2.同上	3～8月		v	
		3.請櫃員少用及長話短說	4～8月	v		
3.電腦因素	1.斷線	1.儘速連絡通訊室	3～8月		v	
4.作業系統	1.印鑑、存摺掛失手續繁雜 1.傳票遞送慢 1.人員配置不當等	1.請他到服務台填申請書及核對簽名	3～8月	v		
		2.請有關人員注意傳送流程，避免積壓	3～8月	v		
5.其他		1.加強人力之機動調配	3～8月		v	

（二）香煙市場行銷企劃案

1.目標市場：女性。

據統計分析結果顯示，國內女性吸煙人口有日益增加的趨勢，鑑於女性主義抬頭，女性專用香煙時代已經來臨。

抽煙人口男女比例圖

2.市場區隔

（1）年齡：24~40歲

（2）性別：女性

（3）所得：月薪35,000元以上

（4）個性：重格調、講究品味、溫柔浪漫中不失獨立個性的上班族。

（5）購買型態

- 著重口味、偏重知名度。
- 價值感取向。
- 健康意識抬頭。
- 易受廣告形象塑造所影響。
- 品牌忠誠度不高。
- YSL品牌與Paz-1iament品牌常被女性吸煙族作爲炫耀身分與購買能力的指標，應加以密切注意其市場佔有率。

3.市場

儘管國內香煙市場，呈現洋煙備受青睞的局面，前景繁華；但隱藏市場深層的致命威脅，仍需公司及同業嚴陣以待，見招拆招，可否化危機爲轉機？除有賴公司本身定位的愼重選擇外，吸煙族的支持，仍是相當重要的關鍵。

茲將「對拒吸二手煙活動的看法」的人數比例圖表，如圖13-3，以分析並據以評估市場的最後審判。

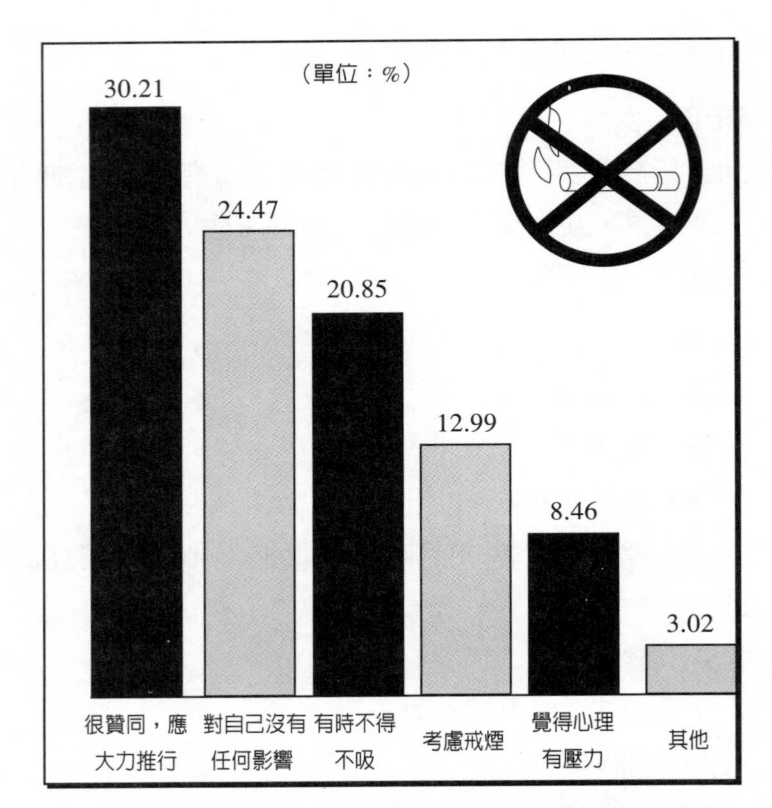

圖13-3 「對拒吸二手煙活動的看法」人數比例圖

由圖13-3得知，「拒吸二手煙活動」確實造成香煙市場的震盪，但要戒煙何其難！何況大多數人在抒懷解愁之際，不忘一根在手的習性難以禁止，因此，洋煙市場往後仍有其充分生存的餘地，插足洋煙市場，如果定位正確，市場利潤仍能有其長期的豐收季。

4.本公司分析

主旨：公司產品的自我分析，有助於市場的定位，行銷人員可就產品冉的制定策略，加以執行。

自我分析的層面，涵括訂價、策略、廣告、定位……等等，茲由下列圖表做一概括性的分析。

說明：企劃人希望藉由「企業競爭優勢與劣勢之評估實戰分析表」，概略診斷公司本身的競爭體質，進而透過「競爭策略企劃矩陣」的研判，了解公司在將來市場上的競爭態勢，然後擬定「行銷企劃矩陣」，做爲行銷企劃的圭臬。

由表13-6、13-7、13-8三個表，可研定公司本身之體位，及日後競爭地位及策略，以奇兵致勝：

表13-5　公司產品的自我分析表

<table>
<tr><td>品質</td><td>適當</td><td>劣</td><td>需改善</td><td>保存性的良否</td><td colspan="2">壽命的長短</td></tr>
<tr><td>形狀</td><td>適當</td><td>劣</td><td>需改善</td><td>大</td><td colspan="2">小</td></tr>
<tr><td>重量</td><td>適當</td><td>重</td><td>輕</td><td>運搬的良否</td><td colspan="2">其他檢討事項</td></tr>
<tr><td>顏色</td><td>適當</td><td colspan="3">劣</td><td colspan="2">需再檢討</td></tr>
<tr><td>包裝</td><td colspan="2">外包裝內
適、不適、
需檢討）</td><td colspan="2">包裝
（適、不適、
需檢討）</td><td colspan="2">個別包裝
適、不適、
需檢討）</td></tr>
<tr><td>零件等的
互換性</td><td colspan="2">標準化
需要標準化</td><td colspan="2">無標準化
不需要標準化</td><td colspan="2"></td></tr>
<tr><td rowspan="2">特徵</td><td colspan="3">那一部分能和競爭品有區別</td><td colspan="3">形狀、品質、顏色、款式、
設計、結構</td></tr>
<tr><td colspan="3">有　那一部分有區別性
無　那一部分要予以區別</td><td colspan="3">形狀、品質、顏色、款式、
設計、結構</td></tr>
<tr><td>設計</td><td colspan="2">適當</td><td colspan="2">劣</td><td colspan="2">須再檢討</td></tr>
<tr><td>流行性</td><td>有</td><td colspan="2">適合目前的流行</td><td>無</td><td colspan="2">能夠創新流行</td></tr>
<tr><td>銷售前途</td><td>有</td><td colspan="2">時機未到
等待時機</td><td colspan="2">時機成熟</td><td>無</td></tr>
<tr><td>銷售通路</td><td colspan="2">現有的路徑</td><td colspan="2">簡略化</td><td colspan="2">檢討新的路徑</td></tr>
<tr><td>廣告</td><td colspan="3">目前的方針即可</td><td colspan="3">需特別的策略</td></tr>
<tr><td>經銷店的援助</td><td colspan="3">按照目前的方針即可</td><td colspan="3">需特別的措施</td></tr>
</table>

表13-6 企業競爭優勢與劣勢之評估實戰分析表

企業戰力評估		與競爭者的優劣比較		作戰策略
		○勝X敗	優勢與劣勢	
創新戰力	●研究與科技陣容		缺乏專精之行銷人員	積極培訓新血投入
	●研究設備	X	品質代理毋需研設	短期內不予考慮
	●基礎研究	X	點子多、有幹勁之人員	強化教育訓練
	●應用研究力（商品開發力）	○	敏銳市場分析能力	產品線垂直發展宣導
	●專利權	○	只有代理權	短期內不予考慮
生產戰力	●生產產能	X	易受貨源控制	加強各品牌之開發
	●生產技術力	X	型態為進口代理商	技術開發暫不予考慮
	●生產管理力	X	型態為進口代理商	管理開發暫不予考慮
	●生產設備力	X	型態為進口代理商	設備開發暫不予考慮
	●原料與品質	○	原料及品質均屬上選	加強開發優質煙商
財務戰力	●經營資本	○	經營資本不遜於對手	強化產結構穩定性
	●流動資金	○	流動比率大於2	避免流動比率過高
	●負債能力	○	短期償債能力強	加強變現的速度
	●自有資金能力	○	70%資金自有	堅持個體獨立之理念
	●融資能力	○	週轉應變能力高	維持一定之週轉度
管理能力	●經營舌理人的才與德	○	注重經營階層人品	嚴格執行稽制度
	●中堅幹部與基層人員的素質	○	大專相關科系陣容	定期教育培訓及講習
	●組織力	X	組織架構尚不健全	力圖擺脫家族色彩
	●人事行政管理力	X	人事流動偏高	強調人合理公開化
	●策略決策力	○	市場情報應變力快	強調充分授權不官僚
行銷戰力	●產品系統戰力	X	單一產品市場調適差	尋求多元主力陣容
	●物流戰力	○	迅速補貨能力強	調查季節性之消費量
	●廣告與促銷戰力	○	完美的訴求及公關	強調普遍到達組合
	●銷售據點與戰力	○	考慮周詳的據點組合	加強零售商觀念溝通
	●行銷通路	○	高效率行銷利益通路	以感性通路建立CIS
	●服務力	X	銷售人員不定	積極招募新血投入
顧客戰力	●經營區隔的規模與成長	○	區隔市場之消費穩定	集中一點之作戰戰略
	●顧客的接納度	○	為其中心理想品牌者	加強「唯一」之強勢
	●顧客的忠誠度	X	多變性為消費群特定	扭轉消費者並教育之

表13-7 競爭策略企劃矩陣

SWOT	Strength 優勢	Weakness 劣勢	Opportunity 機會	Threat 威脅
企業 分析	靈通的市場 優異企劃群 雄厚資金 通路掌握	後發品牌 定位困 單一品牌課稅 高	市場傾向洋 煙需求 市場人口日 趨增多	競爭對手多 水質猖獗 反吸煙聲浪高
競爭 者分析	通路掌握 先發品牌 有一定消費層 多品牌	品牌忠誠度 不高 定位不明顯 課稅過高	洋煙市場逐 漸看好 競爭態勢大 致已定	水貨猖獗 反吸煙聲浪高
產業 分析	國產煙與洋煙 消長鮮明， 洋煙口味支 持者衆多	固定位訴求 過多 課程過高	洋煙市場日 益擴大 定位仍有迴 旋空間	水貨猖獗 反吸煙聲浪高
顧客 分析	普遍喜好洋煙	品牌選擇不 穩定 頗受拒吸抽大 手煙影響	口味、價值感、 健康訴求、知名 度的堅持	拒吸二手煙 運動進行頗 熱烈
環境 分析	吸煙族繁衍 快速 利潤大餅不 斷擴大	拒吸二手煙 走私貨猖獗 高稅課徵 長壽獨大	吸煙族仍鍾 情洋煙之口 味清淡	景氣低迷與 否影響頗鉅 香煙大老------ 長壽腹地大

表13-8　行銷企劃矩陣

實戰策略 行銷企劃	產品企劃 產品生命週期 產品設計 品牌、包裝 附加價值 功能服務	滲透訂價 吸脂訂價	批發商 零售商 專賣店 直銷 市場後勤	廣告促銷 折扣贈獎 展示／研討會 競賽摸彩 新聞公關
行銷策略	產品策略	訂價策略	通路策略	促銷策略
行銷定位（Marketing Positioning）				
競爭優勢（Competition Advantages）				
策略企劃（Strategic Planning）				
目標市場（Targeting Market）				
市場區隔（Market Segment）				

以上爲公司進行體質分析所得之結果，及所發展之定位和戰略概述，詳細之內容將於以下數頁中，予以詳細說明。

表13-9 洋煙市場各代理旗下品牌一覽表

代理商	品牌	利基	Weak Point	市場狀況及評估
德記洋行	Marlboro Parliament Virginia Slim Lark Saratoge	NO.2 NO.1 女性市場 —— ——	—— —— 廣告較弱 氣勢甚弱 氣勢甚弱	NO.1拱手Parliament，僅佔市場26%後來居上，每月11,000～12,000箱，佔市場31%佔有率。 表現不惡 表現平平 表現平平
美商雷諾士(R.J)台灣分公司	Winston Camel More Salem YSL	—— 70餘年老牌 女性市場 女性市場 女性市場	除草劑影響 —— —— —— ——	市場佔有率急速滑，難以攀升 市場佔有率一直低迷 市場佔有率不高 表現不俗，走勢看俏 後生可畏，後勢堅挺
中國弘通公司	「555」	40歲以上之各階層	——	永遠的NO.3 但在禮品市場上，則是經常的Winner，優於Parliament
義和同貿易及美商布威廉森分公司	KENT FINESSE	淡菸 女性市場	走私水貨打擊	曾一度不振，現已逐漸振作 後發品牌，潛力不可忽視
台灣國際煙草公司	DUNGILL ROTHMANS CRANEN"A" CARTER	各階層 各階層 各階層 各階層	分支者衆 照顧不力 照顧不力 照顧不力	先發品牌，佔有率日益消退 表現平平 以女性煙為主，表現平平 後發品牌，超過DVNHILL
千幼	Coligri	——	後發品牌	乏善可陳
三商行百貨	Davidoff	——	後發品牌	表現平庸
東順興業	PIERRE CAEDIN	——	後發品牌	表現平庸

表13-10 女性香煙同業調查表

代理商	德記洋行	義和同貿易	義商雷諾士台灣分公司			日本走私貨
品牌	Virginia Slim	Finesse	Salem	Y.S.L	More	SEVEN STAR
定位	時髦、清新	清涼舒暢	薄荷的清涼	高貴典雅	香醇淡雅	無
市場佔有率	後起之秀	潛力新秀	NO.2	NO.1	——	NO.3

* 調查評估——除Y.S.L及SALEM之市場地位難以動搖外，針對女性市場所發的各品牌所佔之城池互有消長，大抵局勢未定，拉鋸正熱，如何針對女性的眞實需求，擴充市場佔有率， 仍有一定的迴旋空間。
正確高明的定位，可使後發品牌擁有不凡的起動力。

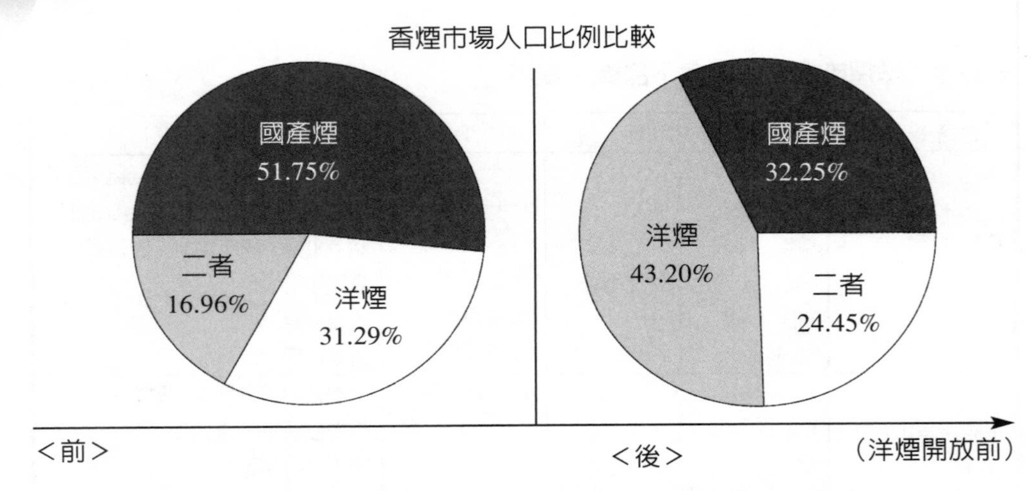

圖13-4　開放進口前後之洋煙及國煙之消長圖形分析圖

P.S.由游離人口的抽煙品牌來看，一牌獨大的長壽煙已面臨洋煙大軍逼近的威脅，城池不時淪陷，而Marlbor。的市場佔有率，已起過洋煙市場三成以上，Y.S .L .穩唐龍頭地位，而KENT也逐漸攻城掠地，氣勢如虹，已擺脫水貨打擊的夢麗，而其他自牌洋煙也逐日成長，表示市場對口昧及健康訴求的堅持，此種必然趨勢，提供洋煙市場無限寬廣的空間。

從以上各圓形圖的分析，可得到一個結論：

洋煙酒開放進口後，國產煙與洋煙的勢力消長，呈現戲劇性變化，國產煙兵敗如山倒，依公賣局的另一項統計資料可知，七十五年度國人每年平均消費洋煙數量僅爲31.45支，但開放後，消費量躍高爲每人3014.1支，成長快速。廣大潛在市場的利潤吸引了各競爭者之投入，受國內法令的規束，市場區隔轉向女性市場，這一處女地，點燃了另一種戰火，由於女性的多變性，如何有效定位，打動芳心，便成爲行銷戰略的重心。本企劃案即在分析及有效的抓住市場間隙，以求攻城掠地。

5.商品策略

商品策略係根據商品目標及外在環境（包括商品生命週期及流行週期）釐定之。

以下爲本公司對各階段所採行的商品策略：

6.定價策略

（1）定價採價值感策略，而其價位介於主要競爭對手Salan1、Seven Star及YSL間，即避免降價競銷，採中高價位，利用滲透式定價方式（Penetrating Price），以擴大市場並獲取市場佔有率，達成銷售目標。

（2）價位：39元。

品質——價格差異化

（3）成本分析——進口國外低價且口味不差之無品牌煙絲，在國內加工製造並予以包裝，成本較競爭者低廉，以取得價格優勢。除原料取得成本低廉外，尙有各種行銷功能成本：

7.通路策略

專櫃、經銷商、飯店、餐廳、超級商店、大型超市、舞廳、歌廳、美容院、雜貨店、公車票亭、檳榔攤、禮品店、機場免稅店、軍公教福利中心、啤酒屋、咖啡廳、茶藝館、MTV及KTV、車站、三溫暖、旅館、委託行、自動販賣機。據調查資料顯示，習慣購買香煙的地方依序如下表13-11：

欲使行銷通路活力化，必須要使商品能隨市場變化而調整，因此可對各行銷管道採取不同策略。

（1）刺激策略：以契約方式給予保障增加利潤、折扣，或依競銷獎金等方式予以刺激。

（2）提高行銷據點的素質：

①可施予各種教育訓練——一習慣購買香煙之處調查表（表13-11）。

表13-11　習慣購買香煙之處調查表

	合計	男	女	單位：%
公車票亭	27.8	26.7	39.0	
雜貨店	516	55.0	39.0	
百貨公司	3.3	3.3	2.4	
平價商店	21.7	20.5	34.1	
檳榔攤	8.0	19.0	7.3	
大樓管理員	0.9	0.5	4.9	
委託行	2.4	2.6	0	
咖啡店與餐廳	5.9	5.2	12.2	
機場免稅店	1.5	1.4	2.4	
不一定	1.s	1.4	0	
其他	4.1	2.0	4.9	

②各項援助方案的運用，如設計店面、招牌、技術、介紹顧客、舉辦同業競賽活動等。

8.推廣策略

（1）廣告：

①廣告目標——廣告目標是依據行銷目標與行銷策略而擬訂。以數據表示。藉著高度公開性、強力滲透消費者的心理，並經由藝術化的印刷、音響、動作及色彩，製造公司與商品爆炸性印象，以獲消費者共鳴，引起購買慾。例如：提高未使用者對本商品的認知率達到75%。

②廣告媒體——商品生命週期各階段所採用之廣告媒體如下：

利用消費者廣告反應模式，對廣告媒體加以評鑑'藉以針對各階段之接受度各個擊破！

③廣告策略——茲列出這一年度計劃內用來支持廣告目標的活動。

A.商品定位——浪漫新主張，冷靜自我之個性展現。

B.目標市場一新女性（24歲至40歲從商及服務業者）

a.人口比例——單位%（千人）：

25~29歲佔40.92%

30~34歲佔30.83%

35~39歲佔41.56%

40~44歲佔38.83%

（資料來源：據內政部編印台灣區婦女生活狀況調查報告）

b.個人特徵——教育程度高、所得收入豐、個性獨立、情緒緊張、精神壓力大、感性浪漫、生活充實。

・婦女平均月收入按教育程度別區分：

・就業婦女的情緒按年齡別及教育程度別區分：

c.媒體類型——各類女性雜誌、一般及有關商業性雜誌、海報、廣告汽球、車箱內外廣告、車站、站牌、DM 、電話卡、機場、戶外廣告、日曆、POP 、貼紙。

d.購買型態——著重口味、偏重知名度、價值感取向、健康意識抬頭，易受廣告形象塑造所影響、品牌忠誠度不高。

（2）促銷

近年來，促銷活動不再局限於臨時性的行銷活動，而普遍承認「促銷」已爲整體行銷活動中不可或缺的輔助性溝通工具。一般說來，促銷是利用包羅萬象具短期誘導性質的戰術性工具，刺激目標市場的消費者、經銷商及公司內的推銷員，以期達到更直接的效果。

香煙促銷活動應加強促銷會場的「試抽」免費提供到會場的人員試抽口味與感覺（無論抽煙族或非抽煙族。非抽煙族因此對本商品之口味感覺都認爲可接受，則原來非抽煙族將會成爲本商品之忠誠度極高的顧客。）其目的有二：一、提高本商品之知名度與認知率在廣大並擁擠的煙市場中可脫穎而出：二、舉辦「試抽活動」，可培養本商品之佔有率與市場競可爭優勢。

（3）公關

在整體行銷策略上，公關和促銷一直扮演著推進的角色，在成敗上具有絕對性的影響。一個良好的公關政策，可使產品的行銷力更犀利。因此，鑑於公關技巧的良級決定公司形象的評價，愼重地擬定公關政策面對每一競爭對手，其間隱藏了巧妙的秘訣。

大體而言，公關範圍如下：

基本上，公司之公關走向亦不出其獎籠，只是在技巧上略加修飾，然而所有的遊戲規則，必須要拿捏得恰到好處。

在運用時段上，可分商品上市前、上市後二期，分別制定不間策略。

①上市前，媒體運用：加強與各媒體接觸，藉由報章工商欄把即將上市之產品予以介紹報導並評價，造成聲勢，塑造知名度，強調產品本身的差異性，採取感性的訴求，而非強調香煙銷售，訴以吸引女抽煙族之注意。

②上市後，活動設計：

A.續辦大型演唱會、美容發表會、演講會。

B.參與公益活動，關懷社會——暗夜哭聲（聲援救助社會之邊緣女子）。

C .熱汽球升空——擁抱大地。

E.成立基金會、設立會員制——回饋女性規

（個案研究一）定位行銷之商品企劃

「來吻我的口紅」～吻我吧！

奇士美（KISS ME）口紅（唇膏）之商品定位：

1.目標市場顧客群

（1）女性（大多數）

（2）男性（較少數）

2.購買動機

（1）化妝打扮有禮貌的行爲。

（2）愛美之天性。

（3）渴望被讚美。

（4）期待男人吻她（心儀的白馬王子）。

（註：以上各項購買動機中，以第三、第四種心理最濃厚）

3.商品定位與市場定位

由於KISS ME口紅之市場定位在具有上述多重心理因素之女性顧客，所以其商品定位恰能打動女性顧客的內心，與其心中企求的「來吻我吧！來吧！」（KISS ME）不謀而合。這招行銷策略的「送心抓心」絕招實在讓顧客無法抗拒。

因此，奇士美（KISS ME）口紅之產品品牌定位美妙而傳神，難怪該口紅在市場上能拔頭籌而居於領導市場的地位，而其市場佔有率更使該產品在競爭市場中校到優勢和基而大棘行銷利潤。

（個案研究二）在人生的舞台上，它抓得住我

「在人生的舞台上，我經常扮演別人，也扮演我自己。……櫻花軟片，它抓得住我。」1987年，李立群在電視上「主演」的這一支廣告片，立刻成爲行銷、廣告的話題。

1988年，李立群再度出馬，一樣的「扮演別人」，然後對著觀衆說「請跟我唸一遍——（Konica）」這一唸，把Konica給唸的聲名大噪。

在這兩支消費者耳熟能詳的廣告片的背後，正蘊含著一個品牌改頭換規劃從遙遙落後到迎頭趕上，柯尼卡眞的「抓得住」消費者。在短短的半年中，柯尼卡（Konica）產品在國內軟片、照相及沖印市場快速幅起，引起市場人士相當的注目。據該公司三次的市場調查，目前柯尼卡品牌的知名度已高達百分之九十以上，加盟的專賣店已近三百家，市場占有率由半年前的8%，躍升爲35%'與柯達、富士成爲三足鼎立之勢。柯尼卡軟片、相紙的前身品牌日櫻花（Saltliral，櫻花牌採取橘色系列，低價位策略，市場占有率低，品牌跡象不佳。專賣店缺乏系統化規畫。該公司人員形容爲「亂七八糟」

1.只許成功不許失敗

據了解，早期的櫻花軟片皮細制正是由品本小西六立之前製造，由國內水紋的準公司代理進口。小西六公司製造的軟片及相紙在世界市場，一向以「柯尼卡」品牌行銷，在台灣卻以「櫻花」爲名出售。小西六公司爲了統一世界晶牌形象及行銷策略，將「櫻花」牌改爲「柯尼卡」

要更改一個沿用十多年的品牌，使消費者能夠接受，所冒的風險相當大，因此，永準公司抱持著破董沈舟之心，只許成功不許失敗。

早在獲知更改品名的前半年，公司花了一段時間，開會討論，

研擬了 ，一套行銷做法。

首先在專賣店上，為了統一形象，公司決定重新更換所有的招牌，並且，所有的招牌型式，重新設計，直式、橫式，室內、室外的裝潢都設立一定的規格。以系統化的規劃，一改過去亂七糟的形象。

接著是代表色的更新，將原來的橘色系列改成藍色系列，如此店面的感覺，可以呈現出較柔和、雅致的氣氛。

為了達到迅速改裝的要求，先從台北地區的專賣店作起，再逐步擴展至中南部。由公司負責室外的招牌，再依簽約的合作程度，攤負室內裝演費用。由於各經銷店一開始表現得相當猶豫，公司派員極力說服，並且對某些經銷店加以輔導，終於達成任務。

2.「老牌帶新牌」策略

為了要執行店面規劃一致化的形象，公司還動了部分組織，將原有隸屬營業單位的店面規劃作業，提升到企劃部，並由原兼派人員改成三位全力負責，以示公司對此一行動的決心。至此，整個店面規劃已提升到扮演，前瞻性的角色。

在廣告做法上，公司最初擬定了兩個策略方案：一是「品牌延伸策略」，以櫻花牌帶動柯尼卡；一是以全新品牌出現，與舊有的櫻花品牌不，產生任何關聯。

公司最後採取了延伸策略，利用櫻花牌的品牌來帶出柯尼卡。基本上考慮的重點有三：

（1）原有櫻花形象不佳，利用這個「老牌帶新牌」的做法，既可以延續已有的通路，又能給予消費者較佳的形象。
（2）若以全新品牌出現，失敗的可能性較大，公司承擔不起。
（3）在櫻花軟片時期，由李立群主演的「櫻花軟片抓得住我」，曾造成消費市場很深的印象，並深獲好評。將此印象移植到柯尼卡品牌上，較易得到認同點。

經過多方討論，公司決定請出李立群「重作馮婦」，繼續塑造柯尼卡的新形象。拍攝了另一部「請跟我唸一遍一-kcnica」的CF。這支廣告片，根據潤利公司調查獲得收視率排名第一，使得櫻花軟片順利更換了新衣裳。

3.換血時機恰到好處

事實上，整個「換血」的做法，還選對了「時機」（Timing），使得柯尼卡因勢利導，造成很大聲勢。主要的時機包括三項：

（1）消費習慣逐漸改變。在傳統市場上，拍照的場合有限，但隨著快，速沖印的興起，強調各種場合都可以留下回憶，像青少年朋友郊遊旅行、全家福、訂婚、結婚等喜慶宴會、出國觀光考察，使得照相機使用場合擴大，軟片需求也跟著增加。因此，對專業進口的軟片需求就不如大衆化軟片需求來得大。柯尼卡選擇了一般大衆化的市場為主力目標，使得它能夠迎合消費大衆的要求。

（2）市場上軟片、相紙的關稅，由30%降為15%各軟片及相紙業紛紛採用降價策略，柯尼卡除了降價應戰外，還推出許多促銷活動，成長的擴張力。

（3）柯尼卡換名成功的另一項重要因素是受惠於沖印機器的銷售。永準公司代理的Copal'Konica機器在市場上眞有相當的佔有率。通常使用某種機器，廠商簽約的經銷商會限制使用某種相紙，隨著沖印機器市場的擴充，使得柯尼卡軟片、相紙有較佳的市場成長。

第14章 高科技產業策略行銷

本章學習目標
e-Learning Objective

- ◆瞭解高科技產業行銷管理之理念與其意義
- ◆瞭解高科技產業行銷管理在行銷整體活動中之重要性
- ◆瞭解銷售管理之方向必須著重於銷售高手（Top Sales）之教育訓練
- ◆能夠以銷售報表做銷售管理之實務工作
- ◆能夠擬訂高科技產業之行銷管理與策略企劃
- ◆瞭解高科技產業中之銷售戰力與行銷業績之與互動性
- ◆瞭解高科技產業之OEM、ODM以及OBM行銷策略

第一節　高科技產業的定義與內涵

一般而言，高科技產業（Hi-tech Industries）舉凡有關資訊、電子、通訊、電信、電腦、生化科技等領域之產業。如再細分，可分為半導體（Semiconductor）DRAM（動態隨機存取記憶體）IC設計、封裝、測試光罩、導線架、PC（Personal Computer個人電腦）筆記型電腦（Notebook）PDA（個人數位助理）Personal Digital Assistant）光電TFT-LCD面板、CD-ROM光碟片、網路通訊、ADSL、ISP、Cable Modem、數位相機（Digital Camera）、遊戲機（X-BOX）視訊會議設備（Set-Top-Box）行動電話／手機（Mobile Phone/Cellphone）、電子商務（eCommerce）以及電子化企業（eBusiness）等……不勝枚舉。

綜觀以上所述，這些高科技產業是台灣的經貿命脈亦是台灣在全球市場的核心競爭力（Core Competences）與競爭優勢（Competitive Advantages）換言之，這些高科技產業大都分佈於新竹科學園區（竹科）當然，許多台商都已外移（大多移至中國大陸之崑山、蘇州、東莞、深圳、上海、廣州、北京等地）如商無外移也同時採用「深耕台灣、投資大陸」之兩面押寶的策略，這是國際行銷必定採取的實戰策略。

茲再詳細介紹電子企業市場研究與行銷的有效策略

電子化企業（eBusiness）的眞實威力來自於掌握並運用資訊的能力，使得企業能夠更瞭解顧客，此蓋因為資訊是電子化企業（eBusiness）賴以生存的活力。因此，電子化企業（eBusiness）發展的策略焦點（Strategic Focus）可分為下列10項：

1.瞭解顧客

2.打造企業核心價值

3.創造顧客價值

4.建構個人化的顧客價值鏈

5.將每位顧客的價值做最佳的運用

6.專注創造百分之百的顧客滿意度

7.發展並維護國際化全球一致並以顧客為中心的流程架構

8.利用並擴展電子化企業（eBusiness）生態系統

9.耐心培養並打造卓越創新的企業文化

10.建構以高階經營管理團隊（Top Management Team/CEO Team）為策略領導的核心能力（Core Capabilities）

第二節　高科技新產品定位

所謂「新產品」（New Product）係指以企業立場而言，無論其他廠商是否製造或行銷同樣產品，只要是該公司首次生產與行銷的產品，即稱為新產品。另一方面，高科技（Hi-tech）產品必須強化研發戰力（R&D Forces）與新產品上市時效（Time to Market）進一步而言，高科技產業(Hi-tech Industries)必須以生產、行銷、人力資源、研發、財務、品保、採購、物流、資訊、知識、專案管理做全方位整體運作。

茲根據高科技產品的研發與行銷目的，將新產品分類成如下兩表：

產品目的		技術革新的加強		
		現有技術	技術改良	新技術
新市場的擴張	現有市場		修改 為削減成本和改良品質，稍為告以修改	重新變更 為削減成本和改良品質，進行大規模的修改
	市場的強化	再度產品化 使現在的顧客對現在的產品產生興趣	改良產品 改良現在的技術，製造有用的產品，滿足目前顧客的需要	擴大產品系列 採用新技術，提供給現有的顧客一系列的產品
	新市場	新用途 向新顧客推銷現有產品	市場擴大 提供改良品給新顧客，拓展銷售量	產品多樣化 採用新技術，供應新產品給新顧客，藉此擴張銷售業務

依產品目的所作的新產品分類

產品目的		新技術的增加		
		現有技術	技術改良	新技術
新市場的增加	現有市場		配合變更 配合現在產品，維持成本、品質、適用性的平衡	代替 採用最新的技術、製造新奇、優良的
	市場的強化 現有產品的現有市場再加以開發	重新促銷 增加目前消費者的銷售量	改良產品 把產品改善成利用價值高的產品，或予以商品化	擴大產品系列 利用新技術，提供一系列的產品給現有的消費者
	新市場 增加消費者階層	新用途 利用現產品，發掘新階層的消費者	市場擴大 改良舊產品，在新市場上推出	多角化 開發新技術，開拓新階層的消費者

第三節　高科技產品企劃與分類

（一）新產品分類如下表：

新產	品分類區分
1.新產品的開發 2.發生過程	1.世界最初的新產品 2.國內最初的新品 3.公司裡最初的新產品
分類內容	1.依市場調查結果 2.依基礎研究 3.依創意構想 4.依公司的創立

新產品分類區分	分類內容
3.與既存或舊產品之關係	1.舊產品的復活 2.舊產品的新用途開發 3.舊產品的新結合.組合 4.舊產品的新印象 5.與舊產品的完全不同者
4.研究生產、技術	1.以往的技術設備所生產的產品 2.經若干改良後所生產之產品 3.依完全新的技術或設備所生產之產品
5.從銷售方面	1.使用以往的銷售組織 2.使用完全新的銷售組織
6.從消費方面	1.擴大消費面的產品 2.為了空間利用的產品 3.其他

（二）新產品的重要性在，當開發新產品時可以

1.確保企業利潤

2.減輕市場競爭壓力

3.充分利用閒餘產能

4.防止技術腐朽、維持企業技術資產

第四節　高科技新產品之決策程序

高科技新產品決策程序可分為下列六大階段：

1.創意收集（Creative Big Idea）

2.創意甄選（Creative Scanning）

3.企業分析（Business Analysis）

4.產品推廣（Product Promotion）

5.市場試銷（Test Market）

6.全面上市（Put on Market）

另一方面，高科技產業的行銷策略必須以原廠委託製造OEM（Original Equipment Manufacturing）原廠設計研發ODM（Original Design Manufacturing）以及自創品牌行銷OBM（Original Own Brand Marketing）為主要市場攻略的國際行銷策略。

第五節　高科技新產品之行銷過程

1.市場調查及市場預測

顧客是？在何處？想要什麼？

2.政策決定

決定銷售、價格、流通、廣告、服務等保銷方式。

3.銷售程序之選定

直接銷售？間接銷售？流通機構？及其他銷售程序之選定。

4.市場之檢討

何處有市場？以何處為目標？更以市場與產品潛在性格來探討市場大小。

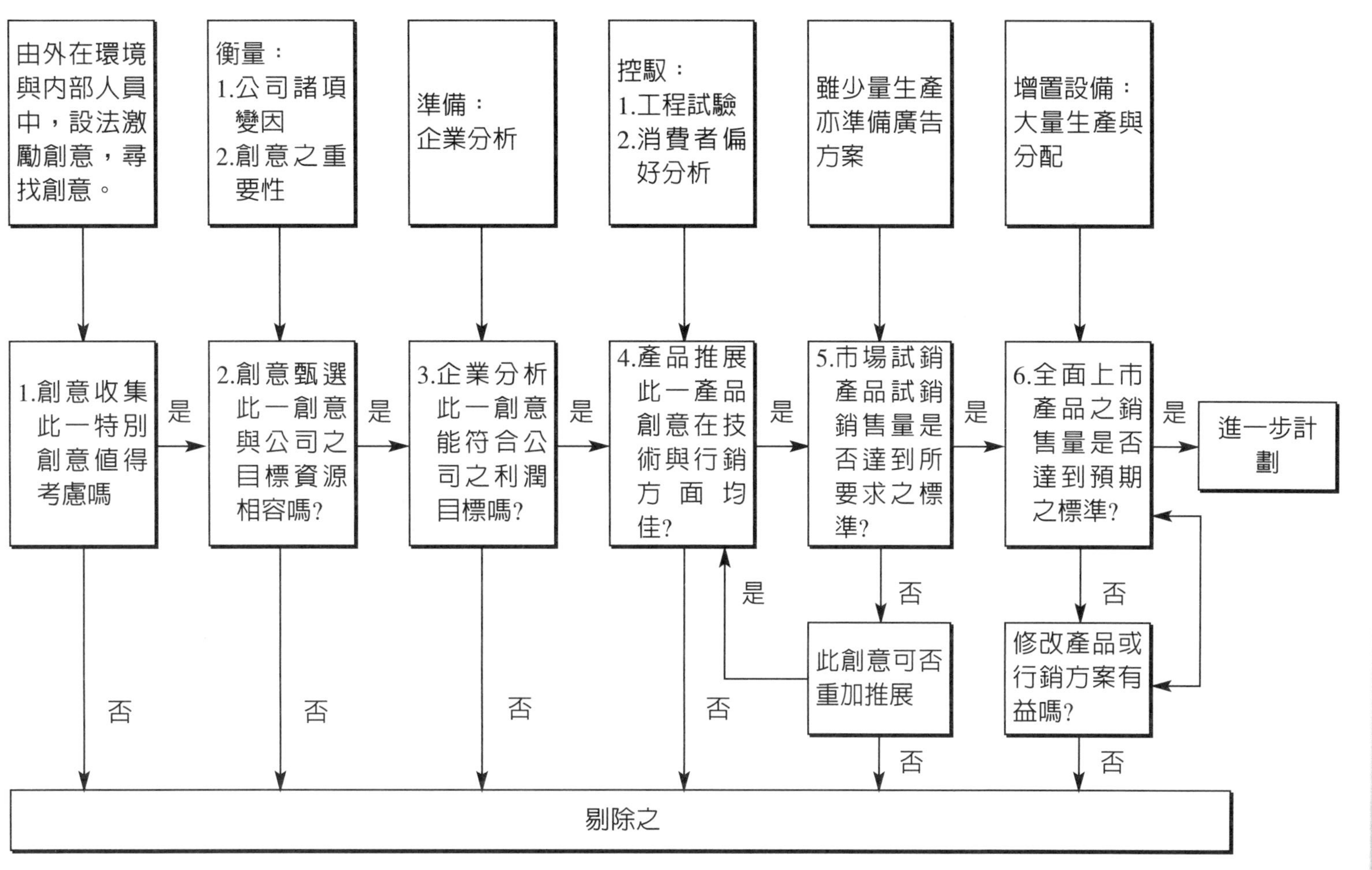

開發新產品決策系統流程

5.產品路線的決定

產品路線的決定、包括產品的形式品種、機能、品質、價格等的檢討。

6.基本的行銷計劃

包括目標、成本、邊際利益、預算等。

7.產品計劃

包括產品的外觀、機能、品質、大小尺吋、樣式、做法等。

8.基本銷售計劃

包揑賣給誰？何時？何處？什麼物品？只賣什麼？應如何賣等。

9.廣告和促進銷售計劃

什麼樣的產品在什麼樣市場，以什麼程度價格，使用何種促銷方法

10.銷售的訓練計劃

對誰？以什麼機能？何時？靠誰？什麼樣的技術？使用何種手段訓練？

11.產品的服務計劃

檢討作成的計劃，何處？以何種方法爲產品服務？訓練，操作或漏印指導書等。

12.人力資源計劃

負有何種機能的責任，達成目的要什麼樣的助力，在銷售活動方面，進行需要人員計劃和評價方法的檢討。

13.綜合銷售計劃

根據產品計劃和銷售路線，由誰？何時？在何處？實施什麼樣效果的綜合銷售計劃。

14.第一線銷售組織的計劃

關於銷售實施的計劃，集努力之大成，包括人員、地區、顧

客、適當的產品、場所時間。

以上所述是極平常的行銷過程，依企業規模、產品種類等，而有種類的變化

第六節　高科技產品推出應注意事項

1.推出新產品時容易失敗的事項

(1)市場的調查與分析不夠充分。

(2)產品不良。

(3)開發費用和成本昂貴。

(4)時機不對。

(5)競爭條件的變化（價格降底等）。

(6)行銷計劃不完善。

(7)產品的品質粗劣。

(8)生產及銷售的調整，關係不平衡。

(9)缺乏銷售人員。

(10)銷售通路狹窄。

(11)研究人員缺乏經營觀念。

(12)經營者對於產品的展望性意見不合。

(13)研究人員對技術變化有偏見。

(14)銷售管理者對新產品的理解不夠。

(15)推出新產品前的事前準備不夠完備。

(16)過分相信新產品的科學生評價。

(17)輕視市場。

(18)打入市場的時期，比其他廠商緩慢。

(19)屬於高技術產品，因此，招攬不到顧客。

(20)全公司缺乏經營觀念。

2.耐久消費財的開發留意事項

(1)專業品：市場情報，情報的評估，競爭的範圍，銷售之研究，技術開發組織，研究的強化，各企業間的提攜，自己公司的開發，技術導入等。

(2)競爭品：銷售員的強化，產品開發組織、長期計劃、產品廢止計劃，廣告宣傳的強化，戚售之系統化，其他公司製成品的動態以及銷售重點，研究預算、減價等。

3.非耐久消費財的開發留意事項

(1)專業品：新範圍、新用途、關連範圍、競爭品、思想戰略，行業的轉換，獨佔企業等。

(2)競爭品：銷售的強化、廣告的強化、印象戰略，包裝研究材料研究，市場佔有率的廣大，專業品等。

4.生產財的開發留意事項

(1)專業品：產品的特性、產品的循環過程，代替品的出現，市場獨佔，後開發廠家，成本管理，研究成果的評估，技術的組織化及合理化，管理技術等。

(2)競爭品：通路的強化，產品定位，專業目標市場等。

第七節　高科技產品企劃的步驟

欲以科學的方式有效地展開產品企劃的話，務必經由下列諸項步驟和程序：

1.構想階段

以消費者的立場，提出舊產品改良或新產品開發的構想，是產品企劃的要旨。

產品企劃勢必要經過下列構想階段的活動：

(1)確認問題的所在

(2)環境的明確化

(3)實踐創造、系統性的研究

2.評價階段

爲達成有效的經營，評價產品企劃的內容是不可或缺的步驟

3.研究階段

爲使產品具體化，必須研究產品企劃上的諸事項

4.企劃階段

經過構想、評價、研究等步驟，決定加以生產時，產品企劃即邁向行銷組合(Marketing Mix)的階段

5.決定階段

對於全盤性的產品企劃，作最後定論的階段

6.實施階段

以幹部的意見爲準，各有關單位進行實施的階段

7.控制階段

由經營、綜合觀點而論，使企劃業務逆行的階段。

產品壽命和各階段的特性

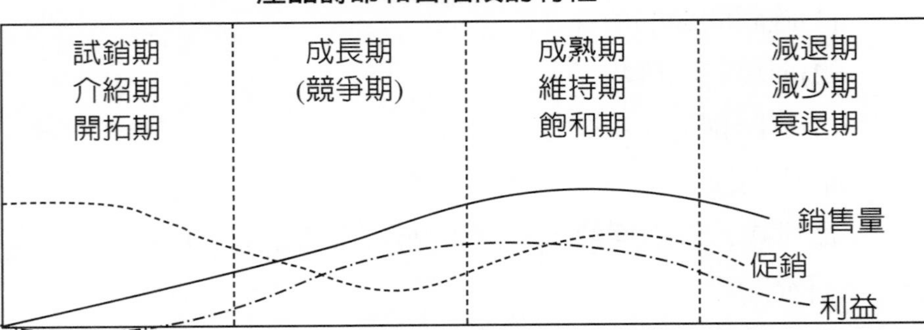

試銷期	成長期	成熟期	減退期
本期是確認對產品的需要與諸問題完全解決以前，將新產品上市的時期，其銷售量非常低微。	本期又稱為"跳躍階段"。需要量急劇地增加，市場規模急速地擴大。	需要量往橫的發展，大多數的情形是更換舊品，只有少數是新的消費者。	由於新產品的出現，商品的銷售已每況愈下。

	試銷期	成長期	成熟期	減少期
市場抵抗	市場抵抗性強，開始展開試用期。	抵抗性少，試用頻率提高，也有再度購買的情形。	無抵抗性，市場完全被開發，市場佔有率呈巔峰狀態。	市場佔有率減低，市場規模逐漸萎縮。
銷售業者	中盤銷售業者雖存疑心，但開始嘗試銷售。	中盤銷售業者積極地開始銷售，並且逐漸提高銷售量。	中盤銷售業者已完全掌握市場，並且各自互相競爭。	中盤銷售業者興減低，數量也遽減。
競爭	競爭對象最少，僅有若干對手角逐於市場上，競爭緩和。	競爭手增加彼此競爭激烈。	競爭對象最多，有些只好半途退出，非價格競爭非常激烈。	競爭對手銳減，但尚有若干對手存在。
價格	售價偶爾比成熟期高。	接近成熟期時價格會下跌。	售價安定。	跌至最低價格。
促銷	推廣費用高，無多少實際的收益。	隨收入增加利也提高，每單位利潤達最高狀態。	每單位利潤安定，但並非最高，總利潤最大的時期。	總利潤逐漸減低。

第八節　高科技產品企劃的構想來源

1.公司內部的構想

(1)由調查、技術、企劃、銷售、研究開發部門等的提案。

(2)由一般職員或推銷員的提案。

(3)綜合和分析顧客的要求或不滿。

(4)新產品構想的提案制度或集體思考等自由會議。

2.交易關係方面的構想

(1)和批發商、零售商、代理店、特約店等交易與交涉中，所獲取的資料。

(2)批發商等的提案

3.競爭廠商方面的構想

(1)由競爭者的顧客中得到的意見和抱怨

(2)從競爭品、目錄、展覽會等獲取的構想

(3)由外國的產品或目錄獲得的構想

4.消費者方面的構想

(1)消費者的意見或提案

(2)消費者的不滿

5.其他的構想

(1)由發明家、顧問公司、大學或研究室、廣告公司、市場調查機關等提供的資料。

(2)同業界或業雜界誌、政府機關、大眾傳播關係等機構得到的資料或提案。

第九節　客戶管理與銷售業績

現代的專業推銷人都擁有豐富的市場情報，產品專業知識，口齒伶俐，說服力強，富有魅力。但是，如果缺乏瞭解客戶的心理及管理客戶的技巧，仍然無法獲得優良的業績與優厚的報酬。因此，一流專業推銷人（Professional Top Sales）必須具備以下多項法寶：

1.瞭解自己的業務說話術
2.瞭解你的客戶→關心客戶。
3.瞭解你的公司及公司產品→愛惜形象。
4.瞭解你的競爭者→打敗競爭者。

一、推銷人在接觸客戶時必然會遇到的實際狀況

客戶在想什麼？→客戶心理分析

二、客戶如何將你定位？

一般而言，客戶對推銷人的印象決定一半的購買機會。因為在客戶的心目中，推銷人本身就是代表公司，因此，推銷人在與客戶見面之前，必須充分地準備有關的事實資料與產品／市場情報。

因此，推銷人要獲得客戶的喜歡與深刻印象，有下列幾種方法：

1.隨時記住客戶的名字、職稱（頭銜）。
2.瞭解客戶的個性、興趣、嗜好（要下功夫花心思研究）。
3.要深具信心，千萬別怕客戶的反對意見，因為客戶的反對意見

只是表示他們對我們的關心（如產品、公司、推銷人）。

4.運用「中斷談話術」：當客戶表示反對的意見過於激烈時，推銷人不妨暫時中斷談話，換個比較輕鬆的話題再談，以緩和一下氣氛與情緒，再創造有利說服的氣勢。

5.自我推銷：先不要談「買J或「不買」的敏感問題。先說明產品特性、功能、效用並加以示範（尤其資訊電腦產品）。

6.軟性推銷：「拉銷」（Pull Selling）將客戶的眼光視線拉到產品身上來。

7.顧問推銷：以輔導的立場，隨時關心客戶，給客戶一個良好的建議。

三、客戶不買的原因可歸納如下

1.價格因素。

2.產品因素。

3.產品供應來源品牌與服務。

4.推銷人本身給客戶的印象。

5.購買時機（或推銷時機）欠佳。

6.客戶本能固有的懷疑心理或排斥心理。

四、客戶管理實務表格

良好的客戶管理正如客戶的知心朋友，推銷人可以隨時知道客戶的情況與需要，不但可增進雙方友誼情感，更可以促成未來一連串的交易，建立長期業務關係。茲將客戶管理的要點分述如下：

(一) 客戶服務理念的新突破〈客戶服務是銷售戰力的後鐘戰力〉

1.老客戶：視爲多年的老同學、老同事或老朋友。

2.新客戶：視為親戚或新交往的朋友。

（二）強化客戶服務戰力〈Customer Service Force〉

1.售前服務（Before Sales Service）

2.售中服務（On Sales Service）

3.售後服務（After Sales Service）

（三）產品保證（Product Guarantee）

尤以具有品牌者為甚，更應附有產品保證卡或保證事項，保證產品品質或免費維護、保養維修、售後服務期限等。

（四）客戶訊息回饋（Customer's Information Feedback）

第十節　市場卡位之理念與意義

在激變與激烈的市場作戰中，市場卡位（Market Rollout）即為決勝市場的作戰法寶。正因為行銷的本質就是市場爭霸戰與市場競爭。因此，市場競爭態勢的定位利基與市場卡位即為行銷決勝的「贏的策略」。茲將市場卡位的定義與創新理念分述如下：

「市場卡位」（Market Rollout）的涵義為在同一目標市場上的競爭，首先要找出適合自己商品或行業的市場利基，以絕對優勢的市場切入機會點掌握並佔據競爭市場利基與優勢，一方面可擴展自己商品或行業的市場區隔（Market Segmentation）；另一方面可卡死市場競爭者進入目標市場的位置，並切斷競爭者進入目標市場的機會與利基。

因此，市場卡位的創新理念最主要的決勝秘訣在於市場利基（Market Niche）。所謂市場利基，主要由下列三種競爭態勢組合而成：

一、市場切入的有利基點

亦即進入市場的有利機會點，如何進入市場？由那一市場切入較具強勢與利益？

二、市場切入的有利機會

亦即在切入目標市場前，商品或行業最有利的賺錢機會。

三、卡住競爭者的市場定位

亦即如何掌控目標市場，使競爭者無法進入同一目標市場。

茲將市場卡位策略以表14-3敘述如下：

表14-3　市場卡位策略表

競爭態勢	行銷戰略
強者戰略	●擴大行銷作戰領域 ●擴大經銷網，封死其行銷通路 ●全面作戰 ●誘導作戰
弱者戰略	●集中行銷戰力於主要區域市場 ●對客戶採各個擊破之行銷戰術 ●跟蹤競爭者之銷售人員並調查市場情報 ●集中一點（單點攻擊戰術） ●聲東擊西

由表14-3觀之，市場卡位作戰包含下列各種重要的理念與戰術：

(一) 創造市場競爭優勢 (Create Market Competitive Advantages)

此種優勢必須立足於市場強勢攻防戰：進可攻，退可守，商品定位大都以否定市場之姿態出現。

(二) 市場戰力 (Market Forces)

此項因素往往因價格戰而削弱市場作戰能力。因此，非價格競爭即是市場戰力應掌握的決勝關鍵。

(三) 市場潛力 (Market Potential)

此項因素包括市場佔有率的提高、市場開發力的強化與市場成長率的確保。

(四) 市場佔有率 (Market Share)

此項因素爲企業自己公司的商品或行業之供應量佔總體目標市場之供應量的百分比例。茲以公式列述如下：

$$\text{市場佔有率} = \frac{\text{公司商品或行業之供應量}}{\text{總體（整個）目標市場之供應量}}$$

如果得出之答案爲0.08，即爲8%之市場佔有率，如果計算出之答案爲0.19，此即爲19%之市場佔有率。

(五) 市場規模 (Market Scale)

此項因素即於年度中之特定商品或行業之製造生產量＋進口量－出口量之計算答案。

亦即，市場規模＝生產量＋進口量－出口量。如果市場活動中，並無任何進口與出口數量，則進口量與出口量等於零，亦即市場規模等於當地目標市場之總生產量。此即是市場行銷中常談及之市場有多大之實際問題。（市場大小 Market Size）。

四、客戶抱怨與異議處理

定期徵求客戶意見、滿意程度、抱怨等，以便瞭解客戶對產品之反應及喜愛、不滿意等之程度，以做爲第二波搶灘買方市場及進軍次級市場的主要參考情報。

（一）化「異議」爲「同意」

銷售人員必須站在客戶的立場處理客戶異議，絕不可以與客戶發生爭執，一旦發生爭執，生意必然會泡湯。

處理客戶異議的六個步驟：

1.準備迎接客戶異議。
2.接受客戶異議。
3.答覆客戶異議。
4.鼓勵客戶主動討論異議。
5.補償客戶異議。
6.解決客戶異議。

〈注意〉所有的客戶異議均須被接受。

（二）銷售人員接受客戶異議的秘訣如下

1.傾聽客戶異議的內容。
2.讓客戶知道你在注意傾聽他的抱怨與異議。
3.切勿認爲客戶異議是一種威脅而極力抵抗與反駁。
4.如果銷售人員肯定並尊重客戶的意見，則客戶必定喜歡銷售人員的態度及處理方式。

〈注意〉

1.客戶總是保護自己的利益，因此，每位客戶使常百般挑剔並試探銷售人員如何答覆及是否具誠意解決異議。

2.顧客提出的異議就是要給銷售人員較多的思考時間及研究更多更恰當的答覆。

討論課題

1.試分組研討高科技產業之OEM，ODM以及OBM行銷策略。

2.試分組研討高科技產業如何強化研發戰力（R&D Force）？

3.試分組研討高科技產業如何打造核心競爭力與縮短新產品上市時間（Time to Market）。

4.試以策略行銷管理之觀點，擬訂銷售商手之教育訓練計劃並分組研討預期效果。

5.高科技產業的銷售報告表之內容務求具備市場的拓展與客戶管理，試研究其原因與必要性。

6.高技業產業的銷售管理必須著重業務作戰力，試研討業務作戰力應包含哪些要項與策略！

7.試研究一位成功的高科技行銷經理或業務主管必須具備何種素養與條件？

8.如何強化高科技銷售高手的心理建設、產品專業知識、市場靈敏度、銷售技巧與市場戰鬥力？試分組研討之。

第15章 全球化策略行銷

本章學習目標
e-Learning Objective

◆瞭解市場作戰的重點為行銷通路之開發與突破。

◆瞭解行銷通路之加長或縮短之技巧與利基機會。

◆瞭解批發商在行銷通絡中之功能與角色。

◆瞭解零售商在行銷通絡中之功能與角色。

◆瞭解實體分配與物流戰略對行銷通路之功能而言，實在佔有相當重要的地位。

◆瞭解連鎖加盟經營為行銷通路革命性的創舉與其重要性。

◆瞭解全球化策略行銷之意義與內涵

◆瞭解全球化策略行銷通路之架構與流程

◆瞭解全球化策略行銷與其實戰運作

第一節　全球化行銷通路之定義

所謂「全球化策略」（Globalized Strategies）即是企業經營管理活動（Management）與市場行銷（Marketing）均已跨入以全球知識經濟（Global Knowledge-based Economy）為內涵的商業競爭（Business Competition）所必須採用的核心策略（Core Strategies）。

全球化行銷通路（ Globalized Marketing Channels）係指商品自全球市場之供應商經由中間商至消費者或最終使用者之流通過程。亦即商品自國際生產供應商向海外消費者或最終使用者（End-User）銷貨時所經由的行銷通路。

行銷通路的功能在於減少交易次數，降低行銷成本，增加商品的時間與空間效用、區域市場效用與佔有效用。由於商品之流通過程乃必須依賴各種型態之中間商來完成舖貨。因此，中間商即成為行銷通路之主角，並與消費者及供應商合併構成所謂的行銷通路架構。茲將此一行銷通路理念以流程架構圖再詳細敘述如下：

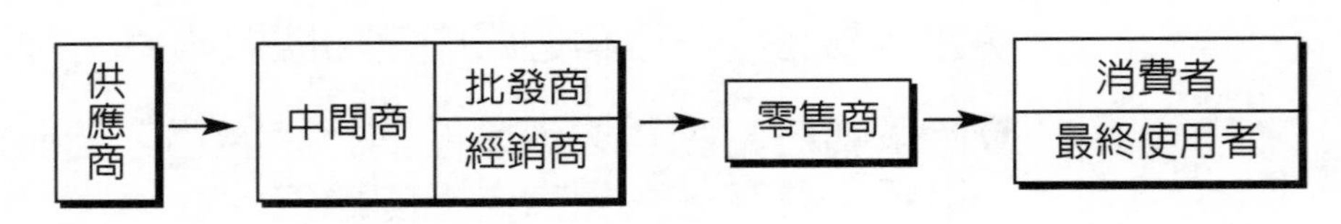

圖15-1　行銷通路理念架構

行銷通路策略著重於通路結構之選擇以及中間商之篩選與管理。因此，行銷管理人員必須對行銷通路結構及影響通路決策之因素列入考量之範圍，方能提高行銷決策之效能。

另方面，全球化行銷通路可由下圖再詳細瞭解其物流管理之架構與流程：

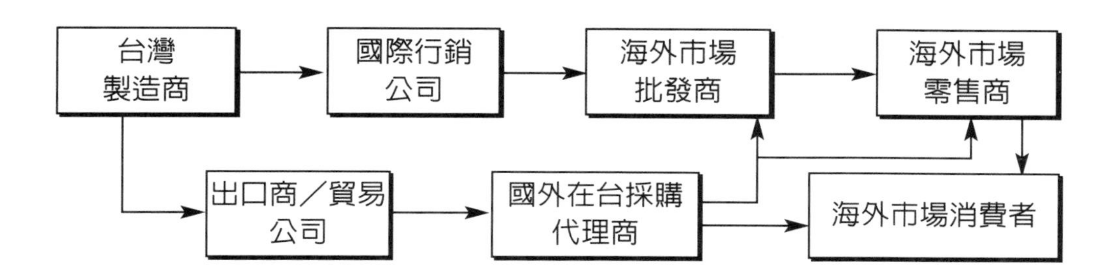

第二節　全球化市場活化策略與中間商之功能及通路結構

為了因應市場激變與消費型態之滿足，供應商在尋求突破式之行銷通路時，必須考慮中間商之地位與功能。

中間商的功能，顯而易見的應是降低行銷成本，提高商品配銷效率，調節供需與溝通產銷之功能。中間商對於商品與服務之傳遞與流通，可克服生產廠商與消費者之間的空間距離。同時，中間商對於商品之倉儲及財務融資之金融功能，亦可解決生產廠商與消費者間的時間距離，可立即週轉資金。

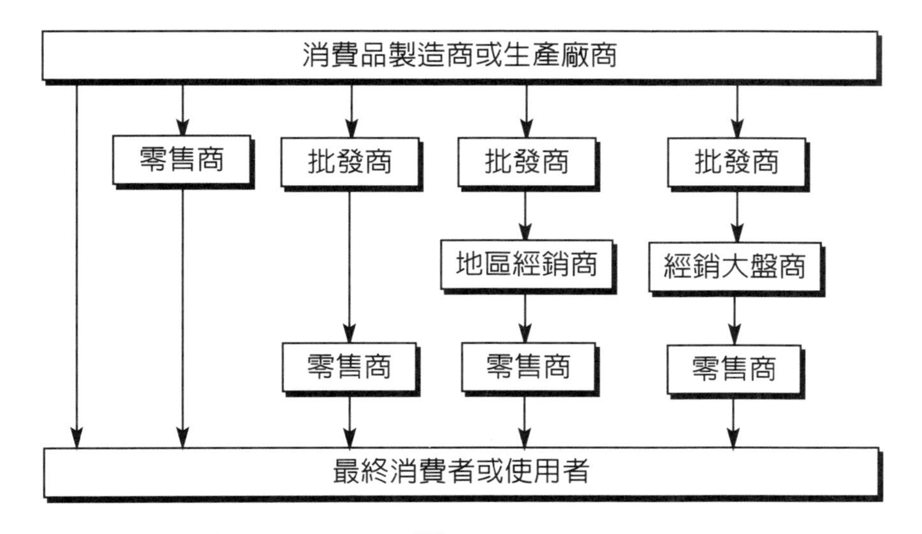

圖15-2

圖15-3爲工業製造品各種不同之行銷通路：

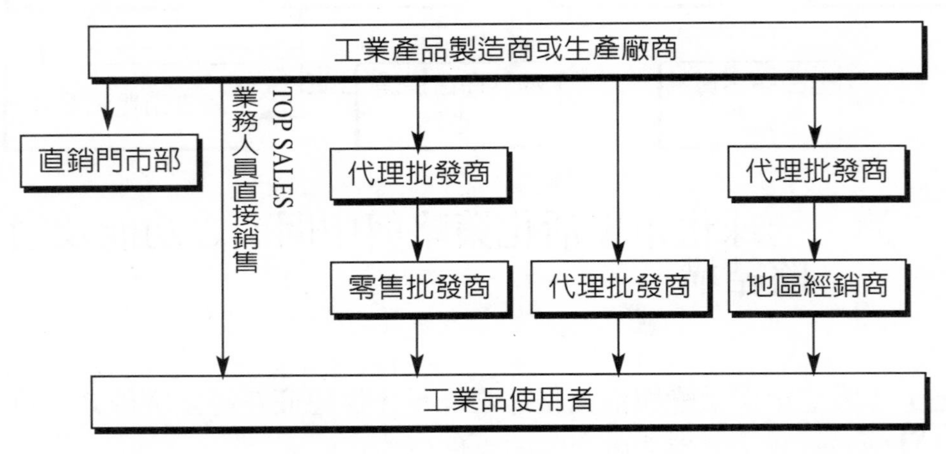

圖15-3

在調和產銷供需之行銷功能中，生產廠商、中間商甚至消費者均能擔任此種功能，並降低行銷成本，提高行銷舖貨與物流之效能。

供應廠商欲獲得最佳行銷利潤，除應降低生產成本外，必須選擇最有力的行銷通路，使企業經營發揮又精又贏的最大功能，降低商品配銷成本，將商品以最有效之通路供應消費者或最終使用者（End-Users）。

行銷通路有各種不同型態，一般而言，消費品製造廠商之行銷通路，以經由批發商、零售商，再銷售給消費者，此爲最典型的行銷通路。**圖**15-2即爲消費品最型的行銷通路：

凡是規模較大的製造廠商，往往自行設立直銷門市部直接銷售與消費者。在行銷通路中，商品分配所經過之中間商層次愈多，則行銷通路愈顯冗長，愈少則行銷通路愈簡短。因此，行銷通路之長短完全決定於商品特性與定位。例如進口汽車，不應透過批發商系統，汽車進口後，立即在各地區車行銷售，亦即零售商系統之通路；反之，食品即必須透過批發商系統與零售商系統之通路，方能行銷成功。

工業品製造廠商之行銷通路，以透過代理商或批發商或自設直銷門市部較為常見。

第三節　批發商（Wholesaler）

批發商（Wholesaler）乃指行銷商品或服務給非最終消費者或使用者之，商業型態。例如萬客隆為最典型的批發商。亦有些批發商兼具零售商之特性與業態，批發商之型態種類繁多，通常可依不同標準與業態，分為如下兩幾種：

一、經營理念與業態

若依經營理念與業態而言，批發商可分為製造廠商直營直銷門市部或各地區經銷商、代理商或經紀商、供應商加盟連鎖批發系統，以及獨立批發商。

二、商品所有權

不具備商品所有權者謂之代理商或經紀商，具備商品所有權者，謂之經銷批發商。

三、商品定位與商品特性

若依商品別分類，因其商品特性與商品定位之不同，批發商可分為成衣批發商、食品批發商、西藥批發商、玩具批發商、果菜批發商等等。

四、區域市場區隔

若依地區市場區隔而言，批發商可分為全國總代理商、全省總代理商、高雄地區總批發商（南部六縣市以高雄市為中心，外加高雄縣、台南市、台南縣、屏東市、嘉義市）或北部桃竹苗地區總批發商（以桃園為中心，外接新竹、苗栗等地），構成區域性大批發商，這些批發商據點都設立於高速公路下交流道附近，大約都設立在加油站或電腦洗車業旁或附近。例如：高速公路下桃園南崁交流道，旁邊就有麥當麥、統一超商、屈臣氏、金石堂書店等各行各業，市場需求特別蓬勃發展與潛力無窮。換言之，從事國際貿易之出口行銷亦方便開拓全球市場。

若以台北市、台北縣地區總批發商而言，台北市與台北縣之交界地區為最理想之據點。例如萬客隆批發商之據點都在此範圍內，例如萬客隆內湖、南勢角。遠東百貨愛買土城、板橋及景美地區都是最典型之據點，此為市場區隔最棒的區域行銷（Regional Marketing）。

五、商品特性與商品功能

若依商品特性與商品功能而言，批發商可分為南北貨批發商（如台北市迪化街）、珠寶批發商、特殊品批發商以及綜合性商品批發商（如萬客隆、遠東愛買、高峰百貨均是）。在行銷通路之結構中，批發商介於供應商（製造廠商或貿易商）與零售商之間，對於供應廠商及零售商提供各種不同之服務，反映批發商之各種功能。茲將批發商之功能分述如下：

1.大批量採購，降低進貨成本，轉惠予零售商。
2.以量制價，扮演供應商之行銷通路功能，開拓市場。
3.擔負實體分配與物流功能，諸如倉儲、運輸、保險、存貨控制、停車場設立、客戶服務等。
4.可融資給零售商，如分期付款或延長票期，使零售系統之舖貨更能達到流通業的行銷功能。
5.提供零售商之零售管理服務，銷售點管理POP（Point of Sales）電腦收銀機作業管理條碼（Bar Code）掃描系統的使用，包括行銷專業訓練、店面陳列、動線規劃、廣告支援、促銷活動配合、市場資訊之提供等。

近年來，國內的流通產業又出現了新的經營型態——「批發百貨」Wholesaling Department Store）係一種以零售店採購爲顧客對象，採全部自營進貨營業的批發百貨公司。所謂的流通產業，是指商品由製造商轉移到消費者手中，所經歷的各種交易行爲，其間涵蓋了批發業、綜合百貨業、零售業及餐廳服務業等等。

其中，批發業在整個商品流通過程中，扮演了儲存、運輸、分配、及風險承擔等角色。台北市後火車站附近（如鄭州路、承德路、天水路圓環一帶）零星分佈的服裝雜貨批發店，雖然已不復當年盛況，但是，由全省各地趕來批貨的商店業者，仍很自然地在這個地區集中。

大批發百貨以「單站購買，一次購足」的方式從事批發行銷，加上「協助店舖開發與商店規劃」的經營方針，在國內的流通業界，儼然是一種嶄新的經營型態。

近年來發生在台灣市場的流通革命，以製造商介入零售業爲最具震撼力。典型例子如食品雜貨業中的「統一超商」及「OK加盟店」等等：服裝成衣業則以「專櫃行銷」（如阿瑪迪斯）與「外銷成衣店」

（如Big Train）爲代表。

採用科技化的電腦管理，足以便批發百貨業突破傳統批發業的經營型態，電腦管理系統的建立，如POS電腦收銀設備與條嗎（Bar Code）掃瞄系統的使用，可提供顧客正確、便捷的結帳作業：又如附有磁帶的採購卡（刷卡）的運用以及光碟、多媒體電腦軟體之開發與應用，均爲有利於實施電腦化的客戶管理。

第四節　零售商（Retailer）

零售商（Retailer）爲行銷通路中最接近市場與顧客的業態。美國行銷學會（American Marketing Association/AMA）與行銷學大師飛利浦．柯特勒教授曾經爲零售商界定如下的定義：

零售業係特指所有直接銷售給最後消費者之行銷活動中的企業單位。（Retailing includes all the activities involved in se11ing goods or services direct1y to final consumers for their personal、nonbusiness use.）

資料來源：Marketing Essentials p.229 Phi1ip Kotler。

由上述之零售商定義中，不難看出零售商與消費者之直接密切關係。然而，上述定義還不能完全將零售商的功能與在行銷通路中的角色詮釋完整。因此，本書作者許長田教授提出眞正突破與創新的理念與見解，茲敘述如下：

零售商為專業研究消費者之需求與滿足其需求並開發、進貨消費者欲求之商品的連鎖業態。

因此，零售商必須朝下列幾種經營策略發展其行銷活動：

1.零售商必須著重店面之裝演設計、動線規劃、POP（Point of

Purchase/店頭廣告）與CIS（Corporate Identified System/企業識別體系）之定位。

2.零售商必須走連銷經營型態，要「連得多，鎖得緊。」

3.零售商必須強化「商店行銷」（Shop Marketing）與連鎖店經營（Franchising Store Management）之功能。

4.零售商必須注重行銷研究與市場競爭態勢，方能在行銷通路戰中立於不敗之地。

5.零售商必須具有立地戰略的商圈定位與商品企劃力（Merchandising）。

6.零售商必須舉辦促銷活動（Sa1es Promotion/SP）與EVENT（主題事件或親子活動），推廣市場。

7.零售商必須企劃廣告策略、編列廣告預算、選擇廣告媒體並評估廣告成果與銷售業績。

一般而言，通常零售商可依下列各種不同標準與業種，區分爲如下幾種：

（一）依所經營商品組合之廣狹而分類

例如百貨類、專業類、電子器材類、電腦類、汽車類。百貨類諸如綜合大百貨公司（如新光三越百貨公司、SOGO百貨公司、高島屋百貨等等），專業（如傢俱行、電器行、五金建材行、電腦加盟專賣店）：特殊品類（如高級時裝店、男裝店或女裝店、珠寶店、鞋店、書店等等。）

（二）依所經營方式分類

此種分類有「店面零售」（In Store RetaUing）與「無店面零售」（Nonstore Retailing）兩大類。店面零售，具有特定之賣場與動線，商品企劃與陳列（Merchandising &Display），例如百貨公司（Department Store）、超級市場（Supermarket）、特級市場

（Hypermarket）、折扣商店（Discount Store）、量販店（Gross Merchandises Store/GMS）、廉價商店（Off-price Store）、專賣店（Speciality Store）等。郵購（MailOrder）、自動販賣機（Vending Machine）與流動攤販（Shuttling Stand）等均屬無店面零售。

（三）流行零售商排行榜

零售業（Retailing Industry）在經濟愈是高度發展的國家，其組織愈趨健全及專業化。目前中外零售業之名稱衆多，比較常見的有雜貨店（Grocery Store）、專賣店（Specia1ity Store）、百貨公司（Department Store）、連鎖商店（Chain Store）、購物中心（Shopping Mall or Shopping Center）、便利商店（Convenient Store）等。

（四）零售連鎖店的採購與行銷特性

連鎖公司的經營可以分爲三方面來敘述：1.採購（Purchasing）；2.行銷（Marketing）；3.組織與管理（Organization and Administration）。

大型連鎖零售公司所選擇產品的過程十分複雜，經廠商提出樣品（Sample或Phototype），到正式簽約，其中必須經歷許多過程，因此所需時間少則六個月，多則一至二年，但一經採購，則訂單不斷。茲將零售連鎖公司之採購作業程序以圖15-4表示如下：

第五節　實體分配與連鎖經營的型態

在報章雜誌上，我們經常可以發現，在電視以及日常接觸中，我們也可以聽到許多零售業有關的專用名詞，例如「連鎖店」、「加盟店」、「直營店」、「連鎖加盟店」，乃至英文的所謂「R.C.」、「V.C.」、「F.C.」等。這些名詞看似相同，卻又不盡然。茲將連鎖經

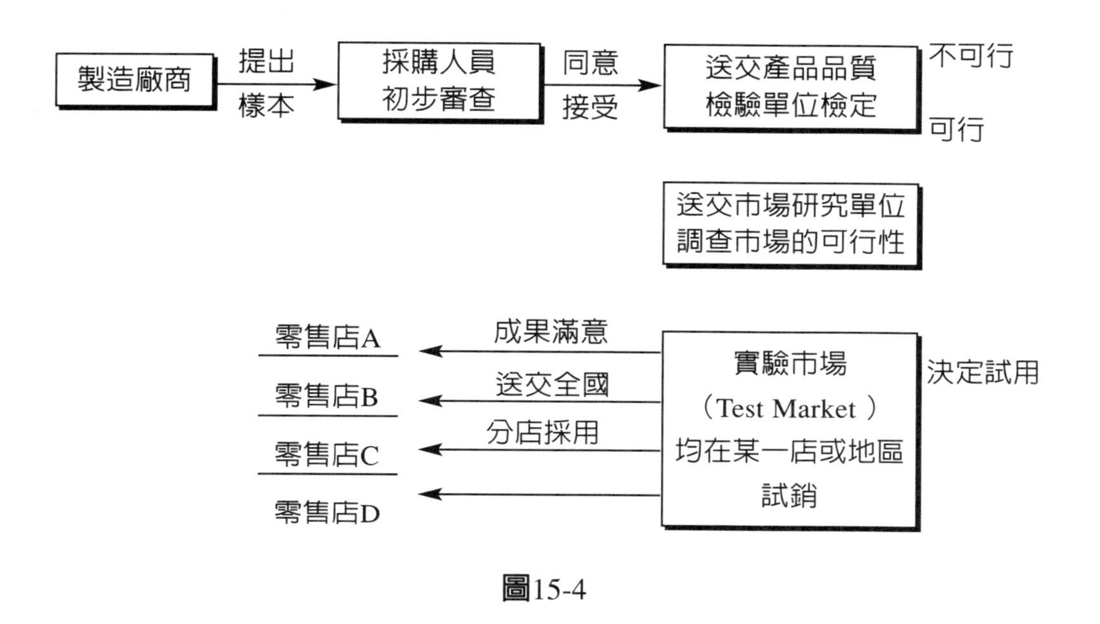

圖15-4

營的型態的分類敘述如下：

一、連鎖店（Chain Store）

連鎖店（Chain Store），廣義的連鎖店應該包涵上述所有這些名稱：因為英文的「R.C.」、「V.C.J 、「F.C.」中之幾個C，其實都是連鎖店Chain Store的第一個字母C之縮寫。因此，連鎖店不但涵蓋了直營連鎖（Regular Chain）、加盟連鎖與（Franchise Chain），甚至許多其中小規模的企業，成立了幾家分店後，也都喜歡對外宣稱其為連鎖店，以表示「時髦」、「夠看」或表示其經營的手法是新創的。嚴格說來，這些店都不能算是連鎖店。因為連鎖店最少也應該有十家以上相同的商店。然而，國內目前有許多商店為直接引進國外著名的連銷加盟系統，儘管其店家總數尚不及十，稱之為連鎖店卻不為過。

二、直營店（Regular Chain/RC）

狹義的連鎖店其實就是指直營店，也就是由總公司直接經營的連鎖店。此種型態的連鎖店在美國都是屬於連鎖（加盟）店（Franchise Chain/FC）的一環，但是這種直營連鎖店的優點是經營權完全控制在公司手中；其缺點就是由於完全由總公司出資，總公司派人經營，在市場的拓展方面進度較慢。國內的麥當勞，雖然目前都是直營的型態，但是整個國際麥當勞經營體系卻是以加盟店爲主。

三、自願加盟店（Voluntary Chain/VC）

顧名思義，vc爲自願加入連鎖體系的商店。這種商店由於是原已存在，而非加盟店的開店事宜就由連鎖總公司輔導創立，因此在名稱上自應有別於加盟店。具主要的市場利基爲所加入店是多數散在各地的零售店或少數批發商，爲了求其零售店的經營現代化，一方面保有其商店的獨立性，同時又能享有永續經營的連鎖體系之市場優勢，在大部分其能自己作主的情況下，加入連鎖系統成爲其體系內的一家商店。

四、連鎖加盟店（Franchise Chain/FC）

美國乃連鎖加盟店之發祥地，直到現在都是連鎖加盟店的大國，例如麥當勞、肯德基等。連鎖加盟店可分爲以下兩大類：

（一）商品及商標連鎖系統（Merchandise & Brand Franchising）

以汽車經銷商、加油站、飲料經銷商爲代表。

（二）營利公式連鎖系統，（Business Format Franchising）

此乃一般所謂的連鎖加盟店，或簡稱爲加盟店。

日本Franchise協會將連鎖加盟店定義如下：

連鎖加盟是連鎖總公司（Franchisor）與加盟店（Franchisee）間之一種契約行為。

總公司將自己的商標、商品名稱等足以代表自己公司營業象徵的標誌，供加盟店使用，同時提供經營上的秘訣knowhov統一的整體設計與商品供對方使用、銷售;而加盟店在獲得上述的權利之同時，相對地需付出一定的代價（權利金）給總公司，在總公司的指導及援助下，經營事業的一種存續共榮關係。

加盟店除了享有總公司所賦予的權利外，還有繳納權利金、加盟金等金錢以外的義務。亦即要遵守總公司種種管理規定的義務；例如不能陳列或銷售競爭廠家的商品。國內的寶島鐘錶眼鏡公司即爲Franchise Chain的典型連鎖加盟實例。寶島的連鎖加盟體系屬於「企業內部創業」，非寶島出身的員工絕難成爲其連鎖系統的加盟店。而一個由寶島訓練出來的員工，除了本身吸收經營秘訣knowhow比外人迅速外，多年來在其企業文化薰陶下，這種權利義務的行使都將中規中矩，而形成一個經營共同體。

目前台灣市場的Franchise Chain策略聯盟連鎖店則以統一的7-ELEVEN超商爲佼佼者。統一超商屬於便利商店（Convenient Store）連鎖體系。以美國的Franchise標準而言，統一已具有一千家的連鎖店，在規模上夠格稱爲Franchise Chain ：以日本的標準而言，統一既有RC的直營店，也有不少FC的加盟店，可謂名副其實的「綜合統一」連鎖系統。茲就直營店RC、加盟店FC及自願加盟店（加入店）VC之表15-1「連鎖經營型態比較表」敘述如下：

表15-1　連銷經營型態比較表

項目 ＼ 連銷型態	直營店RC	加盟店FC	（自願）加入店VC
決策	總公司	原則上總公司為主加盟店為輔	參考總公司旨意，較FC有更多決策權
資金	總公本身	加盟店（與總公司無關）	加入店鋪（與總公司無關）
經營權	非獨立	獨立	獨立
店鋪經營者	由總公司任命之店長	獨立之店主	獨立之店主
市場	因新店之開發而擴大市場	因新店之開發與既存店之加盟而擴大市場	因既存店之加入而拱大市場
開店速度	受限於資金等條件比FC、VC慢	可以迅速開店	可以迅速開店
契約範圍	沒有	經營之全部	經營之一部份
商品供給來源	經由總公司	經由總公司進貨或推薦	原則上由總公進貨，也有自己進貨
價格管制	總公司規定	原則上由總公司規定或推薦	自由
授助	依經營手冊實施（按總公司指示）	依經營手冊實施放（按總公司強而有力的指導授助）	因產品多樣，僅要點式的接受總公司指導援助
營業之終止	總公司之意思	自由	自由
教育訓練	全套訓練	全套訓練	自由利用
指導	專門人員之巡迴指導	專門人員之巡迴指導	自由利用
促銷	總公司統一實施	總公司統一實施	自由加入
總公司之管制	完全管制	強	弱
與總公司之相互關係	完全一體	經營理念共同體	任意共同體
店面外觀形象	完全統一	完全統一	基本上是一樣，但也有些商店還略作增刪

資料來源：取材自賴山水（加盟連鎖店的行列）PP.38～42

討論課題

1. 試以萬客隆為實例，研討其在台灣市場之通路優勢與市場利基。並研討其全球化策略。
2. 試以進口汽車在台灣市場行銷為實例，請分組研討進口汽車之行銷通路！是否需要經由批發商之通路？試說明其理由！並研討中華汽車之全球化。
3. 試以進口餅乾為實例，請分組研討進口餅乾在台灣市場之行銷通路！是否需要經由批發商之通路？試說明其理由！」並討研台灣統一超商全球化策略！
4. 試研討如何建立並輔導經銷商之計劃！假如行銷通路以經銷商與自設門市雙管齊下，這樣的通路策略是否適當？請分組研討其優點與缺點！並研討其本土化與全球化策略。
5. 試分組研討台灣資訊科技（Information Technology, IT）之全球化策略。

第16章 附錄

本章學習目標
e-Learning Objective

- ◆瞭解台灣市場的行銷特性。
- ◆瞭解台灣市場特有的行銷文化。
- ◆學會思考行銷策略的產生是由理念、戰術與戰略的連貫發想而得來。
- ◆瞭解台灣市場百貨公司的市場經營策略與商品定位的重要性。
- ◆瞭解台灣市場速食連鎖店成功的秘訣及其市場作戰策略。
- ◆瞭解台灣市場運動鞋的行銷利基、品牌定位與市場競爭策略。

【個案一】台灣市場百貨公司之行銷實戰一

一、前言

近年來，國內市場的急遽變動，產生了流通革命。在百貨業市場的行銷戰中，以崇光百貨（SOGO）切入市場的滲透策略最受矚目，也因此，台灣百貨業的市場競爭態勢愈趨複雜與激烈化。

在整個市場競爭態勢中，台北市先施百貨、永琦百貨、明曜百貨、統領百貨、中興百貨、SOGO百貨、今日百貨以及來來百貨爲市場競爭的主要對手。

然而，新競爭業者的加入戰場，基本上可以帶動更高的業績與市場佔有率。但是，就經營管理與行銷策略而言，台北市的綜合百貨公司大體上均有業績不理想的現象，除了SOGO百貨以外，每家百貨公司陷於苦戰的局面。因此，國內百貨市場的經營必須採取整體行銷組織戰，亦即必須運用商圈立地戰略、商品企劃並區隔差異化定位、業態推廣、經營戰略與促銷戰略的總體作戰。

市場競爭態勢（Market Competitive Situation）

↓

市場空隙企劃（Market Space Planning）

↓

行銷定位策略（Marketing Positioning Strategy）

- ●商品定位（Product Positioning）
- ●市場定位（Market Positioning）
- ●再定位（Re-Positioning）

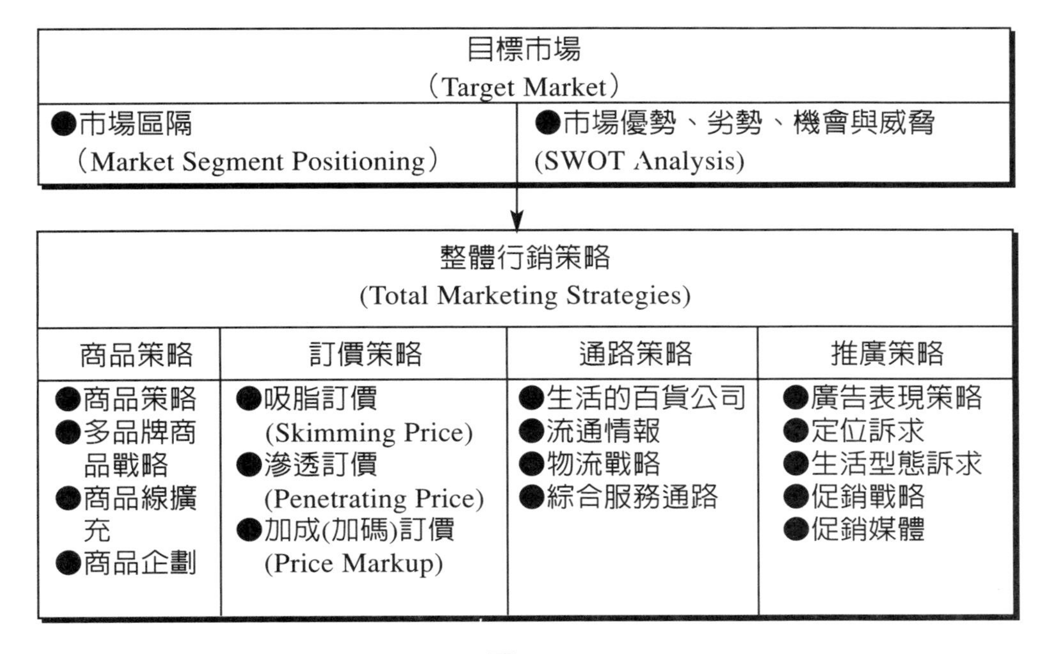

圖16-1

二、本案策略架構

三、行銷研究

（一）消費者分析：

百貨公司的經營與行銷策略最須有「顧客」的觀念，所謂利潤與營業額都是來自顧客的購買，在一個百貨企業中，每一個工作人員及主管都在做服務顧客的工作，共同爭取顧客，滿足顧客，皆以「顧客至上」的服務精神來服務顧客。

因此，百貨公司要能創造顧客與公司間的協調、溝通與默契，使顧客支持百貨公司才算是成功的經營。

消費者對百貨公司的心理定位都是建立在「購買滿足感與價值

感」的層面，尤其國人心理有一層「買爽」的特性。因此，百貨公司要眞正抓住消費者的心，還眞需花相當的功夫；方能克竟其功。

（二）市場競爭態勢分析

大體而言，百貨公司必須研究的目標市場與行銷流通情報可歸納爲下列幾點：

1.原附屬於百貨公司的超級市場已漸漸脫離百貨公司而成爲獨立的業態，更有連鎖經營的發展趨勢。

2.必須開發眞正附屬在百貨公司的食用賣場或美食廣場。

3.各業種專門店的紛紛設立，亦是朝向連鎖化的經營型態。其以專精的商品企劃，成立各種類型的專門店，例如服飾、玩具、童嬰用品、體育用品、家庭電器用品專門店等等。

4.專櫃型態的經營方式，使得百貨公司的經營成本與行銷成本負擔太重，無法朝向市場區隔化、商品差異化的創新行銷技術發展。

5.百貨公司整體行銷戰略的運作與市場持續力必須再強化。

以市場競爭態勢的情況加以分析，可將各家百貨公司區隔如下特性：

（1）市場領導者：SOGO百貨

（2）市場追隨者：永琦百貨、遠東百貨、統領百貨

（3）市場挑戰者：鴻源百貨、來來百貨

（4）市場利基者：中興百貨、先施百貨、明曜百貨

（5）目標市場分析：

百貨公司的市場競爭在強調「優勢競爭」與「競爭優勢」。生活者與感性者是百貨公司必爭的兩大市場。「物質的享受」與「心靈的充實」是百貨公司優勢競爭必須掌握的經營特色，消費階層的感性行爲正代表生活品質與消費型態提升的一種象徵。

根據市場調查情報顯示：目標市場的消費客層以上班族、家庭主婦、學生族、小孩爲主要消費對象。其逛百貨公司購物的主因有下列幾點心理定位：

1.貨品齊全。
2.輕鬆舒適的購物環境與溫馨的賣場表現。
3.交通雖然擁擠，但有停車場可免費停車。
4.節省時間，並有食、育、樂方面的設施。
5.服務親切，有「顧客爲尊」的滿足感與尊貴感。
6.對百貨公司的形象與知名度有認同、肯定的信賴感。

四、商品定位

百貨公司的行銷定位必須掌握國內零售市場已趨向「少量多樣」的定位訴求，其中消費客層購買習性個性化、多元化的「品味消費」已形成，因此百貨公司必須追求「一次買足」、「精緻文化」與「生活休閑」的整體商品定位，並塑造個性、文化、流行、品味、魅力、流通情報等特色，例如仁愛遠東百貨的商品策略改走純男性化的「專業定位」與中興百貨

塑造「高品質、高格調、領導流行的形象定位」即是最上乘的定位路線。

五、市場定位

在台北市的百貨商場，共有二十幾家百貨公司，各家都使出渾身解數，欲攻佔市場的一席之地。

茲以中興百貨爲例。中興百貨的商品線大多以國外品牌與國內流行服飾爲主，客戶層以25歲到40歲的上班族、雅痞、貴婦或台北

社交圈的名流爲主要市場定位。然而，由於商品線與客戶層都有限，無法滿足客戶「一次買足」的服務與各層面客戶的「個性化需求」。

因此，市場定位的優勢與劣勢：市場切入機會與市場競爭者的威脅等因素，對百貨公司而言，實乃行銷成功與競爭策略的致勝武器。

六、行銷策略

（一）商品策略：

除了擁有大賣場的百貨公司外，其他的單店百貨公司或中小型賣場的百貨公司，其最主要的商品策略必須朝向多品牌商品戰略與商品線整合戰略的經營方針。例如中興百貨在「最能領導流行」與「櫥窗設計最美」二項中，達到有效差異化的商品策略。例如鴻源百貨、SOGO百貨、力霸百貨、遠東百貨寶慶店等大賣場的商品策略，則可以強調「商品線擴充」與「商品結構強化」的整體商品企劃，以達到賣場多樣化的陳列與寬敞的動線設計。

（二）訂價策略：

百貨公司的訂價策略有趨向兩極化的情況。其中以吸脂訂價策略（Skimming Price Strategy）的SOGO百貨、先施百貨與中興百貨最具代表性。茲將百貨公司可採用的訂價策略分述如表16-1：

表16-1　訂價策略（PricingStrategy）

●吸脂訂價（Skimming Price）	●滲透訂價（Penetrating Price）	●價格加成（Price Markup）
例如：SOGO百貨 中興百貨 先施百貨	例如：統領百貨 永琦百貨 遠東百貨	例如：力霸百貨 明曜百貨

（三）**通路策略：**

茲將百貨公司的通路策略、物流策略與流行情報的實戰策略分述如下：

1.顧客組織化：將已有顧客納入組織管理的系統，經常保持聯繫，並且透過各項消費活動與情報資訊的提供，成爲有組織的客戶群。亦即要落實顧客管理的系統運作。

2.流通情報的經營管理與滿足顧客個性化、多樣化的消費需求，兩者是相輔相成的。因此，掌握顧客情報將是百貨公司必須投入的經營資源與行銷利器。

3.「生活的百貨公司」勢必取代「商品的百貨公司」。這是百貨公司行銷技術的潮流。因此，百貨公司必須提供一切生活需求的消費通路。

4.綜合服務業務的開發，配合生活水準的提升與消費意識的改變，這些都是百貨公司必須努力的方向。例如文化教室（永琦百貨）、休閒俱樂部、旅遊、購屋情報、金融業務等等之生活消費情報必須再度強化。

5.百貨公司「資訊情報化」與「生活休閒化」的行銷趨勢已來臨。因此，各百貨公司必須掌握創新突破的行銷通路。

（四）**推廣策略：**

1.廣告表現策略：百貨公司的廣告表現策略最成功的做法爲下列幾項：

（1）定位訴求（Positioning Appea1）——定位訴求必須與百貨公司本身的形象與商品訴求互相搭配，方能奏效。例如中興百貨的電視CF廣告均強調「古典中國的品味」；SOGO百貨則以「大魚」的姿態在電視CF或其他報紙與雜誌媒體上，定位訴求其爲百貨業的巨艦。

(2) 生活型態訴求（Life-Styk Appea1）——生活型態訴求以永琦百貨的文化教室、今日百貨的美食廣場、明曜百貨的休閒展售會、鴻源百貨的遊樂場爲最典型。

(3) 專業化訴求（Focus Appeal）——4911如中興百貨正計劃將客戶層向下延伸，吸引青少年、兒童，重新定位爲年輕的、追求自由、突破、創新、富有挑戰精神的消費客層。其訴求主題稱爲「快車道」（Fasthne）。而遠東百貨仁愛路分店已朝專業化「男士百貨公司」的行銷訴求。這些都是極成功的實例。

2.促銷戰瞄：茲將百貨公司的促銷戰略分述如下：

(1) 新促銷媒體的運作——爲了有效與顧客取得連繫，更迅速地提供百貨公司資訊，建立周全完善的服務網，公司內閉路電視，文字圖案視訊設備等新促銷媒體的運作，可做到百貨公司整體性資訊服務的效果。

(2) 新商品發表會——卌寄欲上市或剛上的新商品，設置新穎的賣場，做促銷活動。例如超級市場常見的「試吃」活動。

(3) 打折活動——百貨公司打折是最容易而且最有效的促銷方法。由於業績的因素，商品銷售成績不理想，以打折方式促銷，對顧客而言，都比其他方式有效而且直接實惠。

(4) 贈品及抽獎活動——百貨公司的贈品及抽獎活動大都在節慶或百貨公司生日或其他時間依消費者購買發票金額比例，贈送特定禮物或抽獎禮品、禮金等。

大體而言，在國內百貨市場、百貨公司的打折與贈品、抽獎活動對大多數的消費者的消費利益都可回饋某些心理層面的滿足。因此，這些也是非常重要的促銷戰略。

成功的經營管理與創新的行銷策略是屬於快半拍的人與企業，企業最高的經營境界是「永續經營」，而百貨公司的經營管理與行銷戰略正能符合此項經營突破與行銷創新的時代使命。

【個案二】台灣市場速食連鎖店之行銷實戰

一、前言

近年來，國內外食市場的吸引日益擴大市場需要愈漸增強，因而成爲投資者注目的焦點；速食餐飲只是外食市場的空間。然而，由於「速食連鎖店」的快速成長與其所帶來的衝擊，再加上速食餐飲業被列爲十四項策略性服務業的第二名，遂使其成爲今日產業（服務零售業）行銷最值得投資的行業。

二、本案策略架構

行銷組合策略 (Marketing Mix Strategies)			
商品策略	訂價策略	通路策略	推廣策略
●商品定位 ●商品企劃 Merchandising P1anning）	●價格加成 （Price Markup） ●吸脂訂價 （Skimming Price） ●滲透訂價 （Penetrating Price）	●連銷店商圈立地戰略 ●物流與配銷策略	●廣告策略 ●媒體戰略 ●促銷活動 v連鎖店魅力塑造 ●賣場POP企劃與動線企劃

圖16-2　市場競爭與行銷定位的策略計劃

三、市場競爭態勢分析

在市場競爭態勢中，由市場區隔的方式將速食業區分為中式速食與西式速食兩種。而中式速食以唯王與三商巧福（原七七巧福）為代表，西式速食則以麥當勞、肯德基與溫娣為其中的佼佼者。西式速食是由國外引進的經營秘訣（know-How），中式速食則均由國人自行開發。麥當勞是第一家進入台灣市場的速食連鎖店;而溫娣的成長相當迅速，在一年內開了七家連鎖店，肯德基在炸雞方面眞有獨特的口味，也佔有獨特的市場區隔。唯王是第一家以中式速食為訴求的連鎖店；韭商巧福則是目前自營店最多的速食連鎖店。

四、市場優勢利基

1.麥當勞的市場優勢在於清潔（Clean）、快速（Fast）、品質

（Quality）、服務（Service）、價值感（Value）。

2.肯德基的市場優勢爲商品口味的市場利基。

3溫娣的市場優勢爲全家的速食伙伴。以家庭成員爲訴求對象。

4.漢堡王的市場優勢爲美國風味式傳統口味的企業經營，並加上外帶的市場利基。

5.三商巧福以顏色管理爲市場優勢，並搭配小菜與牛肉麵爲主的商品定位。

五、行銷定位策略

行銷定位策略是行銷成功與否的重要關鍵。由於所有的行銷活動，包括銷售、廣告、促銷、訂價、商品生命週期、包裝、配銷及公共關係均以市場定位爲依歸。由麥當勞引進國際連鎖企業的經營，在台灣市場即到了成長期的後半期，呈現競爭白熱化的市場態勢。在這多變的市場與競爭激烈的環境中，唯有建立強而有力的行銷定位策略，才能找出一條生存與發展市場空隙。茲將細節分述如下：

（一）目標市場

根據市場情報顯示，以速食產業的廠家而言，其最常採用的市場區隔方式是以「人口統計因素」爲主，其他如地區因素、顧客心理因素與顧客消費行爲因素等較少使用。而在人口統計變數中，又以「年齡」與「職業」最常被運用：西式速食業者均以年齡作爲市場區隔的考慮變數：中式速食業則以職業爲市場區隔的變數。其中麥當勞以年輕人爲主要目標市場（年齡由4歲~30歲男、女性），溫娣與肯德基則以家庭成員的消費客層爲主要訴求對象：漢堡王則定位在學生族與上班族的市場客層。

（二）市場定位

1.麥當勞：以年輕、活潑作訴求，希望提供一個輕快的用餐環境。

2.溫娣：以高品質、高價格的定位，希望帶給消費者的印象是產品比競爭者較好，價格比競爭者較貴。

3.肯德基：定位在「家庭成員的消費」，提供一家庭式溫馨團圓的用餐氣氛。

4.三商巧福：定位於強調提供上班族一快速、簡便的用餐環境。

5.漢堡王：定位於美國風味式速食簡餐與外帶餐盒，並以快速自我選擇的環境，透過點心式產品的組合，來滿足消費者多樣化的需求。

由以上分析，可看出各連鎖店在市場定位上的做法均傾向於塑造「吸引目標客層的舒適用餐」印象訴求爲定位策略。其中，西式業者的策略多秉承授權母公司的原有風格，中式業者則積極在塑造自己的魅力與獨特風格。

六、行銷組合策略

（一）商品定位

西式速食業者，推廣的重點都在小孩子的需求層面，一方面希望培養小孩子從小吃速食的習慣，另一方面也希望透過小孩子的帶動，能吸引整個家庭成員都到店中接受溫馨的服務。

以下即爲行銷新趨勢：

1.業者已漸漸有動態行銷系統的策略，會針對市場的反應來修訂行銷策略。

2.以往速食市場以上班族與學生爲主要客層，今日的速食市場由於加入了許多婦女與小孩，更增加市場的活潑性與熱絡，使業者有更多的選擇機會。

因此，速食業有三大主要目標市場：

1.上班族市場
2.學生市場
3.家庭組員市場（以家庭爲消費單位）

（二）商品策略

商品策略係根據行銷定位策略所選定的區隔市場，提供符合該一區隔市場需求的商品。餐飲業屬於零售服務業的領域，因此，在進行商品組合與商品企劃時，有下列各項因素值得考慮：

1.零售服務業的無形性（指服務）
2零售服務業的可變性（指市場客層）
3.零售服務業的不可分離性（指連鎖店經營與行銷策略）
4.零售服務業的消滅性（指形象、知名度與口碑等公關因素）

以上四項特性所帶來的行銷瓶頸（Marketing Bottleneck）是極難解決的棘手問題。因此，在擬訂商品策略時，應以速食連鎖的商品來加以定位，其中應包含下列各要項：

1.實體商品的供應
2.商店氣氛的塑造
3.動線的規劃與POP廣告的陳列
4.提供的服務與特色
5.商店賣場的整體設計與規劃

以上五種要項必須由企劃一控制一追蹤一評估之商店管理制度加以落實。果眞如此，方能在競爭市場上取得優勢競爭的條件與利基。

（三）訂價策略

訂價乃行銷戰略中最敏感而痛苦的決策。一方面，價格決定企業之收入，另一方面，價格又為企業在市場競爭中刺激業績的主要武器。

台灣市場速食連鎖店的價格普遍偏高，是衆所皆知的事實。然而，根據市場訪問資料顯示，影響商品價格的重要因素，可歸納為下列各點：

1.成本因素（包括經營成本與行銷成本）
2.競爭者訂價水準
3.顧客心理價格標準
4.公司的行銷目標
5.公司的行銷利潤與市場佔有率的衡量

以下即是台灣中式速食業與西式速食業的訂價策略，茲以表16-2說明如下：

表16-2　訂價策略

麥當勞	依消費者對精價值感的知覺來感受價值，加以訂價
肯德基	參考競爭者所訂的價格加以訂價，目的在於市場競爭
溫娣	參考競爭者所訂的價格及顧客反應意見加以訂價以市場滲透與競爭優勢為目的
漢堡王	反應成本加上固定之利潤加以訂價，以成本加成為標準
三商巧福	以訂價時為零或整數為原則，加以訂價。如55元、65元，其目的滲透市場與刺激市場佔有率

由表16-2可看出：中式速食業者的訂價策略多以成本加成為原則，而西式速食業則大多以競爭導向與滲透市場為訂價目標。

此外，最具突破性的訂價行銷，最近也被速食業者所採用。茲分述如下：

1.大衆化的普及價格，讓更多消費者享用商品為主要訂價目標，如此有利於市場擴張。

2.先行決定售價，再根據這一價格來企劃商品組合。

3.人事費與材料費為成本的核心，因此追求規模經濟與兼差員工（以時薪計算）的大量僱用為降低成本的重要途徑，而僱請時薪兼職人員更是速食業的市場潮流與經營方針。

（四）通路策略

由於速食業是定位商圓的連鎖經營型態，生產、物流、配銷與銷售幾乎同步發生，同時，商品又多無法保存太久，因此必須利用多點分布的擴散行銷，來形成面的市場攻擊，以達到攻佔市場的目的。所以，走向連鎖經營，以多店連鎖各商圈向多處市場擴散，即成為經營成功的要件。

茲將速食連鎖店的商圈立地戰略與通路策略以表16-3分述如下：

綜觀表16-3所述，速食連鎖店的通路策略可整理並歸納為下列各種型態：

1.以連鎖經營與多據點加以攻佔目標市場。

2.連鎖經營的形態以自營連鎖與授權經營為主：授權經營為向國外購買的經營know-How與商店品牌，此為西式速食業的特色，中式速食業者則仍以自營連鎖為主。

3.以台北市為首先切入的目標市場，站穩腳步後再向中南部推展，而台中為第二主力市場，高雄則為第三主力市場。

4.物流之配送路線，其通路長短為先期切入市場必須考慮的重要

表16-3　速食連鎖店的商團立地戰略與通路策略

	商圈立地戰略	通路策略
麥當勞	·人口數與開店地點均以生活人的市場為主 ·著重地區分布與物流配銷問題	逐步向中南部發展，並發展適合各種商圈與立地條件的店（包括人潮集中地、車站附近、學校、商業區、金融圈）
肯德基	·人口結構與密度 ·商圈特性（以商業區與學校附近及人潮集中地區為主）	全面性發展，目前以台北市為主要目標市場
溫娣	·人口流量多的地區 ·市場發展性 ·交通方便性 ·消費特性	以快速開店來佔據市場空間，拉近與麥當勞的距離，並定位於市場追隨者的角色
漢堡王	·瞭解地段特性 ·人潮集中地區 ·社區與學校校園內 ·商圈附近之消費水準	以複合店的經營型態增加集客戰力，以商業區、學校校園、辦公區為主要開店通路
三商巧福	·店面大小與座位設計 ·人潮集中區 ·市場真空區為未來發展重點	追求普及化的消費型態，以取代路邊攤

因素。

5.西式速食業者有集中開店，以造成更大市場的傾向，向郊區發展更是未來的目標。

6.人潮即錢潮。此爲速食業者選擇開店地點之主要考慮因素，人潮的結構更是注意的焦點。人潮的特徵可分爲：

（1）流動人口。

（2）當地居住人口。

（3）娛樂集合人口。

（4）上班族人口。

（5）逛街購物人口。

7.不同的商圈特性有不同的機能與集客能力，因此商圈特性也是業者必須注意焦點。商圈可分爲：

（1）商業區。

（2）住宅區。

（3）公商業區。

（4）娛樂區。

（5）學術區（學校附近）。

（6）各種功能組合的綜合商圈。

8.商圈內人潮的消費水準是影響開店的重要因素。

9.複合店的開發能創造更大營業額與營業利潤。

10.台北市東區的發展與消費潛力爲速食業必爭之地，西區雖然人潮特性與消費能力均已有改變，但仍屬於適合開店的地段，唯必須調整商店特性與經營策略。

（五）推廣策略

在零售服務業的行銷策略中，企業形象的建立與知名度的炒熱相當重要。除了透過業者所提供的商品帶給消費者的感覺外，廣告與促銷活動更是業者在爭取消費者認知與印象的重要策略。因此，廣告策略與促銷戰略的實戰運用，並發出適當的廣告與促銷訊息與消費者心連心，建立密切關係，乃是推廣策略的主要課題。

茲將速食業的推廣策略以表16-4分述如下：

綜觀表16-4所述，速食業的推廣策略可由下列各項重點落實執行：

1.廣告策略的應用可分三階段執行：

（1）建立企業知名度，告知消費者企業的性質，及所提供的產品與提供何種特色的服務。

（2）強化企業形象，增加消費者由認知、肯定到指名購買。

表16-4 速食連鎖店的推廣策略

	電視廣告	促銷活動	公共報導	實戰策略
麥當勞	·帶動狂熱 ·大量投入TV廣告 ·密集強打	·合作促銷生日餐會 ·贊助回饋社會活動	·利用機會製造新聞、事件 ·各種活動吸引各媒體注意	·運用話題性的訊息 ·傳播塑造精神人物或偶像
肯德基	·較保守，不敢過份強打TV廣告 ·著重在企業形象的塑造	·打折 ·贈送禮品 ·運用DM	尚未運用	·以地區性市場之推廣為主 ·走市場利基者之定位策略
溫娣	·較保守，不敢過份強打TV廣告 ·著重企業形象廣告	·贈送禮品 ·舉辦促銷活動	尚未運用	·以地區性市場之推廣為主 ·走市場利基者之定位策略
唯王	·只做企業形象廣告	·打折 ·贈送小禮品	尚未運用	·利用口碑宣傳 ·配合節慶假日促銷
三商巧福	尚未運用	·贈送禮品 ·舉辦抽獎郊遊活動	尚未運用	·以地區性市場之推廣為主

（3）針對單項商品（單品）或新商品來加強廣告與促銷活動。

2.企業形象的塑造是經營速食業的行銷目標。

3.西式速食業共同的特色，即是以企業代表人物爲連鎖店之POP造型，例如麥當勞爲麥當勞叔叔造型，肯德基爲肯德基上校造型，溫娣爲小女孩造型。其主要目的爲藉此增加企業對市場顧客的親和力。

4.口碑宣傳及耳語運動（whisper Campaign）是極重要的溝通方式。此外，加強服務、維持良好品質都是必須落實執行的要項。

5.促銷活動最常使用的方式是贈品與贈獎，舉凡贈送小禮物、集點券、贈獎券等都非常流行與有效。

6.與其他企業合作做聯合廣告也是很有效果的方式，例如麥當勞與俏麗洗髮精的聯合廣告即很成功。

7.社會愛心回饋活動、刮刮樂活動、寫生作文比賽、親子活動、快樂家庭等顧客參與性的宣傳與促銷活動漸被速食業者所採用。

8.連鎖店整體企業形象的塑造與提升，必須藉公益性活動、體育贊助活動以及捐血活動等慈善活動達成。

9.運用新聞性、話題性的訊息來做「議論紛紛」的宣傳，可吸引大眾傳播媒體的注意與免費宣傳報傳。

10.由各家分店的小商圈行銷策略中，可做定點行銷與廣告表現的模範。同時，針對各商店附近的商圈特性、人潮特性加強促銷與推廣的整體活動。

【個案三】台灣市場運動鞋商品之行銷實戰

一、前言

台灣市場首先出現的運動鞋品牌當屬愛迪達（ADDIDAS），其後，各種國外進口名牌相繼切入國內市場。諸如銳跑（Reebult）、彪馬（PUMA）、耐吉（NIKE）、羅德（Lotto）、旅狐（Travel Fox）、TIGER 、美津濃（MIZUNO）、CONVERSE……等都加入運動鞋的市場競爭。而市場佔有率的攻防戰與市場競爭的作戰策略更是各家品牌的看家本領。

二、本案策略架構

市場競爭態勢
（Market Competitive Situation）

↓

市場滲透定位
（Market Penetrating Positioning）

・商品定位（Product Positioning）
・市場定位（Market Positioning）

↓

行銷組合策略
（Marketing Mix Strategies）

商品策略	訂價策略	通路策略	推廣策略
・商品生命週期 ・商品企劃 ・商品功能設計 ・品牌知名度	・吸脂訂價（Skimming Price） ・滲透訂價（Penetrating Price）	・大型百貨公司專櫃 ・大型體育用品公司 ・直營專賣店 ・綜合運動鞋專賣店 ・傳統鞋店	・廣告策略 ・廣告表現 ・媒體戰略 ・促銷活動 ・公關活動

圖16-3

三、市場研究

（一）市場競爭態勢分析

在台灣市場的運動鞋可區隔爲兩大系統；其一爲國產品牌，另外爲進口品牌。國產品牌更可分爲以下幾種較具代表性的品牌：

1.中國強
2.黑豹

3.牛頭牌
4.雙鏢牌
5.將（JUMP）牌
6.宜加跑（ICASPORT）
7.肯尼士（kennex）

進口品牌則可區隔為第一代、第二代、第三代品牌，茲將細節分述如TF：

第一代品牌：ADDIDAS、PUMA 、Lotto

第二代品牌：NIKE、CONVERSE 、TIGER 、美津濃（MIZUN0）

第三代品牌：Reebuk、旅狐（Trave1Fox）

由市場競爭態勢的角度觀察、ADDIDAS在市場上的佔有率，的確較其他品牌都高，屬市場領導者的定位。而最具市場爆發力的銳跑（Reebult）則走向市場利基者的定位策略，其行銷作戰策略相當強勢。

（二）消費者分析

我國國民生活水準的高低，可由國內消費者對運動鞋的年消費量與鞋類使用材質來加以判斷。圍內市場對運動鞋的消費量每年每人平均在三雙以上，對於使用高級皮質製造，且價格、包裝、形象、品質及功能較高的進口名牌運動鞋而言，國內消費者對品牌意識的需求與設計的精良，使得進口品牌運動鞋創造出更寬廣的市場生存空間。

在國內消費者的生活型態中，「晨跑、慢跑、健步、休閒」的生活訴求已著實形成一股趨勢。消費者受到這種風氣的影響，開始投入參與各種體育活動與運動休閒項目。因此，市場上的品牌都已朝向商品企劃的整體設計，其中最讓消費者歡迎的商品優勢即是生產技術都按照商品功能、效用、著力方式與人體工學加以特殊設計。例如銳跑強調彈性與透氣的商品定位即是創新的商品觀念與行銷技術。

國人生活型態的轉變，國外運動資訊的流入，更帶給進口品牌強勢的市場利基。

（三）目標市場分析

國內運動鞋的主要目標市場爲年輕人市場，並以「輕鬆、瀟灑又自在J爲商品定位訴求。尤其是一雙價格可能會高出皮鞋的進口名牌運動鞋，在消費者「高價格即代表高品質與高水準」的消費心理下，高級進口品牌便成爲目標消費群的最愛。

四、商品定位與市場定位

（一）商品定位

國產品牌中較受矚目的商品，首推肯尼士（Kennex）、宜加跑和將（JUMP）三種代表性品牌。肯尼士以國內產製的自創品牌，首先行銷美國、歐洲等國際市場，獲得國際市場極大的好評與肯定，再以國際品牌的角色與國際運動水準的商品定位行銷台灣市場，更由於品質優良與世界名牌的商品定位，頗受消費者的喜愛。

宜加跑爲國產的高級品，其商品定位爲「跑得快、跳得高」，並在初期的行銷策略採用搭便車的市場戰略，直接與進口品牌相提並論，許多消費者因此而認知、肯定並指名購買其商品，成爲國產品的代表性品牌。

將牌（Jump）的商品定位以「舒適、彈性、耐用」爲訴求點。

（二）市場定位

在競爭激烈的目標市場中，各種品牌居於市場領導者、市場挑戰者、市場追隨者、市場利基者的定位均有其代表性的強勢名牌，茲分述如下：

1.市場領導者：愛迪達、肯尼士、耐吉。

2.市場挑戰者：旅狐、CONVERSE 。

3.市場追隨者：宜加跑。

4.市場利基者：銳跑、TIGER可美津濃、彪馬。

五、商品策略與商品生命週期

許多進口品牌均採用商品專業領域的商品策略，例如耐吉爲籃球鞋的代稱，美津濃（MIZUNO）以棒球鞋爲專業，CONVERSE則是美國職業NBA籃球健將的最愛、ADDIDAS愛迪達則以網球鞋著稱、TIGER以田徑鞋出名、PUMA（彪馬）則以足球鞋爲商品優勢，這些品牌在目標商品均佔有各自的商品空間。圖16-4即是各品牌運動鞋在台灣市場的商品生命週期。

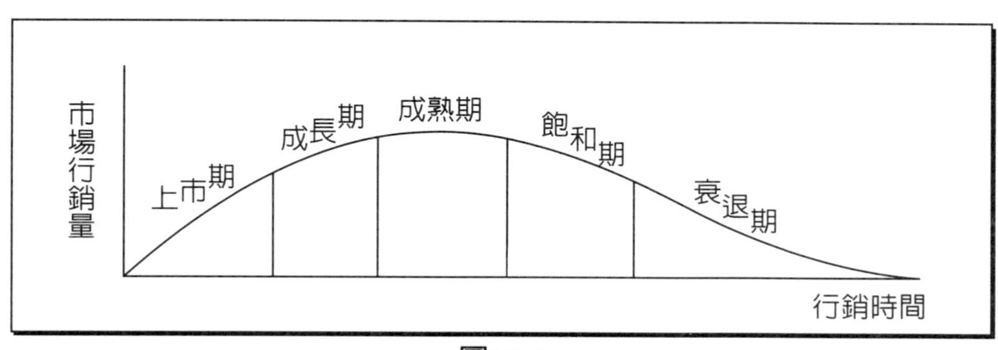

圖16-4

六、訂價策略

一般而言，進口品牌的訂價都採用吸脂訂價策略，售價平均多在新台幣800~2000元之價位，有些甚至超過2000元。國產品牌大都採滲透訂價策略，價位約在新台幣380~650元爲最普遍，也有採取中上價位，大約在新台幣600~900元之間。

茲將進口品牌與國產品牌的訂價策略以表16-5分述如下：

表16-5

各品牌運動鞋				
· MIZUNO · CONVERSE · NIKE	· Reebuk · TIGER · PUMA · Travel Fox	· ADDIDAS · JMVP · 宜加跑	· Kennex（肯尼士） · Lotto · 雙鏢牌	· 中國強 · 黑豹 · 牛頭牌

七、通路策略：

國內運動鞋市場的行銷通路大都採用以下幾種：

1.傳統鄉、鎮、地區的鞋店
2.綜合運動鞋專賣店
3.大型百貨公司專櫃
4.直營專賣店
5.大型體育用品公司

八、推廣策略：

（一）廣告策略：

國際名牌均強烈地訴求廣告表現的特性，例如NIKE採用廣告明星麥可喬登，CONVERSE採用魔術強森、拉瑞・柏德的大海報廣告，TIGER則運用一雙自己會在田徑跑道上飛馳的田徑鞋……等。

（二）促銷策略：

舉辦或贊助與消費者直接接觸的各類型促銷活動。例如銳跑（Reeblilt）即運用以下促銷活動，達到推廣成功的目標。

1.邀請Reebut專屬舞群來台演出。
2.贊助1988年環球小姐選拔。
3.贊助史蒂夫・汪達（STIVE WONDER）、梅艷芳演唱會及伍思凱、馬玉芬全省大專院校巡迴演出。
4.提供中華奧運代表隊全體職隊員運動裝備。
5.贊助電視節目，如「百戰百勝」等。

（三）公關活動：

茲再以銳跑（Reebuk）爲例，就維持立場形象而言，爲嚴格要求世界統一形象及打擊仿冒、水貨等商業不法行爲，並提供消費者最佳的品質保證，銳跑在台灣全省各個消費者購買地點，懸掛Reebult原廠牌血統證明標誌牌，以示對消費者負責。

廣告媒體則以電視CF、報紙（民生報）及專業體育雜誌爲主。例如肯尼士（KENNEX）、耐吉（NIKE）、彪馬（PUMA）、TIGER、美津濃（MIZIjN0）、將（JUMP）、宜加跑（ICASPORT）……等均採用以上三種主要廣告媒體。

〈個案問題研討〉（Group Discussion）

1.試以台灣成爲亞太營運中心爲實例，分組研討台灣市場之行銷利基與競爭優勢！

2.請以行動電話行銷台灣市場爲實例，分組研討台灣市場行銷實戰的個案！

3.烏龍茶在台灣市場連續多年之行銷業績均稱霸於茶飲市場，試以開喜烏龍茶爲個案實例，分組研討其成功行銷之秘訣與行銷策略！

4.價格戰在台灣市場早已是行銷大戰中的重頭戲，試分組研討如何跳出價格戰之格局，而改以定位戰、通路戰與廣告戰！

5.大多數的台灣企業經營者都不願意花經費推展行銷活動，試分組研討如何突破此種困境並說服企業經營者與CEO！

本書參考資料

1. "Strategic Brand Management" Kevin Lane Keller 2003
2. "The 22 Immutable Laws of Marketing in Asia" 2004
3. "Brand Management" Kenneth Welson 2004
4. "Strategic Brand Management" Ruth Mason 2004
5. "Brand Equity Strategies" Diana Ross 2004

策略行銷管理

作　　者／許長田　博士
出 版 者／弘智文化事業有限公司
登 記 證／局版台業字第 6263 號
地　　址／台北市大同區民權西路 118 巷 15 弄 3 號 7 樓
電　　話／（02）2557-5685・0936252817・0921121621
傳　　真／（02）2557-5383
發 行 人／邱一文
書店經銷／旭昇圖書有限公司
地　　址／台北縣中和市中山路 2 段 352 號 2 樓
電　　話／（02）22451480
傳　　真／（02）22451479
製　　版／信利印製有限公司
版　　次／2004 年 9 月初版一刷
定　　價／680 元（精裝）

ISBN 986-7451-05-8(精裝)

國家圖書館出版品預行編目資料

策略行銷管理 : 願景.使命.目標 = Strategic marketing management / 許長田著. -- 初版 -- 臺北市 : 弘智文化, 2004[民93]
面 ; 公分

ISBN 986-7451-05-8(精裝)

1. 市場學

496 93014357

弘智文化價目表

書名	定價		書名	定價
社會心理學（第三版）	700		生涯規劃：掙脫人生的三大桎梏	250
教學心理學	600		心靈塑身	200
生涯諮商理論與實務	658		享受退休	150
健康心理學	500		婚姻的轉捩點	150
金錢心理學	500		協助過動兒	150
平衡演出	500		經營第二春	120
追求未來與過去	550		積極人生十撇步	120
夢想的殿堂	400		賭徒的救生圈	150
心理學：適應環境的心靈	700			
兒童發展	出版中		生產與作業管理（精簡版）	600
為孩子做正確的決定	300		生產與作業管理(上)	500
認知心理學	出版中		生產與作業管理(下)	600
醫護心理學	出版中		管理概論：全面品質管理取向	650
老化與心理健康	390		組織行為管理學	800
身體意象	250		國際財務管理	650
人際關係	250		新金融工具	出版中
照護年老的雙親	200		新白領階級	350
諮商概論	600		如何創造影響力	350
兒童遊戲治療法	500		財務管理	出版中
認知治療法概論	500		財務資產評價的數量方法一百問	290
家族治療法概論	出版中		策略管理	390
伴侶治療法概論	出版中		策略管理個案集	390
教師的諮商技巧	200		服務管理	400
醫師的諮商技巧	出版中		全球化與企業實務	出版中
社工實務的諮商技巧	200		國際管理	700
安寧照護的諮商技巧	200		策略性人力資源管理	出版中
			人力資源策略	390

書名	定價		書名	定價
管理品質與人力資源	290		全球化	300
行動學習法	350		五種身體	250
全球的金融市場	500		認識迪士尼	320
公司治理	350		社會的麥當勞化	350
人因工程的應用	出版中		網際網路與社會	320
策略性行銷（行銷策略）	400		立法者與詮釋者	290
行銷管理全球觀	600		國際企業與社會	250
服務業的行銷與管理	650		恐怖主義文化	300
餐旅服務業與觀光行銷	690		文化人類學	650
餐飲服務	590		文化基因論	出版中
旅遊與觀光概論	600		社會人類學	390
休閒與遊憩概論	600		血拼經驗	350
不確定情況下的決策	390		消費文化與現代性	350
資料分析、迴歸、與預測	350		全球化與反全球化	出版中
確定情況下的下決策	390		社會資本	出版中
風險管理	400			
專案管理師	350		陳宇嘉博士主編 14 本社會工作相關著作	出版中
顧客調查的觀念與技術	出版中			
品質的最新思潮	出版中		教育哲學	400
全球化物流管理	出版中		特殊兒童教學法	300
製造策略	出版中		如何拿博士學位	220
國際通用的行銷量表	出版中		如何寫評論文章	250
許長田著「行銷超限戰」	300		實務社群	出版中
許長田著「企業應變力」	300			
許長田著「不做總統，就做廣告企劃」	300		現實主義與國際關係	300
許長田著「全民拼經濟」	450		人權與國際關係	300
			國家與國際關係	300
社會學：全球性的觀點	650			
紀登斯的社會學	出版中		統計學	400

書名	定價		書名	定價
類別與受限依變項的迴歸統計模式	400		政策研究方法論	200
機率的樂趣	300		焦點團體	250
			個案研究	300
策略的賽局	550		醫療保健研究法	250
計量經濟學	出版中		解釋性互動論	250
經濟學的伊索寓言	出版中		事件史分析	250
			次級資料研究法	220
電路學（上）	400		企業研究法	出版中
新興的資訊科技	450		抽樣實務	出版中
電路學（下）	350		審核與後設評估之聯結	出版中
電腦網路與網際網路	290			
應用性社會研究的倫理與價值	220		書僮文化價目表	
社會研究的後設分析程序	250			
量表的發展	200		台灣五十年來的五十本好書	220
改進調查問題：設計與評估	300		２００２年好書推薦	250
標準化的調查訪問	220		書海拾貝	220
研究文獻之回顧與整合	250		替你讀經典：社會人文篇	250
參與觀察法	200		替你讀經典：讀書心得與寫作範例篇	230
調查研究方法	250			
電話調查方法	320		生命魔法書	220
郵寄問卷調查	250		賽加的魔幻世界	250
生產力之衡量	200			
民族誌學	250